Die Bestimmungen

über die

Anlegung, Genehmigung und Untersuchung der Dampfkessel

in Preußen

Textausgabe mit Einleitung, Anmerkungen
und Sachregister

bearbeitet von

Dr.-Ing. Dr. jur. **Hilliger**

Ingenieur beim Dampfkessel-Überwachungsverein
Berlin

München und Berlin 1920
Druck und Verlag von R. Oldenbourg

Vorwort.

Nachdem nunmehr seit der letzten grundlegenden Änderung der Dampfkesselbestimmungen in Preußen etwa 10 Jahre[1]) vergangen sind, konnten eingehende Erfahrungen über die Anwendung dieser Vorschriften beim Bau und Betrieb sowie bei der Überwachung der Kessel gesammelt werden. Diese Erfahrungen haben teilweise zu einer Abänderung der Vorschriften geführt, teilweise aber auch eine genauere Interpretation derselben ermöglicht. Solche Abänderungen und Auslegungen sind nun in der Literatur an den verschiedensten Stellen veröffentlicht, so daß es häufig sehr schwierig ist, die in einem Einzelfall besonders interessierenden Angaben schnell zur Hand zu haben.

Hier soll der vorliegende Kommentar die Arbeit erleichtern. Er enthält alle Abänderungen des amtlichen Textes sowie die wesentlichen Ausführungsverfügungen der Ministerien, deren Inhalt in kurzer Form durch Anmerkungen an den Stellen des Textes wiedergegeben wurde, auf die sie Bezug nehmen. Dabei wurden auch ältere Verfügungen berücksichtigt, soweit sie jetzt noch Geltung haben. Angaben über das Geschäftszeichen der Verfügung und über den Ort der Veröffentlichung ermöglichen gegebenenfalls die Heranziehung ihres ganzen Textes. Zahlreiche Verweisungen und ein eingehendes Sachregister sollen die Benutzung des Buches erleichtern, das im allgemeinen technische Fragen in den A. p. B. behandelt, während Verwaltungsmaßnahmen in der K. A. erörtert werden.

Um nicht den Umfang der Anmerkungen an einzelnen Stellen übermäßig groß werden zu lassen, erschien es geboten, die Angaben über die geschichtliche Entwicklung der Vorschriften und der Überwachung zu einem besonderen Abschnitt zusammenzu-

---

[1]) Die allgemeinen polizeilichen Bestimmungen traten am 17. 12. 09, die Kesselanweisung am 10. 1. 10. in Kraft.

fassen. Hierdurch wurde gleichzeitig eine·übersichtlichere Darstellung möglich, so daß die interessanten Einzelheiten in der Entwicklung der Dampfkesselaufsicht klarer hervortreten.

Ein Buch, wie das vorliegende, kann natürlich nicht bearbeitet werden, ohne den grundlegenden Kommentar von Jäger[1]) eingehend zu berücksichtigen. Der Umstand aber, daß das Jägersche Buch gewissermaßen das Quellenbuch für alle Dampfkesselbestimmungen ist, läßt es natürlich ziemlich umfangreich und deshalb für den Gebrauch beim Bau, beim Betrieb und bei der Überwachung der Dampfkessel etwas unhandlich werden.

Demgegenüber strebt das vorliegende Buch, obwohl es auch noch die Entwicklung in den letzten 10 Jahren mit einschließt, möglichste Kürze an. Das hat zur Folge, daß manches fortgelassen werden mußte, was im Einzelfall von Interesse sein kann. Dennoch hofft der Verfasser den richtigen Mittelweg zwischen ausführlicher Darstellung des Wichtigen und Fortlassung des Entbehrlichen gefunden zu haben, nimmt aber Anregungen zu Verbesserungen und Ergänzungen stets gern entgegen; besonders möchte er die Herren Kollegen von den Überwachungsvereinen um freundliche Unterstützung bitten.

Berlin, im November 1919.

Hilliger.

---

[1]) Jäger: Bestimmungen über Anlegung und Betrieb der Dampfkessel, Berlin 1910.

Inhaltsverzeichnis.

Inhaltsverzeichnis.

Abkürzungen.

A.L.R. = Allgemeines Landrecht.

A. p. B. = Bekanntmachung, betreffend allgemeine polizeiliche Bestimmungen über die Anlegung von Land- bzw. Schiffsdampfkesseln
vom 17. Dezember 1908.

B.G.B. = Bürgerliches Gesetzbuch.

G.O. = Gewerbeordnung.

G.S. = Preußische Gesetzsammlung.

K.A. = Kesselanweisung = Anweisung, betreffend Genehmigung und
Untersuchung der Dampfkessel vom 16. Dezember 1909.

Min. = Minister für Handel und Gewerbe. Erlasse und Verfügungen
des Ministers für Handel und Gewerbe sind nur mit dem Datum
und der Geschäftsnummer zitiert, z. B. 19. 7. 11, III 10705.

Min.-Bl. = Ministerialblatt für die Handels- und Gewerbeverwaltung.

Min.-Bl. i. V. = Ministerialblatt für die innere Verwaltung.

Min. d. ö. A. = Minister der öffentlichen Arbeiten.

S. = Seite.

Vereinbarungen = Vereinbarungen der verbündeten Regierungen vom
17. Dezember 1908.

Z. = Zeitschrift für Dampfkessel und Maschinenbetrieb.

Z. d. V. d. I. = Zeitschrift des Vereines deutscher Ingenieure.

Literatur.

Bach, Die Maschinenelemente, 7. Aufl. 1899.

Bach, Elastizität und Festigkeit, 6. Aufl. 1911.

Baumann, Die Grundlagen der deutschen Material- und Bauvorschriften für Dampfkessel. Berlin 1912.[1]

Centralverband der preußischen Dampfkessel-Überwachungsvereine:
Berichte.

Jäger, Bestimmungen über Anlegung und Betrieb der Dampfkessel.
Berlin 1910.

Internationaler Verband der Dampfkessel-Überwachungsvereine: Pro-
tokolle der Delegierten- und Ingenieur-Versammlungen.

Zeitschrift des Vereines deutscher Ingenieure.

Zeitschrift für Dampfkessel- und Maschinenbetrieb.

---

[1] Die Abbildungen des amtlichen Textes sind nach diesem Buche angefertigt.

1. Geschichtlicher Überblick über die Entwicklung der Dampfkesselaufsicht in Preußen.

Die Geschichte der Dampfkesselaufsicht ist eng mit der Entwicklung der Industrie verbunden. Sie beginnt in Preußen mit einem Erlaß des Ministeriums des Innern vom Jahre 1828, in welchem die Durchführung bestimmter Vorsichtsmaßregeln bei Anlage und Betrieb von Dampfmaschinen der Polizeibehörde übertragen wurde. Bemerkenswert ist hierbei, daß nur der Betrieb der Dampfmaschinen als gefährlich angesehen wurde, während die eigentliche Quelle der Gefahr, der Dampfkessel, als ein weniger bedeutender Bestandteil der Maschine galt und zunächst keinen besonderen Bestimmungen unterlag. Diese Vorschriften wurden im Jahre 1831 (G.S. 1831, S. 243) dahin erweitert, daß die Aufstellung von Dampfmaschinen nur mit polizeilicher Genehmigung unter Berücksichtigung der Interessen der Nachbarn erfolgen dürfe. Die ergänzende Ministerialverfügung vom 13. Oktober 1831 (G.S. 1831, S. 244) gibt die ersten eingehenden Vorschriften an, die sich besonders auf Ausführung und Material, den Ort der Anlage, die Höhe der Schornsteine, Vorrichtungen zur Erkennung des Wasserstandes, Speisevorrichtungen, Manometer und Sicherheitsventil erstrecken.

Die ersten Verwaltungs-Maßnahmen.

Die schnelle Entwicklung des Dampfkesselwesens und die im Betriebe gesammelten Erfahrungen ließen jedoch diese Vorschriften bald veralten, so daß sie im Jahre 1838 neu geordnet wurden (G.S. 1838, S. 262). Es wurden dabei für Kessel, deren Betriebsdruck 6 at übersteigt, besondere Kesselhäuser verlangt, sowie die Bestimmungen über die Sicherheitsventile und die Stärke der Wandungen abgeändert.

Eine erhebliche Erweiterung der gesetzlichen Vorschriften brachte die Gewerbeordnung vom 17. Januar 1845 dadurch, daß im § 27 derselben Dampfmaschinen, Dampfkessel und Dampfentwickler zu den Anlagen gezählt wurden, die einer besonderen polizeilichen Genehmigung bedürfen. Zur Ergänzung der Gewerbe-

ordnung erschienen im Jahre 1848 (G.S. 1848, S. 321) neue polizeiliche Bestimmungen, in welchen die Wandstärken für zylindrische
Kessel entsprechend den früheren Vorschriften vorgeschrieben
wurden, während bei nichtzylindrischen Kesselteilen die Verantwortung für hinreichende Wandstärken dem Verfertiger des Kessels übertragen wurde. Aus Sicherheitsgründen hielt man jedoch
eine Wasserdruckprobe neuer Kessel für erforderlich, die mit dem
anderthalbfachen Betriebsdrucke stattfinden sollte.

Das Gesetz von 1856. Die bisher ergangenen Bestimmungen scheinen aber nicht den
Erfordernissen eines gefahrlosen Betriebes in dem erwarteten Umfange genügt zu haben; sie erstrecken sich ja auch nur auf die
polizeiliche Genehmigung und Abnahme neuer Anlagen, während
eine ständige Überwachung, die dringend erforderlich erschien,
nicht möglich war. Es wurde deshalb die rechtliche Grundlage
dazu durch das Gesetz, betreffend den Betrieb von Dampfkesseln
vom 7. Mai 1856, geschaffen.

Mit der Vornahme dieser Untersuchungen wurden, abgesehen
von den der Aufsicht der Bergbehörden unterstellten Kesselanlagen,
die Kreisbaubeamten beauftragt, die diesen neuen Aufgaben
wenig gewachsen waren.

Im Laufe der Jahre hatte sich das seit der Gewerbeordnung
von 1845 bestehende Ediktalverfahren als zu schwerfällig erwiesen;
es wurden deshalb im Jahre 1861 durch das Gesetz, betr. die Errichtung gewerblicher Anlagen (G.S. 1861, S. 749), wesentliche Erleichterungen dadurch herbeigeführt, daß die Regierungen ermächtigt wurden, über die Zulässigkeit der Anlagen nach Maßgabe der bau-, feuer- und gesundheitspolizeilichen Vorschriften unmittelbar zu entscheiden. Diese Änderung veranlaßte den Handelsminister, die polizeilichen Vorschriften über den Dampfkesselbetrieb systematisch zu ordnen und unter Hinzuziehung prak-
tischer Fachmänner den fortschreitenden Bedürfnissen der Industrie anzupassen (Min.Bl. 1861, S. 176). Der Einfluß der technischen Sachverständigen zeigt sich wohl am deutlichsten in der
vollkommenen Beseitigung aller Vorschriften über die anzuwendenden Wandstärken, deren Abmessung allein dem Verfertiger
überlassen wurde, wobei ihm ausdrücklich auch die Verantwortung übertragen wurde. Dagegen hielt das Ministerium es im
Interesse der Sicherheit für geboten, den Prüfungsdruck für Wasserdruckproben von dem anderthalbfachen auf den dreifachen Betriebsdruck zu erhöhen. Derartige Wasserdruckproben scheinen

jedoch Schwierigkeiten verursacht und trotzdem nicht den Erwartungen entsprochen zu haben, so daß schon wenige Jahre später der Prüfungsdruck auf das Doppelte des Betriebsdruckes herabgesetzt wurde (Min.Bl. i. V. 1864, S. 289).

Die politischen Umwälzungen des Jahres 1866 und die Gründung des Norddeutschen Bundes brachten formale Änderungen, da nach Art. 4 Abs. I der Bundesverfassung vom 26. Juli 1866 die Bestimmungen über den Gewerbebetrieb der Beaufsichtigung und Gesetzgebung des Bundes übertragen wurden. Die darauf beruhende Gewerbeordnung vom 21. Juni 1869 und die Ausführungsanweisung vom 4. September 1869 übernehmen aber vollkommen die den Kesselbetrieb betreffenden preußischen Vorschriften und lassen auch die besonderen einzelstaatlichen Anordnungen bis zum Erlaß allgemeiner Bestimmungen durch den Bundesrat in Kraft. Diese in Aussicht genommenen Bundesratsbestimmungen wurden am 29. Mai 1871 veröffentlicht und durch eine Anweisung des Handelsministers vom 11. Juni 1871 für Preußen ergänzt; sie erstreckten sich nur auf die Neuanlage von Kesseln. Die Änderungen für Preußen betreffen hauptsächlich die Wasserdruckproben, die bis zu einem Betriebsdruck von 5 at mit dem doppelten Druck, bei einem Betriebsdruck über 5 at mit einem Mehrdruck von 5 at ausgeführt werden sollen.

Die regelmäßige Überwachung erfolgte weiter nach den einzelstaatlichen Vorschriften, in Preußen also nach dem Gesetz vom 7. Mai 1856. Die darauf beruhenden Untersuchungen der Baubeamten entsprachen aber bei der schnellen Entwicklung der Technik immer weniger den Erfordernissen der Sicherheit, so daß eine gründliche Umgestaltung des Überwachungsdienstes erforderlich wurde. Diese erfolgte durch das Gesetz vom 3. Mai 1873, das sich von dem Gesetz von 1856 im wesentlichen dadurch unterscheidet, daß über die Art der regelmäßigen Untersuchungen keine Festsetzung getroffen wurde. Somit konnten in der Ausführungsanweisung vom 24. Juni 1872 (Min.Bl. i. V. 1872, S. 183) innere Untersuchungen verlangt werden, die alle sechs Jahre stattfinden und mit einer Wasserdruckprobe verbunden werden sollten.

Das Gesetz von 1872.

Mit der Vornahme dieser Untersuchungen sollten wieder die Baubeamten beauftragt werden. Aber die Verhandlungen im Abgeordnetenhaus veranlaßten die Regierung, »überall auf die Vornahme amtlicher Revisionen zu verzichten, wo die Verwaltung nach sorgfältiger Prüfung sich überzeugen werde, daß die Inter-

Die Dampfkessel-Überwachungsvereine.

1*

essenten selbst hinreichende Vorsorge für eine regelmäßige Kontrolle ihres Kesselbetriebes getroffen hätten. Dieses werde vor allem auf die Vereine zur Überwachung von Dampfkesseln Anwendung finden.« (Sten. Ber. d. H. d. Abg. 1871/72, S. 913.)

Dieser Ansicht entsprach dann auch der Ministerialerlaß vom 24. Juni 1872, durch den den Vereinen die Befugnis erteilt wurde, die regelmäßigen Untersuchungen an den Kesseln ihrer Mitglieder mit amtlicher Gültigkeit vorzunehmen. Die Abnahmen neuer Kessel und die Aufsicht über die Kessel, deren Besitzer keinem Verein angehörten, blieb aber den Kreisbaubeamten.

Somit war in Preußen die Möglichkeit einer erfolgreichen Entwicklung der Dampfkessel-Überwachungsvereine gegeben. Diese hatten zunächst nur den Zweck, die staatliche Aufsicht durch eine Vereinskontrolle zum Schutze gegen Explosionen und in wirtschaftlichen Fragen zu ergänzen. Solange nun die Mehrzahl der deutschen Staaten, insbesondere Preußen, an der Revision der Kessel durch Staatsbeamte festhielt, so daß der Beitritt zu Überwachungsvereinen den Kesselbesitzern keine Erleichterungen, sondern eine doppelte Überwachung brachte, konnten die Vereine nicht recht gedeihen. Diese Bedenken fielen jetzt fort, so daß in schneller Folge Neugründungen entstanden, und schon im Jahre 1874 in Deutschland 16 Vereine tätig waren.

Der internationale Verband der Dampfkessel-Überwachungsvereine. Die Befugnisse der Vereine in Preußen erstreckten sich nur auf die Vornahme der regelmäßigen inneren und äußeren Untersuchungen, der Wasserdruckproben und der Druckproben nach einer Hauptausbesserung ausschließlich an Vereinskesseln. Natürlich ging das Streben der Vereine dahin, ihre Befugnisse auf alle Maßnahmen auszudehnen, welche die Gesetze vorsehen. Diese Bestrebungen und zugleich auch der Wunsch, die Erfahrungen anderer Vereine kennenzulernen, ließen die Absicht entstehen, einen Verband der Vereine ins Leben zu rufen. So fand auf Anregung des Magdeburger Vereins im Februar 1873 in Hannover die Gründung eines Verbandes der Dampfkessel-Überwachungsvereine statt, dem sofort acht Vereine beitraten. Zur Erreichung der Zwecke des Verbandes sollten jährliche Versammlungen von Delegierten und Ingenieuren der Vereine sowie die Herausgabe einer Zeitschrift zum Austausch der Erfahrungen dienen.

Der Verband wuchs schnell und gewann bald einigen Einfluß auf die Weiterentwicklung der Dampfkesselbestimmungen. Besonders gelang es ihm, die Einführung von Konstruktionseinzelheiten in die Gesetzgebung zu verhindern und dafür besondere Vereinbarungen der Industrie zu schaffen, die zum ersten Male im Jahre 1881 unter der Bezeichnung »Grundsätze für die Prüfung der Materialien zum Bau von Dampfkesseln« (Würzburger Normen) und »Vorschläge für die Berechnung der Blechstärken neuer Dampfkessel« (Hamburger Normen) der Ingenieurwelt übergeben werden konnten.

Zunächst erstreckten die Würzburger Normen sich nur auf Schweißeisen. Die ständig zunehmende Bedeutung des Flußeisens veranlaßte aber im Jahre 1887 den Verband der Dampfkessel-Überwachungsvereine, die Würzburger Normen auch auf Flußeisen auszudehnen und auf der Verbandsversammlung in Stuttgart (1890) nur noch im Flammofen hergestelltes Material als zulässig für den Kesselbau zu bezeichnen. Man hielt aber nur zwei Blechsorten für den Kesselbau geeignet, und zwar Feuerblech mit 30 bis 40 kg/qmm Festigkeit und etwa 20 vH Dehnung bei einer Gütezahl 62 und Mantelblech mit 38 bis 44 kg/qmm Festigkeit und etwa 20 vH Dehnung bei einer Gütezahl 60.

Im Laufe der Jahre wurden auch die Hamburger Normen allmählich erweitert, so besonders auf der Versammlung 1898 in Baden-Baden. Nach den Festsetzungen im Jahre 1881 sollte nämlich die Beanspruchung des Materials an der schwächsten Stelle nicht mehr als $\frac{1}{5}$ der Zerreißfestigkeit betragen und nur bei doppelt gelaschten Nähten und sorgfältiger Herstellung $\frac{1}{4,5}$ zugelassen werden; diese Werte wurden nunmehr auf $\frac{1}{4,5}$ bzw. $\frac{1}{4}$ herabgesetzt.

Die technischen Leistungen des Verbandes fanden immer allgemeinere Anerkennung, so daß er sich allmählich über das gesamte europäische Festland, soweit es in nennenswertem Maße Industrie besitzt, ausdehnte. Demgemäß wurde der Name des Verbandes in »Internationaler Verband der Dampfkessel-Überwachungsvereine« geändert (1888). Im Jahre 1913 gehörten dem Vereine 72 Vereine mit etwa 265 000 Dampfkesseln an. Von den Vereinen sind 41 in Deutschland, 13 in Rußland, 6 in Frankreich, 4 in Italien, je 3 in Österreich-Ungarn und Schweden, je einer in Belgien und in der Schweiz tätig.

Im Jahre 1884 beabsichtigte die preußische Regierung besondere unmittelbare Staatsbeamte mit den den Vereinen bisher nicht zustehenden Arbeiten, insbesondere den Abnahmen neuer Kessel

Der Zentralverband der preußischen Überwachungsvereine.

zu beauftragen. Doch auf eine Petition der preußischen Überwachungsvereine lehnte das preußische Abgeordnetenhaus die Mittel zur Anstellung von amtlichen Kesselrevisoren ab und sprach
dabei den Wunsch aus, die Dampfkessel-Überwachungsvereine möglichst zu fördern und ihnen weitere Aufgaben zuzuweisen.

Als darauf der Magdeburger Verein eine Erweiterung seiner Befugnisse beantragte, wurde diese in Aussicht gestellt, wenn die preußischen Dampfkessel-Überwachungsvereine durch einen engeren Zu-
sammenschluß die Garantien für eine gleichmäßige und einwandfreie Erledigung der ihnen zu übertragenden Staatsaufgaben bieten
würden. Auf Grund dieses Schreibens traten die preußischen
Überwachungsvereine zu einem Zentralverband zusammen, der
es den Behörden ermöglichte, beim Verkehr mit den Vereinen
mit einem einzigen Organ, dem Verbandvorstand, zu verhandeln.
Dadurch waren die Bedenken der Regierung gegen eine Erweiterung der Vereinstätigkeit beseitigt, und sogleich erteilte auch der
Handelsminister den Oberingenieuren verschiedener Vereine die
Befugnis zur Abnahme neuer Kessel. Entsprechend wurden die
Ausführungsbestimmungen zur Gewerbeordnung dahin abgeändert,
daß bei der Prüfung der Vorlagen zu Genehmigungsgesuchen an
Stelle der Baubeamten die Ingenieure der Dampfkessel-Über-
wachungsvereine hinzugezogen werden sollten (1884).

Dem Zwecke des Zentralverbandes entsprechend, erstreckten
sich seine ersten Maßnahmen auf die Erzielung einer größeren
Einheitlichkeit in den Arbeiten der Vereine. Hervorzuheben ist
hier die Regelung der Revisionsfristen, die bisher jeder Verein
durch seine Satzung festgesetzt hatte. Nunmehr sollten bei den
Kesseln der Vereinsmitglieder äußere Untersuchungen wenigstens
alle Jahre, innere wenigstens alle 3 Jahre und Wasserdruckproben
wenigstens alle 6 Jahre stattfinden (1886).

Im Jahre 1890 erfolgte eine Neuregelung der Bestimmungen
über die Anlage von Dampfkesseln. Hierbei wurden hauptsächlich weitergehende Erleichterungen für die Aufstellung von
Kleinkesseln zugelassen, insbesondere sollten für Kessel bis zu
6 at Betriebsdruck, bei denen das Produkt aus Heizfläche und Betriebsdruck kleiner als 30 ist, keine besonderen Kesselhäuser erforderlich sein. Diese Bestimmungen wurden für Preußen durch die Anweisung vom 16. März 1892, betreffend Genehmigung und Untersuchung von Dampfkesseln ergänzt. Hierbei wurden gleichzeitig

die Revisionsfristen für bewegliche Kessel auf ein Jahr für äußere
und drei Jahre für innere Untersuchungen festgesetzt. Feststehende
Kessel sollten alle vier Jahre innerlich untersucht werden, während die Frist für die äußere Untersuchung zwei Jahre blieb. Die
regelmäßigen Wasserdruckproben sollten bei feststehenden Kesseln
alle acht Jahre und bei beweglichen alle sechs Jahre stattfinden.
Gleichzeitig wurden zur Entlastung der Kleinbetriebe die Gebühren nicht mehr für alle Kessel gleich, sondern in vier Abstu-
fungen nach der Größe der Kessel festgesetzt.

Im Jahre 1894 wurde die Überwachung der Kessel, deren
Besitzer keinem Verein angehörten, den Baubeamten, die diesen
Aufgaben in keiner Weise mehr gewachsen waren, genommen
und den Gewerbeaufsichtsbeamten übertragen. Infolge des Um-
fangs dieser Arbeiten sah sich jedoch das Handelsministerium
schon bald zu einer Änderung dieser Überwachung veranlaßt.
Nunmehr sollten zur Entlastung der Gewerbeaufsichtsbeamten
die Überwachungsvereine im staatlichen Auftrage die Aufsicht
über die Schiffskessel sowie über die Kessel in landwirtschaftlichen
Betrieben und den nicht unter die Gewerbeordnung fallenden
landwirtschaftlichen Nebenbetrieben übernehmen, wobei die bisher zur Staatskasse vereinnahmten Gebühren den Vereinen zu-
fallen sollten. Doch durch diese glaubten die Vereine nicht ihre
Unkosten decken zu können, zumal sie insbesondere die aufzu-
wendenden Reisekosten nicht ohne weiteres übersehen konnten.
Auch die Abgrenzung der örtlichen Wirkungsgebiete der Vereine,
die sich bisher in freiem Wettbewerb entfaltet hatten, ein Zustand, der natürlich bei der Ausführung von Untersuchungen im
staatlichen Auftrage unhaltbar war, machte ziemliche Schwierigkeiten. Nachdem jedoch eine Erhöhung der Gebühren in Aussicht
gestellt war, beschloß der Vorstand des Zentralverbandes die Überwachung der bezeichneten Kessel vom 1. April 1897 an zu übernehmen. Dementsprechend wurde die Anweisung über Genehmigung
und Untersuchung der Dampfkessel vom 16. März 1892 durch
eine neue vom 15. März 1897 ersetzt.

Die so eingeleitete Änderung des Überwachungsdienstes führte
nicht überall zu der erstrebten Entlastung der Gewerbeaufsichtsbeamten, weil nur wenige der in Frage kommenden Kessel vorhanden waren, und die Entwicklung der Industrie es mit sich
brachte, daß die Zahl der zu überwachenden Kessel ständig zunahm.
Die Anstellung staatlicher Kesselprüfer erschien jedoch der Re-

*Die Über-
wachung im
staatlichen
Auftrage.*

gierung aus innerpolitischen Erwägungen nicht vorteilhaft; sie
stellte vielmehr im Jahre 1899 bei dem Zentralverband den Antrag,
die Vereine sollten ähnlich wie im Jahre 1897 jetzt die Überwachung
aller übrigen unter staatlicher Aufsicht stehenden Kessel im staatlichen Auftrage übernehmen. Natürlich sollte durch diese Maßnahme
die Gewerbeaufsicht nicht von der Verpflichtung, den Kesselbetrieb
in gewerbepolizeilicher Hinsicht zu überwachen, befreit werden,
weil der Kesselbetrieb ein Teil des Gewerbebetriebes sei und eine
wirksame Gewerbeaufsicht nur dann ausgeführt werden könne,
wenn sie sich auch auf die Kesselanlagen erstrecke. Um das zu
erreichen, sollten künftig die von den Vereinen vorgeprüften Genehmigungsgesuche durch die Gewerbeaufsichtsbeamten nach der
gewerbepolizeilichen Seite hin geprüft und der Beschlußbehörde
weitergegeben werden.

Da die Vorschläge der Regierung eine wesentliche Erweiterung des Einflusses der Vereine bedeuteten, erklärten diese sich
in der Vorstandsversammlung vom 9. Mai 1899 einstimmig bereit,
auf die Wünsche des Ministeriums einzugehen, so daß am 1. April
1900 die Übernahme aller Kessel unter die Vereinsaufsicht erfolgen
konnte. Diese Neuregelung des Überwachungsdienstes bedingte
eine Änderung der Anweisung betr. Genehmigung und Untersuchung von Dampfkesseln vom 15. März 1897, die durch eine
neue Anweisung vom 9. März 1900 ersetzt wurde.

So war die Organisation der Kesselaufsicht zu einem Abschluß gekommen, und die nächsten Jahre bewiesen, daß die auf
der Selbstverwaltung beruhenden Vereine, die mit staatlicher Auto-
rität versehen wurden, voll und ganz behördliche Aufgaben durchführen können und allen Ansprüchen auf Sicherheit und Wirtschaftlichkeit genügen. Dies erkannte die Regierung auch an und
entschloß sich daher, als durch das Gesetz vom 8. Juli 1905 eine
erweiterte Überwachung technischer Anlagen eingeführt wurde,
diese durch die bewährten Dampfkessel-Überwachungsvereine aus-
üben zu lassen. Es handelte sich in diesem Gesetz um die Überwachung von Aufzügen und Kraftfahrzeugen, Dampffässern und
Gefäßen für verdichtete und verflüssigte Gase, Mineralwasser-
apparaten und Azetylenanlagen, sowie elektrischen Anlagen.

Die neueren Regelungen der Dampfkesselaufsicht. Im Laufe der Zeit hatte sich eine größere Einheitlichkeit der
Dampfkesselbestimmungen für das ganze Reich als wünschenswert
ergeben. Aus diesem Grunde war schon im Jahre 1898 der Inter-

nationale Verband der Dampfkessel-Überwachungsvereine an die
Regierung mit dem Antrage herangetreten, die von ihm aufgestellten Normen über Wandstärken und Material der Dampfkessel anzuerkennen. Aber die damals vorgenommene Herabsetzung des Sicherheitsgrades veranlaßte eine Ablehnung dieser
Wünsche. (Erlaß vom 8. Dezember 1898.) Dazu kam, daß die
Normen häufig weitergebildet wurden, ohne daß der Regierung
Gelegenheit gegeben wurde, sich an den Beratungen zu beteiligen.
Aus diesen Gründen berücksichtigte die Regierung[1]) bei der Aus-
arbeitung eines Entwurfes zu neuen allgemeinen polizeilichen Bestimmungen die Arbeiten des internationalen Verbandes nicht,
sondern sah vielmehr die Prüfung der Konstruktionseinzelheiten
durch amtliche Sachverständige vor und setzte für die Berechnung
der Wandstärken den Sicherheitsgrad auf $1/_5$ fest.

Dieser Entwurf erregte starke Mißstimmung in technischen
Kreisen, da man der Überzeugung war, daß nach dem Stande
der Wissenschaft die Behörden gar nicht in der Lage seien, alle
schwierigen Teile nachzurechnen. Derartige Einwände wurden der
Regierung wiederholt unterbreitet, so daß sie sich schließlich bereit
erklärte, die Hamburger und Würzburger Normen anzuerkennen,
wenn sie ihren Anschauungen entsprechend abgeändert würden.
Auf diesen Wunsch ging der Internationale Verband der Dampfkessel-Überwachungsvereine ein und berief im Februar 1905 eine
außerordentliche Delegiertenversammlung nach Amsterdam. Die
hier vorgenommenen Änderungen entsprachen aber nicht in dem
Maße den Wünschen der Regierung, daß nun die amtliche Anerkennung der Normen erfolgte. Die Regierung glaubte vielmehr
durch Schaffung eigener Vorschriften den deutschen Bedürfnissen
besser entsprechen zu können als durch Annahme dieser internationalen Normen. Deshalb wurden unter Hinzuziehung technischer Sachverständiger auf Grund der in Amsterdam gefaßten
Beschlüsse neue Material- und Bauvorschriften ausgearbeitet.
Gleichzeitig wurde, um eine den Wünschen der Industrie entsprechende Fortbildung der Material- und Bauvorschriften zu gewährleisten, die Einberufung einer Normenkommission angeordnet.
Diese Kommission bildete sich im März 1907 und setzte sich aus

---

[1]) Diese Vorarbeiten führte das preußische Handelsministerium,
von dem auch die Vorlage zu den neuen A. p. B. für den Bundesrat
ausgearbeitet wurde.

33 Mitgliedern zusammen, von denen die preußischen Überwachungsvereine 7 und die übrigen deutschen Vereine 2 stellen. Die hierdurch gebotenen Garantien und zudem der Wunsch, daß durch
Bauvorschriften, deren Geltung sich über das ganze Reich erstreckt,
in wünschenswerter Weise die Freizügigkeit der Dampfkessel ge-
sichert sei, beseitigten allmählich die Bedenken der Industrie gegen
diese Material- und Bauvorschriften. Sie wurden nunmehr am
17. Dezember 1908 als Anlagen zu den neuen allgemeinen polizeilichen Bestimmungen veröffentlicht, wobei gleichzeitig eine formale Trennung der Bestimmungen über Landdampfkessel von
denen über Schiffsdampfkessel vorgenommen wurde.

Zu gleicher Zeit wurden Vereinbarungen der verbündeten
Regierungen über Genehmigung und Untersuchung von Dampfkesseln bekanntgegeben, die durch einzelstaatliche Verordnung
Geltung erhielten. Diese erfolgte in Preußen durch die Kesselanweisung vom 16. Dezember 1909, die an Stelle der Anweisung
vom 9. März 1900 trat. In der neuen Fassung werden einige Aus-
führungserlasse berücksichtigt und die Befugnisse der Dampfkessel-
Überwachungsvereine unter gewissen Voraussetzungen auch auf
die baupolizeiliche Abnahme von Dampfkesselanlagen erweitert.
Ferner ging die Überwachung der Bergwerkskessel mit Ausnahme
des Reviers Saarbrücken, in dem ein besonderer Kesselprüfer
tätig ist, auch auf die Vereine über, während sonst im wesentlichen die früheren Bestimmungen beibehalten wurden.

**Die Organi-
sation der
Dampfkessel-
Über-
wachungs-
Vereine.** Diese gesetzlichen Bestimmungen sind jetzt in Kraft; sie um-
grenzen die Tätigkeit der preußischen Dampfkessel-Überwachungsvereine und bezeichnen die Richtlinien für ihre Organisation,
auf die etwas näher eingegangen werden soll.

Die Vereine sind im Zentralverband zusammengefaßt, dessen
Tätigkeit sich hauptsächlich darauf erstreckt, den Verkehr
zwischen ihnen und dem Ministerium zu vermitteln. Die einzelnen Vereine sind in ihrer eigenen Organisation selbständig.
Mitglieder der Vereine können alle Kesselbesitzer werden, die ihre
Kessel als Mitgliedskessel von den Vereinen überwachen lassen.
Die Vereinssatzung wird von den Mitgliedern beschlossen und
bedarf der Genehmigung durch den Handelsminister. Dieses Ge-
nehmigungsrecht ist durch den Erlaß vom 12. Oktober 1901 auch
auf die Ausführungsbestimmungen zu den Vereinssatzungen aus-
gedehnt worden, soweit sich diese auf die Fristen für die regelmäßigen Untersuchungen beziehen, »die, dem Zwecke des Vereins ent-

sprechend, in der Regel kürzer sein müssen, als es durch die Kesselanweisung vorgeschrieben wird«. Diese Ausführungsbestimmungen
enthalten ferner meist die Gebührensätze für die Mitgliederkessel.
Diese dürfen nicht geringer sein als die Gebühren für die im staatlichen Auftrage überwachten Kessel, die unter dieser Voraussetzung
durch die Kesselanweisung vom 16. Dezember 1909 erhöht worden
waren.

Obwohl die Dampfkessel-Überwachungsvereine Staatsaufgaben
erfüllen und einer weitgehenden Aufsicht des Staates unterstehen,
können sie doch nicht als öffentlich-rechtliche Korporationen
(A.L.R. § 69, II. 10) angesehen werden. Denn dazu wäre erforderlich, daß sie durch einen staatlichen Akt begründet wären oder
eine solche rechtsförmliche Anerkennung gefunden hätten, die als
Ersatz einer staatlichen Entstehungshandlung gelten kann. Die
Vereine sind also als Vereine mit »idealen Tendenzen« anzusehen,
die gemäß § 21 B.G.B. Rechtsfähigkeit durch Eintragung in das
Vereinsregister des zuständigen Amtsgerichts erlangen.

Somit können die Vereinsingenieure nicht als mittelbare Staatsbeamte angesehen werden (Entscheidungen des Oberverwaltungs-
gerichts 42, 13), sie sind vielmehr Angestellte eines privatrecht-
lichen Vereins, die zur Ausübung der ihnen verliehenen Aufsichts-
rechte einen ähnlichen Charakter besitzen wie öffentlich bestellte
Sachverständige. Zur Ernennung der Vereinsingenieure zu solchen
Sachverständigen ist der Handelsminister gemäß § 3 des Gesetzes
vom 3. Mai 1872 ermächtigt. Diese Ermächtigung begründet auch
Maßnahmen, die den Handlungen der Sachverständigen die behördliche Glaubwürdigkeit verleihen sollen. Hierzu dient in erster
Linie ihre Vereidigung, die früher nur auf Antrag des Vereinsvor-
standes erfolgte und erst seit 1900 allgemein vorgeschrieben ist.

Zur Durchführung der Vereinsaufgaben werden den Vereinsingenieuren durch Vermittlung des Zentralverbandes vom Minister
für Handel und Gewerbe amtliche Befugnisse erteilt, die nach
bestimmten Dienstzeiten derart erweitert werden, daß sie nach
3½ jähriger Tätigkeit alle den Vereinen zugestandenen amtlichen
Prüfungen umfassen. Zur Legitimation der Ingenieure werden
ihnen ferner von der Aufsichtsbehörde Ausweiskarten ausgestellt,
die auch über ihre Befugnisse Aufschluß geben. Außerdem
dient den Ingenieuren zur Beglaubigung ihrer Bescheinigungen
ein Dienstsiegel. Dieses stellt nach den Vereinbarungen der verbündeten Regierungen vom 25. Juni 1891 den Reichsadler mit

der Umschrift »Beaufsichtigung der Dampfkessel« und einer ab-
gekürzten Bezeichnung des betreffenden Vereins dar.

Zur Aufsicht über die Durchführung des Überwachungsdienstes
ist der Regierungspräsident desjenigen Bezirkes berufen, in dem
der Verein seine hauptsächliche Tätigkeit ausübt. Diese Aufsicht
erstreckt sich jedoch nur auf die amtlichen Arbeiten der Vereine,
dagegen nicht auf andere Vereinsangelegenheiten, wie z. B. Ver-
mögensverwaltung, Mitgliedsbeiträge, wirtschaftliche Untersuchungen und ähnliches. Den Aufsichtsbehörden haben die
Vereine jährlich einen Bericht zu erstatten, der statistische Mit-
teilungen, die Ergebnisse der Kesselprüfung und praktische Erfahrungen enthalten soll.

Die vorstehenden Ausführungen schildern in kurzen Zügen
die Entwicklung der Dampfkesselgesetze und -aufsicht in Preußen.
Sie lassen insbesondere erkennen, wie zunächst der Staat ver-
sucht, die Aufgaben, die aus der beim Dampfkesselbetrieb auftretenden Gefahrenmöglichkeit entstehen, selbst durchzuführen,
dann sich aber dazu entschließt, die Mitarbeit besonderer, aus der
Industrie entstandener Selbstverwaltungskörper, der Dampfkessel-
Überwachungsvereine, zu benutzen, denen schließlich die gesamte
Durchführung dieser Aufgaben übertragen wird. Diese Organisation hat sich hervorragend bewährt, und man kann wohl sicher
annehmen, daß die Dampfkessel-Überwachungsvereine auch weiter-
hin allen Ansprüchen auf Sicherheit und Wirtschaftlichkeit der
Kesselbetriebe genügen werden.

2. Bekanntmachung, betr. allgemeine polizeiliche Bestimmungen über die Anlegung von Landdampfkesseln vom 17. Dez. 1908.

Auf Grund des § 24 Abs. 2 der G.O.[1]) hat der Bundesrat nachstehende A l l g e m e i n e   p o l i z e i l i c h e   B e s t i m m u n g e n   ü b e r   d i e   A n l e g u n g[2]) v o n   L a n d d a m p f - k e s s e l n erlassen:

I. Geltungsbereich der Bestimmungen[3]).
§ 1.

1. Als Dampfkessel im Sinne der nachstehenden Bestimmungen gelten alle geschlossenen Gefäße[4]), die den Zweck haben, Wasserdampf[5]) von höherer als der atmosphärischen Spannung zur Verwendung außerhalb des Dampfentwicklers zu erzeugen.

---

[1]) a) § 24 der G.O. lautet:

I. Zur Anlegung von Dampfkesseln, dieselben mögen zum Maschinenbetriebe bestimmt sein oder nicht, ist die Genehmigung der nach den Landesgesetzen zuständigen Behörden erforderlich. Dem Gesuche sind die zur Erläuterung erforderlichen Zeichnungen und Beschreibungen beizufügen.

II. Die Behörde hat die Zulässigkeit der Anlage nach den bestehenden bau-, feuer- und gesundheitspolizeilichen Vorschriften, sowie nach denjenigen allgemeinen polizeilichen Bestimmungen zu prüfen, welche von dem Bundesrat über die Anlegung von Dampfkesseln erlassen werden. Sie hat nach dem Befunde die Genehmigung entweder zu versagen oder unbedingt zu erteilen, oder endlich bei Erteilung derselben die erforderlichen Vorkehrungen und Einrichtungen vorzuschreiben.

III. Bevor der Kessel in Betrieb genommen wird, ist zu untersuchen, ob die Ausführung den Bestimmungen der erteilten Genehmigung entspricht. Wer vor dem Empfange der hierüber auszufertigenden Bescheinigung den Betrieb beginnt, hat die in § 147 angedrohte Strafe verwirkt.

IV. Die vorstehenden Bestimmungen gelten auch für bewegliche Dampfkessel.

V. Für den Rekurs und das Verfahren über denselben gelten die Vorschriften der §§ 20 und 21.

b) Da die a. p. B. nur auf die G. O. gestützt werden, gelten sie streng genommen nur für Betriebe, die der G. O. unterliegen, also nicht für fiskalische oder kommunale Anlagen, landwirtschaftliche Betriebe usw. In der Praxis der Behörden wird ihre Beachtung jedoch in

2. Als Landdampfkessel[6]) (Dampfkessel) gelten außer den an Land benutzten feststehenden und beweglichen Dampfkesseln auch die vorübergehend auf schwimmenden und im Wasser beweglichen Bauten aufgestellten Dampfkessel.

weitestem Umfange gefordert. Aus dem gleichen Grunde kann es auch zweifelhaft sein, ob solche Anlagen überhaupt genehmigungspflichtig sind. Jäger vertritt Z. 1914, S. 37 die Ansicht, daß die Genehmigungspflicht solcher Anlagen nicht nach § 24 G.O. sondern nach § 12 des Gesetzes vom 1. Juli 1861 (G.S., S. 749), betreffend die Errichtung gewerblicher Anlagen, zu fordern ist.

c) Nach Abs. II des § 24 G.O. hat die Prüfung des Genehmigungsantrages auch nach den baupolizeilichen Vorschriften zu erfolgen; somit liegt in einer erteilten Genehmigung gleichzeitig die Bauerlaubnis (vgl. § 9 III K. A. S. 155).

d) In § 147 der G.O. ist Geldstrafe bis zu 300 M. und im Unvermögensfalle Haft angedroht.

[1]) Als Anlegung gilt auch die beabsichtigte Wiederbenutzung schon aufgestellter Dampfkessel, deren Genehmigung aus irgendeinem Grunde (s. S. 151) erloschen ist.

[3]) Die Bestimmungen gelten auch in den deutschen Schutzgebieten (Auswärtiges Amt 16. 4. 07, B II 15503, 31841).

[4]) Geschlossene Gefäße sind solche, bei denen ein dauernder Druckausgleich mit der Atmosphäre nicht möglich ist. Diese Möglichkeit liegt z. B. nicht vor, wenn die Dampfleitung des Gefäßes in ein anderes geschlossenes Gefäß führt (z. B. Erhärtungskessel für Kalksandsteine) oder mit der Atmosphäre nur durch ein Rohr von geringem Querschnitt verbunden ist.

[5]) a) Gefäße, in denen kein Wasserdampf sondern andere Dämpfe, z. B. Alkoholdämpfe, gebildet werden, gelten nicht als Dampfkessel.

b) Auf die Bestimmungen ist es ohne Einfluß, ob die Entwicklung des Wasserdampfes aus Wasser oder wasserhaltigen Stoffen (z. B. Laugen, Torf) erfolgt.

c) Die Erzeugung des Wasserdampfes kann nicht nur durch Einwirkung von Feuer sondern auch auf jedem anderen Wege erfolgen (z. B. chemische Umsetzungen, feuerlose Lokomotiven vgl. S. 39, 2 f).

d) Die Verwendung des Wasserdampfes außerhalb des Entwicklungsgefäßes unterscheidet die Dampfkessel von den Dampffässern.

[6]) Die Trennung der Bestimmungen über Landdampfkessel von denen über Schiffsdampfkessel (s. S. 93) ist zur Erzielung einer besseren Übersichtlichkeit erfolgt. — Als Schiffskessel gelten alle au schwimmenden Fahrzeugen fest aufgestellten Kessel, auch wenn sie nicht zur Fortbewegung derselben dienen (s. S. 93).

3. Den Bestimmungen für Landdampfkessel werden nicht unterworfen[1]):

a) Behälter, in denen Dampf, der einem anderen Dampfentwickler entnommen ist, durch Einwirkung von Feuer besonders erhitzt wird (Dampfüberhitzer)[2]);

b) Kessel, die mit einer Einrichtung versehen sind, welche entweder verhindert, daß die Dampfspannung ½ at Überdruck übersteigen kann (Niederdruckkessel)[3]) *oder bewirkt, daß der Kessel hierbei abzublasen beginnt und bei einer Überschreitung des angegebenen Überdrucks um 10 v H den Kessel bis auf den atmosphärischen Druck entlastet*[4]). Als Einrichtungen dieser Art gelten:

---

[1]) Da in § 24 G.O. die unter a) bis c) bezeichneten Ausnahmen nicht enthalten sind, unterliegen diese Einrichtungen, soweit sie als Dampfkessel anzusehen sind, an sich der Genehmigungspflicht. In der Praxis der Behörden wird jedoch weder eine Genehmigung noch eine Abnahmeprüfung verlangt. (Für Niederdruckdampffässer ist eine Abnahmeprüfung vorgeschrieben.)

[2]) a) Die Aufstellung von Überhitzeranlagen unterliegt nur dann der Genehmigung, wenn die Überhitzer in neuen Anlagen als Teile der Kesselanlage anzusehen sind, oder wenn in vorhandenen Anlagen durch den Einbau der Überhitzeranlage eine wesentliche Änderung der Kesselanlage stattfindet (§ 8 K. A., s. S. 153). Überhitzer mit eigener Feuerung bedürfen demnach im allgemeinen keiner Genehmigung.

b) Die Überhitzerheizfläche gilt nicht als Kesselheizfläche; deshalb können Anforderungen auf Grund der a. p. B. insbesondere z. B. § 3, Abs. 2 (s. S. 18) nicht gestellt werden.

c) Aus Sicherheitsgründen soll jeder Überhitzer ein Sicherheitsventil und eine Entwässerungseinrichtung in der Dampfzuleitung und am Überhitzer selbst besitzen. Solche Einrichtungen sollen bei der Genehmigung der Anlagen oder bei Überhitzeranlagen, die nicht genehmigungspflichtig sind, auf Grund des § 120 der G.O. gefordert werden (31. 8. 01, Min.Bl. S. 212).

[3]) Für Niederdruckheizanlagen sind aus Sicherheitsgründen besondere Vorschriften gegeben (10. 2. 14, III 11087/13, Z. 1914, S. 135; 8. 7. 15, III 2231, Z. 1915, S. 260). Für die Wartung der Heizungs- und Lüftungsanlagen in Staatsgebäuden bestehen besondere Vorschriften. (Vgl. z. B. 20. 1. 19. I 1007, Min.-Bl. 1919).

[4]) Änderung durch Bekanntmachung des Reichskanzlers vom 5. 8. 1914 (Z. 1914, S. 438).

α) ein unverschließbares, vom Wasserraum ausgehendes Standrohr von nicht über 5000 mm Höhe und mindestens 80 mm Lichtweite;

β) ein vom Dampfraum ausgehendes, nicht abschließbares Rohr in Heberform oder mit mehreren auf- und absteigenden Schenkeln, dessen aufsteigende Äste bei Wasserfüllung zusammen nicht über 5000 mm, bei Quecksilberfüllung nicht über 370 mm Länge haben dürfen, wobei die Lichtweite dieser Rohre so bemessen werden muß, daß auf 1 qm Heizfläche (§ 3 Abs. 3) ein Rohrquerschnitt von mindestens 350 qmm entfällt. Die Lichtweite der Rohre muß mindestens 30 mm betragen und braucht 80 mm nicht zu überschreiten;

γ) jede andere von der Zentralbehörde des zuständigen Bundesstaates genehmigte Sicherheitsvorrichtung.

c) Zwergkessel, d. h. Dampfentwickler, deren Heizfläche $1/_{10}$ qm und deren Dampfspannung 2 at Überdruck nicht übersteigt, sofern sie mit einem zuverlässigen Sicherheitsventil ausgerüstet sind.

4. Für die Kessel in Eisenbahnlokomotiven bleiben die auf Grund der Artikel 42 und 43 der Reichsverfassung erlassenen besonderen Bestimmungen in Kraft[1]).

II. Bau[2]).
§ 2. Kesselwandungen.

1. Jeder Dampfkessel muß in bezug auf Baustoff, Ausführung und Ausrüstung den anerkannten Regeln der Wissenschaft und

---

[1]) a) Vgl. § 1 und 2 K.A.

b) Die auf Grund dieser Bestimmungen genehmigten Kessel der Eisenbahnverwaltung bedürfen keiner neuen Genehmigung, wenn sie in Privatbesitz übergehen (1. 5. 11, III 2813, Z. 1911, S. 235).

[2]) Der Bau der Kessel ist auch bei der Vorprüfung (s. § 11 K.A., S. 158) nach allgemeinen technischen Gesichtspunkten zu prüfen (12. 3. 1901, Z. 1901, S. 319). So sollen z. B. Zweiflammrohrkessel, die wegen zu geringer Entfernung der Rohre nicht befahren werden können, nicht zugelassen werden (26. 1. 07, III 360). Die Gewerbepolizei kann diese Prüfung auch auf die Rohrleitungen ausdehnen und dabei Rohrbruchventile (vgl. 13. 9. 02, Z. 1902, S. 731) vorschreiben, sowie die Verwendung von Gußeisen bei höheren Drücken verbieten (14. 8. 09, Min.Bl. S. 362).

Technik entsprechen. Als solche Regeln gelten bis auf weiteres die in den Anlagen I und II[1]) zusammengestellten Grundsätze, welche entsprechend den Bedürfnissen der Praxis und den Ergebnissen der Wissenschaft auf Antrag oder nach Anhörung einer durch Vereinbarung der verbündeten Regierungen anerkannten Sachverständigenkommission[2]) fortgebildet werden.

2. Die von den Heizgasen berührten Teile der Wandungen der Dampfkessel dürfen nicht aus Gußeisen oder Temperguß hergestellt werden; andere nur, sofern ihre lichten Querschnitte kreisförmig sind und ihre lichte Weite 250 mm nicht übersteigt. Für höhere Dampfspannungen als 10 at Überdruck ist Gußeisen oder Temperguß in keinem Teil der Kesselwandungen gestattet. Formflußeisen darf für alle nicht im ersten Feuerzuge liegenden Teile der Wandungen benutzt werden. Auf Gehäusewandungen von Dampfzylindern, die mit dem Dampfkessel verbunden sind, finden die vorstehenden Bestimmungen keine Anwendung[3]).

3. Als Wandungen der Dampfkessel gelten die Wandungen derjenigen Räume, welche zwischen den Absperrventilen (§ 6 Abs. 1, 2 und 3)[4]) liegen. Den Kesselwandungen sind die mit ihnen verbundenen Anschlußteile[5]) gleich zu achten.

4. Die Verwendung von Messingblech ist nur für Feuerrohre gestattet, deren lichte Weite 80 mm nicht übersteigt.

§ 3. Feuerzüge.

1. Die Feuerzüge der Dampfkessel müssen an ihrer höchsten Stelle mindestens 100 mm unter dem festgesetzten niedrigsten Wasserstande liegen. Bei Dampfkesseln, deren Wasseroberfläche kleiner als das 1,3fache der gesamten Rostfläche[6]) ist, muß dieser

---

[1]) Vgl. S. 42 und S. 62.

[2]) Vgl. S. 221.

[3]) Diese Erleichterung bezieht sich auf Lokomobilen.

[4]) Diese Absperrventile sind: das Dampfabsperrventil (§ 6, Abs. 1), das Speiseventil (§ 6, Abs. 2) und das Entleerungsventil (§ 6, Abs. 3).

[5]) Demnach dürfen Wasserstandskörper, Anschlußstutzen für Ventile und Armaturen, sowie Verstärkungsflanschen für alle Öffnungen im Kesselkörper bei einem Betriebsdruck über 10 at nicht aus Gußeisen bestehen; bei geringerem Druck ist Gußeisen nur für kreisförmige Querschnitte unter 250 mm l. Drm. zugelassen.

[6]) Unter diese Einschränkung fallen im allgemeinen nur kleine stehende Quersieder- und Rauchröhrenkessel.

Abstand mindestens 150 mm betragen[1]). Bei Innenzügen ist der Mindestabstand über den von den Heizgasen berührten Blechen zu messen.

2. Die Bestimmungen über die Höhenlage der Feuerzüge finden keine Anwendung auf Dampfkessel, deren von den Heizgasen berührte Wandungen ausschließlich aus Wasserrohren von weniger als 100 mm Lichtweite oder aus derartigen Rohren und den zu ihrer Verbindung angewendeten Rohrstücken[2]) bestehen, sowie auf solche Feuerzüge, in welchen ein Erglühen des mit dem Dampfraum in Berührung stehenden Teiles der Wandungen nicht zu befürchten ist. Die Gefahr des Erglühens ist in der Regel[3]) als ausgeschlossen zu betrachten, wenn die vom Wasser bespülte Kesselfläche, welche von den Heizgasen vor Erreichung der vom Dampfe bespülten Kesselfläche bestrichen wird, bei natürlichem Luftzuge mindestens zwanzigmal, bei künstlichem Luftzuge mindestens vierzigmal so groß ist als die gesamte Rostfläche. Bei Dampfkesseln ohne Rost ist der 4fache Betrag des Querschnitts des ersten Feuerzugs, unter Ausschluß des verengten Querschnitts über der Feuerbrücke, als der Rostfläche gleichstehend zu erachten.

3. Als Heizfläche der Dampfkessel gilt der auf der Feuerseite gemessene Flächeninhalt, der einerseits von den Heizgasen, anderseits vom Wasser berührten Wandungen[4]).

---

[1]) Die Einhaltung des hier vorgeschriebenen Mindestmaßes für den Wasserstand muß besonders bei Einrichtungen zur Verbesserung des Wasserumlaufes sichergestellt sein. (Dubiau-Rohrpumpen Z. 1899, S. 419; Knappiksche Einrichtung Z. 1901, S. 927; Apparate von Voigt Z. 1911, S. 313.) Der nachträgliche Einbau solcher Einrichtungen gilt als wesentliche Änderung (§ 8 K. A. s. S. 153) und bedarf der Genehmigung.

[2]) Die zur Verbindung der Wasserrohre dienenden Rohrstücke brauchen keinen kreisförmigen Querschnitt zu haben (3. 6. 11, III 3825, Z. 1911, S. 271).

[3]) Demnach kann auch durch andere Umstände die durch diese Vorschrift erstrebte Sicherheit erreicht werden.

[4]) a) Die für die Wärmeübertragung nicht in Betracht kommenden Teile der Kesselfläche, z. B. die Fläche unterhalb des Rostes bei Flammrohrkesseln, sind nicht als Heizfläche anzusehen, weil sie nicht von Feuergasen berührt werden. Ebenso gelten dampfberührte Flächen des Kesselkörpers nicht als Heizflächen, auch wenn durch sie Wärme an den Kesselinhalt übergeht. (Vgl. Ziffer 12 der Normen für Leistungsversuche an Dampfkesseln und Dampfmaschinen.)

b) Bei Schiffskesseln wird die Heizfläche auf der Wasserseite gemessen. (Vgl. S. 96 Anm. 3).

4. Als künstlicher Luftzug gilt jeder durch andere Mittel als den Schornsteinzug erreichte Luftzug, welcher bei saugender Wirkung in der Regel mehr als 25 mm Wassersäule, gemessen hinter dem letzten Feuerzuge, bei Preßluft mehr als 30 mm Wassersäule, gemessen unter dem Roste, beträgt.[1])

III. Ausrüstung[2]).
§ 4. Speisevorrichtungen.

1. Jeder Dampfkessel muß mit mindestens zwei[3]) zuverlässigen[4]) Vorrichtungen zur Speisung versehen sein, die nicht von derselben Betriebsvorrichtung[5]) abhängig sind. Mehrere zu einem Betriebe vereinigte Dampfkessel werden hierbei als ein Kessel angesehen.

2. Jede der Speisevorrichtungen muß imstande sein, dem Kessel doppelt so viel Wasser zuzuführen, als seiner normalen Verdampfungsfähigkeit[6]) entspricht. Bei Pumpen, die unmittel-

---

[1]) Geringfügige Verstärkungen des natürlichen Zuges durch Blasrohre oder ähnliche Einrichtungen gelten demnach nicht als künstlicher Zug.

[2]) Während des Krieges sind vielfach eiserne Armaturen verwendet worden. Bei ihnen ist auf besonders sorgfältige Berabeitung zu achten (18. 9. 15, III 4039, Z. 1915, S. 389).

[3]) a) Die zweite Speisevorrichtung ist nicht als Aushilfe anzusehen; beide Speisevorrichtungen sollen vielmehr in gleicher Weise den Betrieb ermöglichen und entsprechend benutzt werden (12. 3. 01, Z. 1901, S. 319).

b) Störungen an einer Speisevorrichtung sind umgehend zu beseitigen, anderfalls ist der Betrieb einzustellen. Die Aufrechterhaltung des Betriebes mit nur einer Speisevorrichtung zieht gerichtliche Bestrafung nach sich (Entscheidung des Kammergerichts Z. 1904, S. 67; vgl. auch 16. 5. 04, III a 4119, Z. 1904, S. 221.)

c) Die Speisevorrichtungen dürfen, wenn sie nicht zur Kesselspeisung benutzt werden, zu anderen Betriebszwecken verwendet werden (6. 4. 08, III 3079).

[4]) Selbsttätige Speisewasserrückleiter gelten nicht als zuverlässige Speisevorrichtung, wenn sie nicht vom Ministerium besonders anerkannt sind. Anträge auf Anerkennung sind bisher nicht gestellt (30. 4. 02, Z. 1902, S. 357).

[5]) Als solche gilt natürlich nicht der Dampfkessel selbst.

[6]) Als normale Verdampfungsfähigkeit kann angesehen werden für: kleine Feuerbüchskessel und Rauchröhrenkessel 15 bis 20 kg/qm-st.

Flammrohrkessel . . . . 18 » 25 »

Wasserrohrkessel . . . . 20 » 30 »

Steilrohrkessel . . . . 30 » 40 »

bar von der Hauptbetriebsmaschine angetrieben werden (Maschinenspeisepumpen), genügt das 1½fache der normalen Verdampfungsfähigkeit[1]). Zwei oder mehrere Speisevorrichtungen, die zusammen die geforderte Leistung ergeben, sind als eine Speisevorrichtung anzusehen. Maschinenspeisepumpen werden, wenn die Kessel beim Stillstande der Maschine auch noch anderen Zwecken dienen, nur dann als zweite Speisevorrichtung angesehen, wenn es dem regelmäßigen Betrieb entspricht, daß die Maschinen zum Speisen in Gang gesetzt werden.

3. Handpumpen sind nur zulässig, wenn das Produkt aus der Heizfläche in Quadratmeter und der Dampfspannung in Atmosphären Überdruck die Zahl 120 nicht übersteigt[2]).

4. Die unmittelbare Benutzung einer Wasserleitung an Stelle einer der Speisevorrichtungen ist zulässig, wenn der nutzbare Druck der Wasserleitung am Kessel jederzeit mindestens 2 at höher als der genehmigte Dampfdruck im Kessel ist.

§ 5. Speiseventile und Speiseleitungen.

1. In jeder zum Dampfkessel führenden Speiseleitung[3]) muß möglichst nahe am Kesselkörper ein Speiseventil (Rückschlag-

---

Der volumetrische Wirkungsgrad der Speisepumpen kann mit 0,8 bis 0,9, die minutliche Hubzahl der Duplexspeisepumpen mit 60 bis 120, der Handspeisepumpen mit 30 bis 40 angenommen werden.

[1]) Wird in großen Kesselanlagen mit mehr als 4 Kesseln und 1200 qm Heizfläche die Speiseanlage in zweckentsprechende Gruppen unterteilt, so braucht jede als eine Speisevorrichtung anzusehende Gruppe nur das 1½ fache, alle Speisevorrichtungen zusammen also nur das 3fache der normalen Verdampfungsfähigkeit zu leisten. Ein angemessener Teil der Heizfläche kann als Reserve gelten und bei der Bestimmung des Wasserbedarfes unberücksichtigt bleiben, wenn eine solche Reserve als dauernd bestehend angesehen werden kann. Diese Ausnahme gilt nur für Landkessel und zunächst nur während des Krieges (27. 10. 17, III 6661, Z. 1917, S. 372).

[2]) Handspeisepumpen, die dieser Grenze entsprechend bemessen sind, führen bei Kesseln mit einer Verdampfungszahl von über 10 kg/qm-st zu einer erheblichen Belastung des Kesselwärters und werden besser durch mechanisch angetriebene Pumpen ersetzt.

[3]) Es ist nicht erforderlich, daß jede Speisevorrichtung eine besondere Speiseleitung hat; vielmehr genügt für beide Speisevorrichtungen eine Speiseleitung. Bei Schiffskesseln sind jedoch zwei Speiseleitungen erforderlich (s. S. 97).

ventil) angebracht sein, das bei Abstellung der Speisevorrichtungen durch den Druck des Kesselwassers geschlossen wird.

2. Die Speiseleitung muß möglichst so beschaffen sein, daß sich der Dampfkessel bei undichtem Rückschlagventil nicht durch die Speiseleitung entleeren kann[1]). Haben Speisevorrichtungen gemeinschaftliche Sauge- oder Druckleitung, so muß jede Speisevorrichtung von der gemeinschaftlichen Leitung abschließbar sein[2]). Übereinander liegende Verbundkessel mit getrennten Wasserräumen sowie Dampfkessel mit verschieden hohem Betriebsdruck müssen je für sich gespeist werden können[3]).

§ 6. Absperr- und Entleerungsvorrichtungen.

1. Jeder Dampfkessel muß mit einer Vorrichtung versehen sein, durch die er von der Dampfleitung abgesperrt werden kann. Wenn mehrere Kessel, die für verschiedene Dampfspannung genehmigt sind, ihre Dämpfe in gemeinschaftliche Dampfleitungen abgeben, so müssen die Anschlüsse der Kessel mit niedrigerem Druck an die gemeinsame Dampfleitung unter Zwischenschaltung eines Rückschlagventils erfolgen[4]). Durch die Anwendung von Druckminderventilen oder Druckreglern wird das Rückschlagventil nicht entbehrlich gemacht.

---

[1]) Diese Vorschrift wird am einfachsten dadurch erfüllt, daß die Mündung der Speiseleitung im Kessel unmittelbar unter dem niedrigsten Wasserstand angeordnet wird, so daß sich der Kessel durch die Speiseleitung nur bis zu dieser Höhe entleeren kann. Das Wort »möglichst« gestattet jedoch von dieser Anordnung abzusehen, zumal es aus technischen Gründen häufig wünschenswert ist.

[2]) Zu diesem Zweck genügt nicht das Rückschlagventil. Es muß nötigenfalls noch ein abschließbares Ventil zwischen Speisevorrichtung und Rückschlagventil vorgesehen werden (12. 3. 13, III 1711).

[3]) a) Diese Forderung kann durch getrennte Speiseleitungen erfüllt werden. Gesonderte Speisevorrichtungen sind nicht erforderlich.

b) Verbundkessel (Doppelkessel) sind hauptsächlich deshalb mit Speiseleitungen für den Ober- und Unterkessel auszurüsten, weil die Überlaufrohre leicht durch Kesselsteinansatz in erheblichem Maße verengt werden (7. 4. 09, III 2898, Z. 1909, S. 255). Im übrigen gelten sie als ein Kessel (vgl. Anm. 1 S. 25 und Anm. 2 e S. 39).

[4]) a) Bei der Verbindung von Kesselgruppen mit verschiedenen Dampfspannungen genügt der Einbau eines Rückschlagventiles in der Verbindungsleitung zwischen den Sammelleitungen beider Gruppen (16. 2. 10, III 716, Z. 1910, S. 99).

b) Die Rückschlagventile müssen derart eingebaut werden, daß der

2. Jeder Dampfkessel muß zwischen dem Speiseventil und dem Kesselkörper eine Absperrvorrichtung erhalten, auch wenn das Speiseventil abschließbar ist.

3. Jeder Dampfkessel muß mit einer zuverlässigen Vorrichtung versehen werden, durch die er entleert werden kann.

4. Die Speiseabsperrvorrichtungen und die Entleerungsvorrichtungen müssen gegen die Einwirkung der Heizgase geschützt sein[1]) und ebenso wie alle anderen Absperrvorrichtungen (§ 5 Abs. 2, § 6 Abs. 1) so angebracht werden, daß der verantwortliche Wärter sie leicht bedienen kann[2]).

§ 7. Wasserstandsvorrichtungen.

1. Jeder Dampfkessel muß mit mindestens zwei geeigneten Vorrichtungen zur Erkennung seines Wasserstandes versehen sein, von denen wenigstens die eine ein Wasserstandsglas[3]) sein

---

reduzierte Dampf auf den Rückschlagventilen ruht (18. 6. 12, III 4272, Z. 1912, S. 309).

c) Druckregler oder Druckverminderungseinrichtungen in den Anschlußleitungen der Kessel höherer Spannung sind nicht vorgeschrieben, aber im allgemeinen aus Betriebsrücksichten erforderlich. Wünschenswert ist ferner die früher vorgeschriebene Anordnung eines Absperrventiles vor dem Druckverminderungsventil, eines Manometers und eines Sicherheitsventiles in der gemeinsamen Dampfleitung, sowie eines Hochhubsicherheitsventiles an jedem der Kessel mit niedrigerer Spannung (21. 3. 02, Z. 1902, S. 255). Die früher geforderte Einstellung der Sicherheitsventile aller Kessel nach dem für den geringsten Druck genehmigten Kessel ist nicht mehr erforderlich (s. Anm. 2 d S. 27).

d) Über Druckverminderungseinrichtungen s. Z. 1906, S. 453 u. f.

e) Werden bei den Kesseln mit höherem Druck die Sicherheitsventile und die Marken am Manometer dem niedrigeren Druck entsprechend geändert, so sind Rückschlagventile nicht erforderlich (22. 12. 14, III 9820).

[1]) Auch die Anschlußstutzen sollen geschützt sein, weil sonst Kesselsteinansatz zu befürchten ist. Diese Vorschriften können bei eingemauerten Kesseln leicht durch Aussparungen im Mauerwerk erreicht werden. Für Schiffskessel wird diese Anforderung nicht gestellt.

[2]) Diese Vorschrift bedingt nicht, daß diese Einrichtungen vom Heizerstand bedient werden können.

[3]) Die Gewerbepolizei verlangt bei der Genehmigung meist, daß diese mit geeigneten Schutzvorrichtungen versehen werden, wenn nicht ihre Bauart ein Zerspringen unmöglich macht (z. B. Klingersche Gläser). Für Schiffskessel sind zwei Wasserstandsgläser vorgeschrieben (vgl. S. 98).

muß. Schwimmer und Schmelzpfropfen sowie Spindelventile, die nicht durchstoßbar sind oder sich ganz herausdrehen lassen, sind als zweite Vorrichtung nicht zulässig. Die Vorrichtungen müssen gesonderte Verbindungen mit dem Innern des Kessels haben. Es ist jedoch gestattet, sie an einem gemeinschaftlichen Körper anzubringen, oder, falls zwei Wasserstandsgläser gesondert voneinander durch Rohre mit dem Kessel verbunden werden, die Dampfrohre durch eine gemeinsame Öffnung in den Kessel zu führen, wenn die Öffnung mindestens dem Gesamtquerschnitte beider Rohre gleich ist.

2. Werden die Wasserstandsvorrichtungen an einem gemeinschaftlichen Körper angebracht, so müssen dessen Verbindungen mit dem Wasser- und Dampfraume mindestens je 6000 qmm[1]) lichten Querschnitt haben. Werden die Wasserstandsvorrichtungen einzeln durch Rohre mit dem Kessel verbunden, so müssen die Verbindungsrohre ohne scharfe Krümmungen geführt sein, unter Vermeidungen von Wasser- und Dampfsäcken. Gerade, nach dem Kessel durchstoßbare Verbindungsrohre müssen mindestens 20 mm, gebogene Verbindungsrohre bei Kesseln bis zu 25 qm Heizfläche mindestens 35 mm, über 25 qm Heizfläche mindestens 45 mm lichten Durchmesser haben. Verbindungsrohre sind gegen die Einwirkung der Heizgase zu schützen. Gebogene Zuleitungsrohre im Innern des Kessels zum Anschluß an die Wasserstandsvorrichtungen sind nicht gestattet.

3. Die Lichtweiten der Wasserstandsgläser sowie die Bohrungen der Wasserstandsvorrichtungen müssen mindestens 8 mm betragen. Die Hähne und Ventile der Wasserstandsvorrichtungen müssen so eingerichtet sein, daß man während des Betriebs in gerader Richtung durch die Vorrichtungen hindurchstoßen kann[2]).

---

[1]) Dies ist ein Kreisquerschnitt von 88 mm Drm.

[2]) a) Die für das Hindurchstoßen vorzusehenden Öffnungen können einen kleineren Durchmesser als 8 mm haben, der jedoch für das Einführen eines widerstandsfähigen Drahtes ausreichen muß (22. 2. 10, III 1598, Z. 1910, S. 117).

b) Einrichtungen, die die Zuleitungen zum Kessel durch andere Maßnahmen, z. B. bohrerartige Verlängerungen der Probierspindeln, offenhalten wollen, sind nicht zulässig (11. 3. 12, III 1766, Z. 1912, S. 154).

c) Selbstschlußventile an Wasserstandsgläsern müssen das Durchstoßen der Leitungen ermöglichen, ohne daß der Kesselwärter durch austretenden Dampf verbrüht werden kann (22. 12. 05, III 9414).

Wasserstandshahnköpfe müssen so ausgeführt sein, daß das Dichtungsmaterial nicht in das Glas gepreßt werden kann.

4. Alle Hahnkegel der Wasserstandsvorrichtungen müssen sich ganz durchdrehen lassen[1]). Die Durchgangsrichtung muß bei allen Hähnen deutlich auf dem Hahnkopfe gekennzeichnet sein. Die Bohrung der Hahnkegel an Wasserstandsvorrichtungen muß so beschaffen sein, daß sich der Durchgangsquerschnitt beim Nachschleifen nicht vermindert.

5. Werden Probierhähne oder Probierventile als zweite Vorrichtung angewendet, so ist die unterste dieser Vorrichtungen in der Ebene des festgesetzten niedrigsten Wasserstandes anzubringen. Die Höhenlage der Wasserstandsgläser ist so zu wählen, daß der höchste Punkt der Feuerzüge mindestens 30 mm unterhalb der unteren sichtbaren Begrenzung des Wasserstandsglases liegt[2]). Dieses Erfordernis gilt nicht für Kessel, deren von den Heizgasen berührte Wandungen ausschließlich aus Wasserrohren von weniger als 100 mm Lichtweite oder aus solchen Rohren und den zu ihrer Verbindung angewendeten Rohrstücken bestehen[3]).

6. Es müssen Einrichtungen für ständige, genügende Beleuchtung der Wasserstandsvorrichtungen während des Betriebs der Dampfkessel vorhanden sein. Die Wasserstandsvorrichtungen müssen im Gesichtskreise des für die Speisung verantwortlichen Wärters liegen und von seinem Standorte leicht zugänglich sein.

§ 8. Wasserstandsmarke.

1. Der für den Dampfkessel festgesetzte niedrigste Wasserstand ist durch eine an der Kesselwandung anzubringende feste Strichmarke[4]) von etwa 30 mm Länge, die von den Buchstaben

---

[1]) Hierdurch soll einseitige Abnutzung verhindert und leichtes Einschleifen ermöglicht werden.

[2]) a) Diese Bestimmung ist deshalb getroffen, weil weniger sachkundige Heizer häufig erst dann einen gefährlichen Wassermangel vermuten, wenn kein Wasser mehr im Glase sichtbar ist. (Begründung der Bundesratsvorlage zu den a. p. B.)

b) Der normale Wasserstand liegt vorteilhaft in der Mitte des Glases, wie dies für Schiffskessel vorgeschrieben ist (s. S. 100).

[3]) Vgl. § 3, Abs. 2, S. 18.

[4]) Diese kann ein Schild oder eine entsprechende Einprägung in das Kesselmaterial sein. Eine Sicherung der Strichmarke etwa durch Stempelung ist nicht erforderlich.

N. W. begrenzt wird, dauernd kenntlich zu machen. Die Strichmarke ist bei der Bauprüfung des Dampfkessels unter Berücksichtigung des dem Kessel bei der Aufstellung etwa zu gebenden Gefälls festzulegen. Ihre Höhenlage ist durch Angabe ihres Abstandes von einem jederzeit erreichbaren Kesselteil in der über die Abnahmeprüfung aufzunehmenden Bescheinigung dann zu sichern, wenn die Marke nicht sichtbar bleibt.

2. Werden die Wasserstandsvorrichtungen unmittelbar an der Kesselwandung angebracht, so ist neben oder hinter jedem Wasserstandsglase in Höhe der Strichmarke ein Schild mit der Bezeichnung »Niedrigster Wasserstand« mit einem bis nahe an das Wasserstandsglas reichenden wagerechten Zeiger anzubringen. Werden die Wasserstandsvorrichtungen an besonderen Wasserstandskörpern oder Rohren befestigt, so ist mit diesen in Höhe der Strichmarke neben oder hinter jedem Wasserstandsglase das vorbezeichnete Schild mit dem Zeiger zu verbinden. Für Dampfkessel mit weniger als 25 qm Heizfläche kann, wenn es an Platz mangelt, die Bezeichnung »Niedrigster Wasserstand« in N. W. abgekürzt werden. Die Schilder sind dauerhaft, aber weder mit den Schrauben der Armaturgegenstände noch an der Bekleidung zu befestigen.

§ 9. Sicherheitsventil.

Jeder feststehende Dampfkessel[1]) ist mit wenigstens einem zuverlässigen[2]) Sicherheitsventil, jeder bewegliche Dampfkessel mindestens mit zwei solchen Ventilen zu versehen. Die Sicherheits-

---

[1]) Doppelkessel mit getrennten Wasserräumen gelten als ein Kessel im Sinne dieser Bestimmungen (5. 12. 12, III 8291, Min.Bl. 1912, S. 583; vgl. jedoch Anm. 3b, S. 21).

[2]) a) Zuverlässig sind bei ordnungsgemäßer Ausführung Ventile, deren Querschnitt nach der Formel $F = 15\,H\sqrt{\dfrac{1000}{p \cdot \gamma}}$ bemessen ist. Hierin bezeichnet F den Ventilquerschnitt in qmm, H die Kesselheizfläche in qm, p den Überdruck in at und γ das spezifische Gewicht des Dampfes bei dem Betriebsdruck in kg/cbm. Für Vollhubventile, deren Hub ein Viertel des Durchmessers ist, kann statt des Koeffizienten 15 der Wert 5 gesetzt werden. Für sog. Hochhubventile, deren Hub meist kleiner bleibt, bestehen keine Erleichterungen (16. 12. 09, III 10693, Z. 1910, S. 18). Vgl. ferner Vereinbarungen Ziffer 6, S. 221.

b) Vollhubventile werden vorteilhaft mit ins Freie führenden Abzug-

ventile müssen zugänglich und so beschaffen sein, daß sie jederzeit gelüftet[1]) und auf ihrem Sitze gedreht werden können. Bei Ventilen, die durch Hebel und Gewicht belastet werden, darf der auf jedes Ventil durch den Dampf ausgeübte Druck 600 kg[2]) nicht überschreiten. Die Belastungsgewichte der Ventile müssen je aus einem Stücke bestehen. Sind zwei Ventile vorgeschrieben, so muß ihre Belastung unabhängig voneinander erfolgen[3]). Der Dampf darf den Ventilen nicht durch Rohre zugeführt werden, die innerhalb des Kessels liegen[4]). Geschlossene Ventilgehäuse müssen in ihrem tiefsten Punkte mit einer nicht abschließbaren Entwässerungsvorrichtung versehen sein. Bei Hebelventilen ist die Stellung des Gewichts durch Splinte, bei Federventilen die Spannung der Federn durch Sperrhülsen oder feste Scheiben zu sichern.

2. Die Sicherheitsventile dürfen höchstens so belastet werden, daß sie bei Eintritt der für den Kessel festgesetzten Dampfspannung den Dampf entweichen lassen. Ihr Querschnitt muß bei normalem Betrieb imstande sein, so viel Dampf abzuführen, daß die festgesetzte Dampfspannung höchstens um $1/10$ ihres Betrages

---

rohren versehen, weil sonst bei geringer Drucküberschreitung erhebliche Dampfmengen in das Kesselhaus treten. Eine Dämpfung des Hubes durch Rollgewichtsbremsen ist zulässig, wenn das Rollgewicht im Ruhezustande den Belastungshebel des Sicherheitsventiles nicht berührt und zunächst eine den gewöhnlichen Sicherheitsventilen entsprechende Erhebung zuläßt (7. 4. 09, III 2898, Z. 1909, S. 255).

[1]) Diese Forderung ist erfüllt, wenn das Sicherheitsventil leicht zugänglich. Die Anordnung eines Kettenzuges vom Heizerstand ist mit gefährlichen Nachteilen verbunden und deshalb zu vermeiden (29. 10. 02, III a 9033).

[2]) Dieser Bestimmung entsprechend müssen z. B. für Kessel mit 6 at Betriebsdruck und mehr als 98 qm Heizfläche bzw. für solche mit 12 at Betriebsdruck und mehr als 93 qm Heizfläche zwei gewöhnliche Ventile vorgesehen werden. Angenähert ist ein •Sicherheitsventil für je 90 qm Heizfläche erforderlich. Für jedes Vollhubventil können dreimal so große Heizflächen zugelassen werden.

[3]) Demnach sind Doppelventile, die nur durch eine Feder belastet werden (Ramsbottom-Ventile) unzulässig (2. 6. 09, III 4384, Z. 1909, S. 278).

[4]) Als solche Rohre gelten z. B. auch die Zuleitungen zu den Wasserständen (12. 2. 03, III a 550, Z. 1903, S. 175).

überschritten wird[1]). Sind zwei Sicherheitsventile vorgeschrieben oder bedingt die Größe des Kessels mehrere Ventile, so muß ihr Gesamtquerschnitt dieser Anforderung entsprechen. Änderungen in den Belastungsverhältnissen, die den Druck des Ventilkegels gegen den Sitz erhöhen, dürfen nur durch die amtlichen Sachverständigen vorgenommen werden[2]). Über jede Änderung der bei der amtlichen Abnahme festgesetzten Belastung ist von dem dazu Berechtigten ein Vermerk in das Revisionsbuch (§ 19) aufzunehmen.

§ 10. Manometer.

Mit dem Dampfraume[3]) jedes Dampfkessels muß ein zuver-

---

[1]) Diese Forderung ist ohne besondere Nachprüfung als erfüllt anzusehen, wenn der Ventilquerschnitt gemäß Anm. 2a S. 25 bemessen ist (16. 12. 09, III 10693, I 10388, Z. 1910, S. 18).

[2]) a) Die Einstellung der Sicherheitsventile muß unter Dampf bei der Abnahme erfolgen (§ 12, Abs. 6, A. p. B. S. 31); eine Einstellung durch Wasserdruck ist unzulässig. Die Abmessungen des Sicherheitsventiles sowie des Hebels und die Gewichte der das Ventil belastenden Teile sind in die Abnahmebescheinigung aufzunehmen. Zur einwandfreien Kennzeichnung des Belastungsgewichtes sind außer seinem Gewicht auch seine Abmessungen anzugeben. Vor der Einstellung unter Dampf sind die erforderlichen Hebellängen rechnerisch festzustellen, um schlecht montierte Ventile auszumerzen (25. 8. 01, Z. 1901, S. 661). In der Praxis wird man vorteilhaft die durch das Gewicht des Hebels und des Ventiles auftretende Belastung des Ventiles bei der Rechnung nicht berücksichtigen, weil im allgemeinen der Dampf etwas zwischen die Dichtungsflächen des Ventiles tritt und dadurch der vom Dampf gedrückte Ventilquerschnitt größer ist als dem lichten Ventildurchmesser entspricht.

b) Eine Vergrößerung der festgesetzten Ventilbelastung ist auch unzulässig, wenn schlechtsitzende Ventile vor dem festgesetzten Betriebsdruck abblasen.

c) Eine Entlastung der Ventile ist nicht verboten, wenn nicht in der Genehmigungsurkunde jede Änderung der Ventilbelastung untersagt ist.

d) Beim Zusammenarbeiten von Kesseln verschiedener Spannung ist die früher geforderte Einstellung der Sicherheitsventile aller Kessel nach dem für den geringsten Druck genehmigten Kessel (Z. 1892, S. 157) nicht mehr erforderlich, wenn die Leitung entsprechend a. p. B. § 6 mit einem Rückschlagventil versehen ist. (Vgl. S. 21, 22.)

[3]) Die Verbindung mit dem Wasserraum ist unzulässig, weil Verstopfungen des Verbindungsrohres durch Schlamm zu befürchten sind.

lässiges[1]), nach Atmosphären (§ 12) geteiltes Manometer verbunden sein. Dieser Bestimmung wird auch durch Anschluß des Manometers an den Dampfraum eines dem § 7 Abs. 2 entsprechenden besonderen Wasserstandskörpers genügt. An dem Zifferblatte des Manometers ist die festgesetzte höchste Dampfspannung durch eine unveränderliche, in die Augen fallende Marke zu bezeichnen. Das Manometer muß die Ablesung des bei der Druckprobe anzuwendenden Probedrucks (§§ 12 und 13) gestatten[2]). Es muß so angebracht sein, daß es gegen die vom Kessel ausstrahlende Hitze möglichst geschützt ist, und daß seine Angaben vom Kesselwärter jederzeit ohne Schwierigkeiten beobachtet werden können. Die Leitung zum Manometer muß mit einem Wassersacke versehen und zum Ausblasen eingerichtet sein.

§ 11. Fabrikschild.

1. An jedem Dampfkessel muß die festgesetzte höchste Dampfspannung[3]), der Name und Wohnort des Fabrikanten[4]), die laufende

---

[1]) a) Manometer zeigen im allgemeinen nur dann zuverlässig, wenn sie keinen Temperaturschwankungen ausgesetzt sind. Aus diesem Grunde ist hauptsächlich in den beiden letzten Sätzen des § 10 der Schutz des Manometers gegen Hitze und die Anordnung eines Wassersackes vorgeschrieben. Wiederholtes Ausblasen des Wassersackes empfiehlt sich nicht, weil dann durch den in das Manometer tretenden Dampf Temperaturschwankungen hervorgerufen werden.

b) Im allgemeinen sind Manometer dann auszuwechseln, wenn sie um mehr als $\frac{1}{4}$ at von den Angaben des Kontrollmanometers abweichen.

c) Heruntergezogene Manometer für Kessel mit hochgelegenen Dampfräumen (Steilrohrkessel) gelten nicht als zuverlässig, weil das Manometer durch die in der Zuleitung sich bildende Wassersäule zusätzlich belastet wird (23. 8. 16, III 5190, Z. 1916, S. 294).

[2]) s. S. 30.

[3]) Diese wird in der Genehmigungsurkunde festgesetzt; sie kann von der vom Hersteller des Kessels beantragten abweichen. Demgemäß sind die Kesselschilder alter Kessel, deren Betriebsdruck bei einer erneuten Genehmigung herabgesetzt wird, entsprechend zu ändern.

[4]) Sind Verfertiger und Lieferant verschiedene Firmen, so kann die eine oder die andere Firma, aber nur eine von beiden, auf dem Kesselschild angegeben sein (15. 3. 95, Z. 1895, S. 157).

Fabriknummer und das Jahr der Anfertigung[1]) auf eine leicht erkennbare und dauerhafte Weise angegeben sein.

2. Diese Angaben sind auf einem metallenen Schilde (Fabrikschild) anzubringen, das mit versenkt vernieteten kupfernen Stiftschrauben[2]) so am Kessel befestigt werden muß, daß es auch nach der Ummantelung oder Einmauerung des letzteren sichtbar bleibt.

IV. Prüfung.

§ 12. Bauprüfung, Druckprobe und Abnahme neu oder erneut[3]) zu genehmigender Dampfkessel.

1. Jeder neu oder erneut[3]) zu genehmigende Dampfkessel ist vor der Inbetriebnahme von einem zuständigen Sachverständigen einer Bauprüfung, einer Prüfung mit Wasserdruck und der nach § 24 Abs. 3 der G.O. vorgeschriebenen Abnahmeprüfung zu unterziehen. Die Bauprüfung und Druckprobe müssen vor der Einmauerung oder Ummantelung des Kessels ausgeführt werden; sie sind möglichst miteinander zu verbinden. Die Bauprüfung kann jedoch auf Antrag des Fabrikanten auch während der Herstellung des Dampfkessels vorgenommen werden. Bei erneut[4]) zu genehmigenden Dampfkesseln kann, wenn seit der letzten inneren Untersuchung noch nicht zwei Jahre verflossen sind, nach dem Ermessen des Sachverständigen von der Durchführung

---

[1]) Werden Kessel (namentlich Lokomobilkessel) längere Zeit vor der Genehmigung und Inbetriebnahme angefertigt, so kann das Jahr der Inbetriebnahme auf dem Kesselschild angegeben werden, weil durch diese Angabe nur die Benutzungsdauer festgelegt werden soll (6. 3. 03, III a 1821).

[2]) Während des Krieges sind Stiftschrauben aus weichem Eisen oder Zink (bei Temperaturen unter 120° C) zugelassen (25. 8. 15, III 3652, Z. 1915, S. 323).

[3]) Eine Neugenehmigung ist zur Anlegung neuer Dampfkessel oder zur Wiederinbetriebnahme alter Kessel, deren Genehmigung aus irgendeinem Grunde erloschen ist, erforderlich (K. A. § 7; s. S. 151). Eine erneute Genehmigung ist zu wesentlichen Änderungen einer genehmigten Kesselanlage erforderlich (K. A. § 8; s. S. 153).

[4]) Sinngemäße Richtigstellung durch Bekanntmachung des Reichskanzlers vom 2. 3. 12 (Z. 1912, S. 161).

dieser Bestimmungen insoweit abgesehen werden, als eine erneute Prüfung[1]) für die Erneuerung der Genehmigung nicht erforderlich ist.

2. Die Bauprüfung erstreckt sich auf die planmäßige Ausführung der Abmessungen, den Baustoff und die Beschaffenheit des Kesselkörpers[2]). Bei ihrer Ausführung ist der Dampfkessel äußerlich und, soweit es seine Bauart gestattet, auch innerlich zu untersuchen. Vor Ausführung der Prüfung ist dem Sachverständigen bei neuen Dampfkesseln der Nachweis[3]) darüber zu erbringen, daß der zu den Wandungen des Kessels verwendete Baustoff nach Maßgabe der Anlage I[4]) geprüft worden ist. Über die Bauprüfung hat der Sachverständige ein Zeugnis nach Maßgabe der Anlage III[5]) auszustellen und mit diesem den Materialnachweis und — falls nicht eine bereits genehmigte Zeichnung vorgelegt wird — die den Abmessungen des Dampfkessels zugrundegelegte Zeichnung zu verbinden. Vom Lieferer sind im letzteren Falle zwei Zeichnungen des Dampfkessels zur Verfügung des Sachverständigen zu halten. Bei erneut zu genehmigenden Dampfkesseln hat der Sachverständige in dem Zeugnis über die Bauprüfung zugleich ein Gutachten[6]) darüber abzugeben, mit welcher Dampfspannung der Kessel zum Betriebe geeignet erscheint.

3. Die Wasserdruckprobe erfolgt bei Dampfkesseln bis zu 10 at Überdruck mit dem 1½ fachen Betrage des beabsichtigten Überdrucks, mindestens aber mit 1 at Mehrdruck, bei Dampfkesseln über 10 at Überdruck mit einem Drucke, der den beabsichtigten um 5 at übersteigt. Die Kesselwandungen müssen während der ganzen Dauer der Untersuchung dem Probedruck widerstehen, ohne undicht zu werden oder bleibende Formver-

---

[1]) Als »Prüfung« ist hier die Bauprüfung und die Wasserdruckprobe, nicht aber die Abnahmeprüfung anzusehen.

[2]) Hierbei sind diejenigen Feststellungen zu machen, die für die Berechnung des Kessels nach den Bauvorschriften erforderlich sind.

[3]) a) Ein Materialnachweis ist nicht erforderlich bei Wasserrohren, Wellrohren und Teilwasserkammern (vgl. dazu Materialvorschriften S. 42)

　b) Die Stempel (s. S. 44 Anm. 2) können im fertigen Kessel auf der Feuer- oder Wasserseite sich befinden (3. 7. 11, III 4096, Z. 1911, S. 322).

[4]) S. S. 43.

[5]) Vordrucke s. S. 208 und 209.

[6]) An dieses Gutachten ist die genehmigende Behörde nicht gebunden.

änderungen aufzuweisen. Sie sind für undicht zu erachten, wenn das Wasser bei dem Probedruck in anderer Form als der von feinen Perlen durch die Fugen dringt. Über die Prüfung mit Wasserdruck hat der Sachverständige ein Zeugnis nach Maßgabe der Anlage IV[2]) auszustellen.

4. Unter dem Atmosphärendrucke wird der Druck von einem kg auf das qcm verstanden.

5. Nachdem die Bauprüfung und die Wasserdruckprobe mit befriedigendem Erfolge stattgefunden haben, sind die Niete des Fabrikschildes (§ 11) von dem zuständigen Sachverständigen mit dem amtlichen Stempel[1]) zu versehen, der in dem Prüfungszeugnis über die Wasserdruckprobe (s. Anlage IV[2]) abzudrucken ist. Einer Erneuerung des Stempels bedarf es bei alten, erneut zu genehmigenden Dampfkesseln nicht, wenn der alte Stempel noch gut erhalten ist und mit dem amtlichen Stempel des Sachverständigen übereinstimmt.

6. Die endgültige Abnahme der Dampfkesselanlage muß unter Dampf erfolgen. Dabei ist zu untersuchen, ob die Ausführung der Anlage den Bedingungen der erteilten Genehmigung entspricht. Nach dem befriedigenden Ausfalle dieser Untersuchung und der Behändigung der Abnahmebescheinigung (siehe Anlage V[2]) oder einer Zwischenbescheinigung[3]) darf die Kesselanlage ohne weiteres in Betrieb genommen werden, soweit die baupolizeiliche Abnahme[4]) der etwa zur Kesselanlage gehörigen Baulichkeiten

---

[1]) a) Die Stempelzeichen sind in den einzelnen Bundesstaaten verschieden.

b) Die Stempelung dient zur Beglaubigung, daß das an dem Kessel angebrachte Fabrikschild tatsächlich zu demselben gehört, nicht zur Bescheinigung über die erfolgreiche Wasserdruckprobe, über die eine besondere Bescheinigung ausgestellt wird (30. 12. 91, Z. 1892, S. 20).

[2]) Vordruck s. S. 203 und 209.

[3]) Die Zwischenbescheinigungen sind stempelfrei (20. 1. 12, III 292, Z. 1912, S. 77).

[4]) Die baupolizeiliche Abnahme kann gemäß § 24 K. A. (s. S. 172) durch auf diesem Gebiete sachkundige Ingenieure der Dampfkessel-Überwachungsvereine gleichzeitig mit der eigentlichen Kesselabnahme bewirkt werden. Die Abnahmebescheinigungen hat jedoch die Baupolizeibehörde auszustellen; Gebühren für solche Abnahmen können die Vereine nicht beanspruchen (7. 11. 10, III 2996, Z. 1910, S. 504).

stattgefunden und zu keinen *wesentlichen*[1]) Bedenken Anlaß gegeben hat.

§ 13. Druckproben nach Hauptausbesserungen.

1. Dampfkessel, die eine Hauptausbesserung[2]) erfahren haben, oder durch Wassermangel oder Brandschaden überhitzt worden sind, müssen vor der Wiederinbetriebnahme von einem zuständigen Sachverständigen einer Prüfung mit Wasserdruck in gleicher Höhe wie bei neu aufzustellenden Dampfkesseln unterzogen werden. Der völligen Bloßlegung des Kessels bedarf es in solchem Falle in der Regel nicht.

2. Von der Außerbetriebsetzung eines Dampfkessels zum Zwecke einer Hauptausbesserung des Kesselkörpers hat der Kesselbesitzer oder sein Stellvertreter der zur regelmäßigen Prüfung des Dampfkessels zuständigen Stelle Anzeige zu erstatten[3]). Die gleiche Pflicht liegt dem Kesselbesitzer oder seinem Vertreter ob, wenn ein Dampfkessel durch Wassermangel oder Brandschaden überhitzt worden ist.

§ 14. Prüfungsmanometer.

1. Der bei der Prüfung ausgeübte Druck muß durch ein von dem zuständigen Sachverständigen amtlich geführtes Doppelmanometer[4]) festgestellt werden.

2. An jedem Dampfkessel muß sich in der Nähe des Manometers (§ 10) am Manometerrohr ein mit einem Dreiwegehahn ver-

---

[1]) a) Einfügung durch Bekanntmachung des Reichskanzlers vom 14. 12. 13, Z. 1914, S. 43.

b) Werden bei der bautechnischen Abnahme unwesentliche Mängel festgestellt, so kann eine Zwischenbescheinigung ausgestellt werden, die nach Beseitigung dieser Mängel durch die endgültige Abnahmebescheinigung zu ersetzen ist (Min. d. ö. A. 23. 1. 14, III 13 CA, Z. 1914, S. 125).

[2]) a) Hauptausbesserungen sind solche, bei denen wesentliche Teile des Kessels erneuert werden; z. B. die Herausnahme oder Erneuerung aller Rauch- oder Wasserrohre (21. 12. 97, Min.Bl. f. d. i. V. 1898, S. 14), des Flammrohres oder der Feuerbüchse. Vielfach sieht man eine Reperatur dann als Hauptausbesserung an, wenn die auszubessernde Fläche größer als etwa 1 qm ist.

b) Restplatten geprüfter Bleche brauchen einen Prüfungsstempel nicht zu tragen (vgl. S. 49 Anm. 1).

[3]) Die Benachrichtigung des Sachverständigen hat vor Beginn der Hauptausbesserung zu erfolgen, damit dieser gegebenenfalls Anordnungen über den Umfang der Reparatur treffen kann.

[4]) Das Doppelmanometer kann in einem Gehäuse untergebracht sein.

sehener Stutzen zur Anbringung des amtlichen Manometers befinden.
Dieser Stutzen muß bei beweglichen Kesseln[1]) einen ovalen Flansch
von 60 mm Länge und 25 mm Breite besitzen. Die Weite der
Schlitze zur Einlegung der Befestigungsschrauben und die Öffnung
des Stutzens muß 7 mm, die Länge der Schlitze 20 mm betragen.

V. Aufstellung.

§ 15. Aufstellungsort [2]).

1. Dampfkessel für mehr als 6 at Überdruck und solche,
bei welchen das Produkt aus der Heizfläche (§ 3 Abs. 3) in qm
und der Dampfspannung in Atmosphären Überdruck für einen
oder mehrere gleichzeitig im Betriebe befindliche Kessel zusammen
mehr als 30 beträgt[3]), dürfen unter Räumen, die häufig von Menschen betreten werden[4]), nicht aufgestellt werden. Das gleiche
gilt für die Aufstellung von Dampfkesseln über Räumen, die häufig

---

[1]) Bei feststehenden Kesseln sind in einzelnen Bundesstaaten andere
Anschlußflanschen vorgesehen. Die einheitliche Festsetzung für bewegliche
und Schiffskessel ist zur Förderung der Freizügigkeit dieser Kessel erfolgt.

[2]) Aus bau- und gewerbepolizeilichen Gründen kann bisweilen die
Aufstellung von Kesseln versagt werden, selbst wenn die hier gegebenen
Vorschriften erfüllt sind. In zweifelhaften Fällen, z. B. Aufstellung in
Kellern, wird sich deshalb der Unternehmer vorteilhaft mit der Bau-
polizei und der Gewerbeinspektion vor Errichtung der Anlage in
Verbindung setzen. — Von der Gewerbepolizei werden häufig noch
folgende Anforderungen gestellt:

a) die ins Freie führenden Türen sollen nach außen aufschlagen;

b) die Fensterflächen sollen wenigstens $1/_{10}$ der Grundfläche des
Kesselraumes betragen und sich von unten leicht öffnen lassen;

c) der Heizerstand ist genügend tief (etwa 2 bis 3 m) zu machen;

d) höhere, betretbare Kessel sind zu umwehren und ebenso wie
hochgelegene Wasserstände durch feste Treppen und Laufbühnen zugänglich zu machen;

e) die Bahnen schwerer Rauchschiebergegengewichte sind zu
umwehren.

[3]) Die Aufstellung mehrerer Kessel ist nur zulässig, wenn ihr Ge-
samtprodukt nicht mehr als 30 beträgt oder wenn ein Teil der Kessel als
Reservekessel dient und nicht gleichzeitig mit den anderen betrieben wird.

[4]) Dies ist schon der Fall, »wenn sich ein oder mehrere Menschen
darin in regelmäßiger Wiederkehr, wenn auch nur vorübergehend und
für kurze Zeit, aufhalten« (12. 6. 94, Z. 1894, S. 246).

von Menschen betreten werden, mit Ausnahme der Aufstellung über Kellerräumen[1]). Innerhalb von Betriebsstätten[2]) und in besonderen Kesselräumen ist die Aufstellung solcher Dampfkessel unzulässig, wenn die Räume mit fester Wölbung oder fester Balkendecke[3]) versehen sind. Feste Konstruktionsteile über einem Teile des Kesselraumes, die den Zwecken der Rostbeschickung dienen, sind nicht als feste Balkendecken anzusehen. Trockeneinrichtungen oberhalb des Dampfkessels sowie das Trocknen auf dem

---

[1]) Diese Ausnahme gilt nicht nur für Aschen- und Schlackenkeller, sondern auch für Kellerräume, die anderen Betriebszwecken dienen.

[2]) Die Aufstellung von Kesseln in Betriebsstätten ist also erlaubt, wenn diese keine feste Wölbung oder Balkendecke haben. Trennwände zwischen der Betriebsstätte und dem Kessel können nicht verlangt werden.

[3]) a) Als feste Wölbung oder feste Balkendecke gelten im allgemeinen alle festen Konstruktionsteile, wie dies aus der Gegenüberstellung im nächsten Satz hervorgeht. In Einzelfällen sind als solche Konstruktionsteile Eisenbetondächer (8. 6. 10, III 4917, Z. 1910, S. 274), sowie Laufgänge auf dem Kesselhausdach bezeichnet worden.

b) Feste Konstruktionsteile sind auch über Teilen des Kesselhauses verboten; z. B. die Aufstellung hochgelegener Wasserbehälter oder Speisewasservorwärmer (30. 4. 14, III 4226, Z. 1914, S. 260). Aus dem gleichen Grunde sind Aussparungen in einer festen Decke über dem Kessel keine ausreichende Erfüllung dieser Vorschriften (7. 9. 10, III 7590, Z. 1910, S. 405).

c) Als feste Konstruktionsteile sind in Einzelfällen nicht angesehen worden:

α) Leichte Dachverschalungen zur Verhütung zu starker Abkühlung des Kessels (14. 10. 08).

β) Eine zwischen Eisenbindern gespannte schwache Zementbetonhaut, sofern die Bedachung nicht erheblich schwerer wird als etwa Ziegelbedachung (1. 4. 05, III a 2847, Z. 1905, S. 155).

γ) Eine über das Kesselhaus gehende Schwebebahn mit Laufbühne darunter, sofern diese in keinem Zusammenhange mit dem Kesselhaus steht (1. 8. 07, III 6325, Z. 1907, S. 388).

δ) Die Anordnung von Lauf- oder Schwenkkranen.

ε) Einzelne Träger zur Anordnung von Flaschenzügen oder von Zwischentransmissionen (2. 12. 10, III 10000, Z. 1910, S. 529).

ζ) Die bei Ölfeuerungen bisweilen erforderliche Anbringung hochgelegener Ölbehälter im Kesselhaus kann nach Befürwortung durch die Überwachungsvereine und Gewerbeinspektionen durch das Handelsministerium gestattet werden. (15. 10. 19. III 9598, I 11858.)

Kessel sind nicht zulässig[1]). Bei eingemauerten Dampfkesseln, deren Plattform betreten wird, muß oberhalb derselben eine mittlere[2]) verkehrsfreie Höhe von mindestens 1800 mm vorhanden sein. 2. Dampfkessel, die in Bergwerken unterirdisch oder auf Kraftfahrzeugen aufgestellt werden, und solche, welche ausschließlich aus Wasserrohren von weniger als 100 mm Lichtweite oder aus derartigen Rohren und den zu ihrer Verbindung angewendeten Rohrstücken[3]) bestehen, unterliegen den vorstehenden Bestimmungen nicht, Dampfkessel letzterer Art auch dann nicht, wenn sie mit Schlammsammlern und mit Oberkesseln, die nur als Dampfsammler dienen, versehen sind. Auf Wasserkammerrohrkessel[4]) mit Rohren unter 100 mm Lichtweite finden die Bestimmungen des Abs. 1 dann keine Anwendung, wenn ihre Rohre nahtlos hergestellt sind, die Wandungen ihrer Oberkessel von den Heizgasen nicht berührt werden und ihr Dampfdruck 6 at Überdruck nicht übersteigt.

§ 16. Kesselmauerung.

Zwischen dem Mauerwerk, das den Feuerraum und die Feuerzüge feststehender Dampfkessel einschließt, und den dieses umgebenden Wänden muß ein Zwischenraum[5]) von mindestens 80 mm verbleiben, der oben abgedeckt und an den Enden verschlossen werden darf. Die Feuerzüge müssen durch genügend weite Einfahröffnungen zugänglich und in der Regel[6])

---

[1]) Soweit Trocknungseinrichtungen in vorhandenen Anlagen genehmigt sind, kann ihre Beseitigung erst bei einer erneuten Genehmigung gefordert werden.

[2]) An einzelnen Stellen z. B. unter Dampfleitungen oder infolge der Neigung des Daches kann die verkehrsfreie Höhe kleiner sein.

[3]) Vgl. S. 18 Anm. 2.

[4]) Diese Erleichterung ist mit Rücksicht auf den guten Wasserumlauf und die dadurch bedingte Betriebssicherheit der Wasserrohrkessel mit zwei Wasserkammern gewährt worden. Für Einkammer-Wasserrohrkessel (5. 11. 10, III 9334, Z. 1910, S. 492) und für Steilrohrkessel (3. 6. 11, III 3825, Z. 1911, S. 271) sind solche Erleichterungen ausdrücklich versagt worden.

[5]) Der Zwischenraum soll einen gewissen Schutz für das Gebäude bei Explosionen bilden; er ist deshalb auch zwischen Kessel und Schornstein zu fordern.

[6]) Somit kann z. B. bei kleinen Kesseln von dieser Forderung abgesehen werden.

so groß bemessen sein, daß sie befahrbar[1]) sind. Werden die Feuerzüge benachbarter Kessel durch eine gemeinsame Mauer getrennt, so ist diese mindestens 340 mm dick herzustellen[2]). Das Kesselmauerwerk darf nicht zur Unterstützung von Gebäudeteilen[3]) benutzt werden.

VI. Bewegliche Dampfkessel und Kleinkessel.

§ 17. Bewegliche Dampfkessel.

Als bewegliche Dampfkessel gelten solche, deren Benutzung an wechselnden Betriebsstätten erfolgt[4]). Als bewegliche Dampfkessel dürfen nur solche Dampfentwickler betrieben werden, zu deren Aufstellung und Inbetriebnahme die Herstellung von Mauerwerk, das den Kessel umgibt, nicht erforderlich ist.

§ 18. Kleinkessel.

Kleinkessel[5]) das sind Dampfentwickler, bei denen das Produkt aus der Heizfläche in qm und der Dampfspannung in Atmosphären Überdruck die Zahl 2 nicht übersteigt, gelten hinsichtlich ihres Aufstellungsorts[6]) als bewegliche Kessel, auch wenn sie von Mauerwerk umgeben sind und an einem Betriebsorte zu dauernder Benutzung aufgestellt werden.

---

[1]) Einfache Öffnungen und Feuerzüge sollen im allgemeinen einen Querschnitt von 45 × 45 cm haben. — Bei stehenden Feuerbüchskesseln muß die Feuerbüchse durch den Aschenfall zugänglich sein. Dieser ist deshalb wenigstens 50 cm breit und 75 cm tief auszuführen.

[2]) Hierdurch soll ein gewisser Wärmeschutz erreicht werden, damit Arbeiten im Kessel durchgeführt werden können, auch wenn der Nebenkessel in Betrieb ist.

[3]) Dies gilt auch für Kohlenbunker, Schornsteine usw.

[4]) Bewegliche Kessel müssen als solche genehmigt werden (vgl. K.A. § 7).

[5]) Weitere Erleichterungen für Kleinkessel enthält § 20, Abs. 1.

[6]) a) Die Kessel dürfen also ohne neue Genehmigung an jedem beliebigen Orte aufgestellt werden. Vorteilhaft wird deshalb die Genehmigung und die Abnahme von dem Erbauer des Kessels in seiner Werkstätte veranlaßt.

b) Hinsichtlich der durch die Kesselanweisung für bewegliche Kessel vorgeschriebenen häufigeren Untersuchung gelten die Kleinkessel also nicht als bewegliche.

VII. Allgemeine Bestimmungen.

§ 19. Aufbewahrung der Kesselpapiere.

1. Zu jedem Dampfkessel gehören[1]):

a) Eine Ausfertigung der Urkunde über seine Genehmigung nach Maßgabe der Anlage VI[2]) nebst den zugehörigen Zeichnungen und Beschreibungen.

Mit der Urkunde sind die Bescheinigungen über die Bauprüfung, die Wasserdruckprobe und die Abnahme (§ 12) zu verbinden. Letztere Bescheinigung muß einen Vermerk über die zulässige Belastung der Sicherheitsventile enthalten. Gelangen in einer Anlage mehrere Dampfkessel von gleicher Größe, Form, Ausrüstung und Dampfspannung gleichzeitig zur Aufstellung, so ist für diese nur eine Urkunde[3]) erforderlich.

b) Ein Revisionsbuch nach Maßgabe der Anlage VII[2]), das die Angaben des Fabrikschildes (§ 11) enthält. Diese Bescheinigungen über die im § 13 vorgeschriebenen Prüfungen und die periodischen Untersuchungen müssen in das Revisionsbuch eingetragen oder ihm derart beigefügt werden, daß sie nicht in Verlust geraten können.

2. Die Genehmigungsurkunde nebst den zugehörigen Anlagen oder beglaubigte[4]) Abschriften dieser Papiere sowie das Revisionsbuch sind an der Betriebsstätte des Dampfkessels aufzubewahren und jedem zur Aufsicht zuständigen Beamten oder Sachverständigen auf Verlangen vorzulegen. Auf die Dampfkessel von Kraftfahrzeugen und Feuerspritzen findet diese Bestimmung keine Anwendung, wenn ihr Betrieb den Polizeibehörden und den zuständigen Kesselsachverständigen ihres Heimatsorts angemeldet ist.

---

[1]) Durch diese Fassung soll die Zubehöreigenschaft der Kesselpapiere (§ 97, § 314 B.G.B.) ausgedrückt und ihre Aushändigung an den Besitznachfolger beim Verkauf des Kessels sichergestellt werden.

[2]) Vordrucke s. S. 202 u. f.

[3]) Eine solche Sammelurkunde für mehrere Kessel hat den Nachteil, daß bei späteren genehmigungspflichtigen Änderungen eines Kessels die Urkunden wieder getrennt werden müssen.

[4]) Die Beglaubigung kann durch die Dampfkessel-Überwachungsvereine erfolgen, da sie ein öffentliches Siegel führen. Die Beglaubigungen sind stempelpflichtig.

§ 20. Entbindung von einzelnen Bestimmungen.

1. Bei Kleinkesseln (§ 18)[1]) ist es zulässig:

   a) von der Anbringung einer zweiten Speisevorrichtung,

   b) von dem Speiseventil (Rückschlagventil),

   c) von der Anbringung einer zweiten Wasserstandsvorrichtung abzusehen,

   d) nur ein Sicherheitsventil anzuwenden, auch wenn der Kessel beweglich betrieben wird,

   e) die Lichtweiten der Wasserstandsgläser und die Bohrungen der Wasserstandsvorrichtungen auf 6 mm zu ermäßigen.

2. Im übrigen sind die Zentralbehörden der einzelnen Bundesstaaten befugt, in einzelnen Fällen und für einzelne Kesselarten von der Beachtung der Bestimmungen der §§ 2—19 und des § 21 zu entbinden[2]).

---

[1]) S. S. 36.

[2]) Von dieser Ermächtigung ist in zahlreichen Fällen Gebrauch gemacht worden. Von den neueren Verfügungen seien folgende hervorgehoben:

a) Kessel, deren Herstellung vor Erlaß der neuen a. p. B. begonnen war, sind von den gegen früher abweichenden Vorschriften befreit. Den Kesselpapieren soll eine beglaubigte Abschrift der betreffenden Verfügung beigeheftet werden (vgl. Z. 1910, S. 8, 65, 98, 170, 179, 222, 251, 273, 308, 309, 405, 417, 429, 529).

b) Bei erneuter Genehmigung von Kesseln, die den früheren Bestimmungen entsprechen, können bis zum Jahre 1915 Wasserstandsvorrichtungen, deren Bohrung kleiner als 8 mm ist, gußeiserne Verstärkungsflanschen, sowie schwere Gußstutzen zur Anbringung von Ventilen zugelassen werden. Absperrventile zwischen Rückschlagventil und Kessel können fehlen (15. 4. 10, II 2997, Z. 1910, S. 190).

c) Die früher in Einzelfällen gewährten Erleichterungen sind jetzt vielfach durch die Vorschriften für Kleinkessel (§ 18, § 20 Abs. 1) allgemein gewährt. Zu erwähnen ist noch, daß Bäckereikessel keine Entleerungsvorrichtungen benötigen; sie sind regelmäßigen Untersuchungen wie feststehende Kessel zu unterwerfen, wofür Jahresgebühren von 5 M. erhoben werden (9. 3. 08, Z. 1908, S. 146; 5. 4. 09, III 2309, Z. 1909, S. 182). — Als Kleinkessel gelten auch zylindrische Dampfkessel, bei denen das Produkt aus Heizfläche und Dampfdruck die Zahl 12 nicht übersteigt, sofern die Entwicklung des Dampfes mittels einer durch den Kessel geführten Hochdruckheizschlange (Perkins-Heizung) erfolgt und die Dampfspannung 6 at Überdruck nicht übersteigt (13. 12. 11, III 7440, Z. 1912, S. 21).

d) Bei der Genehmigung alter Schiffskessel als Landkessel, bei denen gebördelte oder im ersten Feuerzug liegende Kesselteile aus Blechen mit höherer Festigkeit als 41 kg/qmm hergestellt sind, kann allgemein von der Bestimmung im 3. Teil der Materialvorschriften A IV2 abgesehen werden. Die Festigkeit dieser Teile ist jedoch nur mit 36 kg/qmm in Rechnung zu stellen, wenn ein Materialnachweis vorliegt, andernfalls nur mit 30 kg/qmm gemäß § 21, 2 a. p. B. (1. 3. 11, III 1346, Z. 1913, S. 136).

e) Doppelkessel gelten hinsichtlich der Vorschriften über Sicherheitsventile, Manometer, Kontrollflansch und Kesselpapiere grundsätzlich als ein Kessel (5. 12. 12, III 8291, Min.Bl. 1912, S. 583; 15. 7. 14, III 3520, Z. 1914, S. 391). Hinsichtlich der Speiseleitungen vgl. jedoch § 5, Anm. 3b, S. 21.

f) Feuerlose Lokomotiven (vgl. § 1, Anm. 3) können auf Antrag von den Vorschriften der § 4 bis 8 vollkommen und des § 9 insofern befreit werden, daß nur ein Sicherheitsventil erforderlich ist (11. 9. 89, Min.Bl. i. V. 1889, S. 179; 9. 12. 99, B 10640 I, 7617 III).

g) Einspritzkessel (Blitzkessel) der Firma Philippsohn, Berlin, sind von den Vorschriften der §§ 3, 7 und 8 befreit. Das Kesselschild kann an der Ummantelung angebracht werden. Die Kessel sind alle 6 Jahre regelmäßigen äußeren Untersuchungen zu unterziehen, wofür ermäßigte Gebühren in Ansatz kommen (4. 5. 16, III 2356, Z. 1916, S. 173). Ähnliche frühere Verfügungen betreffen Lilienthal-Spiralrohrkessel (Z. 1896, S. 208), Serpolletkessel (3. 1. 00, B 11220) und Frommekessel (24. 4. 07, III 3042, Z. 1907, S. 234).

h) Bei Sicherheitsröhrenkessel, Bauart Lilienthal der Firma Gebr. Poensgen, A.-G., Düsseldorf, können die im ersten Feuerzuge liegenden wasserkammerartigen Körper aus Formflußeisen hergestellt werden, wenn sie bestimmte Abmessungen nicht überschreiten und auf der Feuerseite mit einer dauerhaften Asbestverkleidung versehen sind (11. 2. 1915, III 436, Z. 1915, S. 92; 19. 5. 15, III 2276, Z. 1915, S. 205).

i) Vulkanisierkessel der Firma R. Talbot, Berlin, können, sofern sie als Kleinkessel (§ 18 a. p. B.) anzusehen sind, aus Gußeisen hergestellt werden und benötigen keine Speisevorrichtung; einer regelmäßigen Überwachung unterliegen sie nicht, dagegen der Genehmigung, Bauprüfung, Druckprobe und Abnahme (30. 8. 12, III 5836, Z. 1912, S. 413).

k) Die Brünnler-Unterwasserverdampfer können aus Formflußeisen hergestellt werden; als Wasserstandsvorrichtung genügt ein Probierhahn (6. 1. 14, III 57, I 83, Z. 1914, S. 67).

l) Neu aufzustellende Saftkocher mit Dampfheizung sowie Dampferzeuger mehrstufiger Verdampfungsanlagen, die nach § 1 a. p. B. als Dampfkessel anzusehen sind, früher aber als Dampffässer behandelt wurden, können als bewegliche Kessel genehmigt werden und sind nur den für Dampffässer geltenden Vorschriften zu unterwerfen (Erleichte-

§ 21. Übergangsbestimmungen.

1. Bei Dampfkesseln, die zur Zeit des Inkrafttretens[1]) dieser
Bestimmung auf Grund der bisher geltenden Vorschriften genehmigt sind, kann eine Abänderung ihres Baues, ihrer Ausrüstung oder Aufstellung nach Maßgabe dieser Bestimmungen
so lange nicht gefordert werden, als sie einer erneuten Genehmigung nicht bedürfen.

2. Im übrigen finden die vorstehenden Bestimmungen für
die Fälle der erneuten Genehmigung von Dampfkesseln mit der
Maßgabe Anwendung, daß dabei von der Durchführung der Bestimmungen des § 2 Abs. 1 und 4 und des § 7 Abs. 5 zweiter Satz

---

rungen hinsichtlich Material, Ausrüstung, Prüfung und Aufstellung)
(22. 10, III 8766, Z. 1910, S. 473; 19. 5. 11, III 1828, Z. 1911, S. 249).

m) Neu aufzustellende Evaporatoren (Verdampfer zur Erzeugung
von Süßwasser auf Schiffen), die nach § 1 a. p. B. als Dampfkessel anzusehen sind, früher aber als Dampffässer behandelt wurden, können
bis zu einem Betriebsdruck von 2 at aus Gußeisen hergestellt werden und ähnliche Erleichterungen wie Kleinkessel erhalten (6. 8. 09,
III 6122, Z. 1909, S. 349). Für ähnliche an Land benutzten Apparate
gelten die gleichen Erleichterungen (31. 5. 11, III 3781, Z. 1911, S. 271).
Wegen der Verwendung von Kupfer vgl. auch 14. 12. 10, III 10181,
Z. 1911, S. 21.

n) Den während des Krieges von der Heeresverwaltung benützten
Dampfkesseln können bei der Inbetriebnahme in Deutschland von Fall
zu Fall Erleichterungen gewährt werden. Die von den Sachverständigen
der Heeresverwaltung durchgeführte Überwachung wird anerkannt
(17. 8. 18, III 4617, I 6335, Z. 1918, S. 302). — Die nach Kriegsende
an die Privatindustrie verkauften Lokomotiven der Heeresverwaltung
müssen, falls eine ordnungsmässige Genehmigungsurkunde nicht vorliegt, nach der K. A. genehmigt werden. Bei der dazu vorzunehmenden Bauprüfung brauchen die Rohre nicht entfernt zu werden.
Können Werksbescheinigungen nicht beigebracht werden, so kann
entgegen § 21 Abs. 2 der a. p. B. die in dem Liefervertrag der
Lokomotivfabrik, die den Kessel geliefert hat, geforderte Blechqualität
mit ihrer zugehörigen Rechnungsfestigkeit der Berechnung zu Grunde
gelegt werden. Bei Beutekesseln kann die Materialbeschaffenheit
durch Entnahme von Proben aus je einem Langkessel bei Serien
bis zu 15 Kesseln festgestellt werden. (13. 6. 19, III 4327). Hinsichtlich der Überwachung anderer Kessel der Heeresverwaltung vgl. S. 145.

[1]) Die a. p. B. sind am 10. Januar 1910 in Kraft getreten (s. § 22,
Abs. 2).

abgesehen werden kann[1]). Bei der Genehmigung alter Dampfkessel, deren Materialbeschaffenheit nicht nachgewiesen wird, ist
eine Festigkeit von höchstens 30 kg/qmm anzunehmen[2]).

§ 22. Schlußbestimmungen.

1. Die Bekanntmachung, betreffend allgemeine polizeiliche
Bestimmungen über die Anlegung von Dampfkesseln vom 5. August
1890 wird aufgehoben, insoweit sie nicht für bestehende Dampfkesselanlagen Geltung behält.

2. Die Bestimmungen des § 21 Abs. 2 über die zulässige Materialbeanspruchung alter Dampfkessel treten sofort in Kraft. Im übrigen
treten die vorstehenden Bestimmungen erst ein Jahr nach ihrer
Veröffentlichung[3]) in Wirksamkeit. Dampfkessel, die bereits vor
diesem Zeitpunkte nach den vorstehenden Bestimmungen gebaut
und angelegt werden, sind nicht zu beanstanden.

Berlin, den 17. Dezember 1908.

Der Reichskanzler.

In Vertretung:
von Bethmann-Hollweg.

---

[1]) Diese Ausnahmen betreffen die Material- und Bauvorschriften,
die Verwendung von Messingblech und die Höhenlage der Wasserstandsgläser. Weitere Erleichterungen s. Anm. 2b und d zu § 20.

[2]) a) Dieser letzte Satz findet nur auf die Neugenehmigung alter
Kessel, deren Genehmigung erloschen ist, Anwendung (24. 5. 09, III
4116, Z. 1909, 206). Deshalb wird bei solcher Neugenehmigung meist
eine Herabsetzung des Betriebsdruckes erforderlich, während diese bei
einer erneuten Genehmigung im allgemeinen nicht stattfindet (vgl.
Anm. 3 S. 29 und § 7 K. A. 151).

b) Die Materialbeschaffenheit bei Kesseln, deren Alter 5 Jahre nicht
übersteigt, kann durch Auszüge aus den Zerreißbüchern der Hüttenwerke oder durch Nachweis der Kesselschmiede, daß sie nur Bleche der
Qualität F I verwendet hat, ermittelt werden (16. 12. 09, III 10693,
I 10388, Z. 1910, S. 18).

[3]) Die a. p. B. sind am 10. Januar 1909 veröffentlicht (Reichsgesetzblatt S. 3).

3. Materialvorschriften für Landdampfkessel.

Erster Teil.
Allgemeine Bestimmungen.
I. Prüfungen.

Alles zum Baue von Landdampfkesseln bestimmte Material muß zuverlässig und von guter Beschaffenheit sein; insbesondere muß Schweiß- und Flußeisen den nachstehenden Anforderungen entsprechen. Für Flußeisenbleche, *die eine höhere Zugfestigkeit als 41 kg/qmm besitzen*[1]), sowie für Bleche aus Birnenmaterial[2]) ist der Nachweis zu erbringen, daß sie durch Sachverständige[3]) nach Maßgabe der nachstehenden Bestimmungen geprüft sind. Dasselbe gilt für alle übrigen Materialien, bei denen eine höhere Zugfestigkeit als 41 kg/mm zugelassen ist. *Für*[4]) *Flußeisenbleche von 34 bis 41 kg/qmm Festigkeit, mit Ausnahme von Wellrohren und ähnlichen Feuerrohren*[5]),

---

[1]) Neue Fassung lt. Bekanntmachung des Reichskanzlers vom 2. 3. 1912, Z. 1912, S. 161.

[2]) Birnenmaterial gilt als weniger zuverlässig (vgl. Anm. 2 S. 55).

[3]) Als Sachverständige sind für die in Preußen gelegenen Hüttenwerke neben anderen Sachverständigen die Ingenieure der preußischen Dampfkessel-Überwachungsvereine anerkannt (10. 12. 09, III 9669, I 10230, Z. 1910, S. 8); eine Zusammenstellung ist Z. 1917, S. 358 enthalten. — Die auf festgelegten Vordrucken auszustellenden Sachverständigenbescheinigungen sind nicht stempelpflichtig (20. 12. 09, III 10858, Z. 1910, S. 32).

[4]) Änderung durch Bekanntmachung des Reichskanzlers vom 14. 12. 13, Z. 1914, S. 43.

[5]) Für Wellrohre und ähnliche Feuerrohre sind Festigkeitsprüfungen nicht erforderlich, weil angenommen wird, daß durch ihre Herstellung Materialfehler kenntlich gemacht und deshalb ungeeignete Bleche ausgeschieden werden (3. 7. 11, III 4096, I 4445, Z. 1911, S. 322). Das gleiche gilt für die Teilkammern der Babcock-Wilcoxkessel (13. 8. 18, III 4821, Z. 1918 S. 302).

ist durch Werksbescheinigungen[1]) der Nachweis zu führen, daß sie nach Maßgabe der nachstehenden Bestimmungen geprüft sind, soweit nicht in Einzelfällen vom Besteller für solche Bleche (vgl. 2. und 3. Teil, A II) und andere zum Kessel verwendete Materialien — wie Winkeleisen, Nieteisen, Niete, Anker und Stehbolzen, Wasserrohre (vgl. 2. und 3. Teil, B bis F) — eine Prüfung durch Sachverständige vorgeschrieben. wird.

II. Zurichtung der Proben.

1. Die Probestäbe müssen das Material im ausgeglühten Zustand[2]) enthalten; die Probestreifen sind, falls erforderlich, im rotwarmen Zustande gerade zu richten.

2. Fehlerhafte Probestäbe dürfen nicht genommen werden.

3. Dicke und Breite der Probestäbe werden mit der Mikrometerschraube gemessen.

---

[1]) a) Werksbescheinigung sind Privatzeugnisse und somit nicht stempelpflichtig.

b) Für die Werksbescheinigungen sind bestimmte Vordrucke vorgeschrieben (1. 12. 09, III 9783, Z. 1909, S. 521 und 530), die wiederholt abgeändert sind (3. 7. 11, III 4096, I 4445, Z. 1911, S. 322; 16. 3. 1912, III 952, Z. 1912, S. 161; jetzige Fassung der Werks- und Sachverständigenbescheinigungen vgl. 27. 8. 14, III 4704, Z. 1914, S. 438).

c) Für ausländisches Kesselbaumaterial sind Werksbescheinigungen nicht zugelassen; die Prüfungen müssen vielmehr in jedem Fall durch Sachverständige erfolgen (10. 12. 09, III 9669, I 10230, Z. 1910, S. 8). Die Prüfung von Materialien für Schiffskessel kann auch im Auslande durch die Ingenieure der Dampfkessel-Überwachungsvereine erfolgen (vgl. K. A. § 3, V), im übrigen durch die besonders anerkannten Sachverständigen (vgl. Anm. 3 S. 42).

d) Den Kesselpapieren brauchen nur die das verwendete Material betreffenden Auszüge aus den Werksbescheinigungen beigegeben werden, deren Richtigkeit durch den zuständigen Dampfkessel-Überwachungsverein zu beglaubigen ist (1. 12. 09, III 9783, I 9850, Z. 1909, S. 521).

e) Ein Nachweis über die Prüfung ist für gepreßte Mannlochverstärkungen für Landdampfkessel, Mannlochdeckel und -bügel für Land- und Schiffsdampfkessel (3. 7. 11, Z. 1911, S. 322) sowie für Wasserrohre (15. 4. 10, III 3027, Z. 1910, S. 190) (vgl. auch Anm. 5 S. 42) nicht erforderlich.

[2]) Demnach müssen die Probestäbe den Platten entnommen werden, nachdem diese im ganzen, wie in Teil 1 III, 16 S. 47 vorgeschrieben ist, ausgeglüht worden sind.

4. Die Probestreifen müssen etwa 400 mm lang und im unbearbeiteten Zustande mindestens 50 mm breit sein.

5. Sie müssen an den Kanten derart bearbeitet werden, daß die Wirkung des Scherenschnitts, Auslochens oder Aushauens zuverlässig beseitigt wird. Die Walzhaut muß unter allen Umständen am Probestabe verbleiben.

6. Die Streifen zu Zugproben sind auf die Meßlänge von 200 mm an den Kanten sauber zu bearbeiten; darüber hinaus kann der Querschnitt zunehmen. Die Stäbe sind so breit zu lassen, daß der Querschnitt tunlichst 300 qmm beträgt*).

7. Die Streifen zu Biegeproben müssen an den Kanten etwas abgerundet sein und dürfen über den zur Biegung angewandten Dorn in der Breite nicht hervorragen.

III. Abnahme der Materialien.

1. Sämtliche Materialstücke sind bei der Besichtigung abzustempeln[2]), und zwar mit dem Stempel des abnehmenden Be-

---

*) Das Verhältnis der ursprünglichen Länge l des mittleren Stabstückes, für welche die Dehnung bestimmt wird, zum ursprünglichen Querschnitte f des Stabes ist von Einfluß auf die Dehnung. Daher wird es erforderlich, mit der Dehnung die Größen l und f oder doch deren Verhältnis anzugeben.

Als normales Verhältnis gilt

$$l = 11{,}3 \ \sqrt{f}.$$

Rücksichten auf Herstellung der Probestäbe usw. veranlassen häufig von der Einhaltung dieses Verhältnisses abzusehen[1]).

---

[1]) Über die dann vorzunehmenden Umrechnungen vgl. Bach, Elastizität und Festigkeit, 6. Aufl., 1911, S. 115. Vgl. auch Z. d. V. d. J. 1916 S. 859.

[2]) Bleche müssen somit an zwei Stellen folgende Stempel tragen:
   a) den Qualitätsstempel (Teil 2 III, 1 oder Teil 3 III, 1),
   b) die hier vorgeschriebene Fabrikations- oder Prüfungsnummer,
   c) die Chargennummer, die durch die vorgeschriebenen Vordrucke für die Prüfungsbescheinigungen verlangt wird,
   d) den Werksstempel des Walzwerks, der in die Prüfungsbescheinigungen aufzunehmen ist,
und wenn die Prüfung durch einen Sachverständigen (S. 42 Anm. 3) vorgenommen wird,
   e) den Stempel des prüfenden Sachverständigen.

Die Stempel sollen nach der Bearbeitung sichtbar bleiben; unnötige Erschwerungen sollen jedoch dadurch nicht entstehen. Bei kleinen

amten[1]) und einer Nummer. Bei Blechen[2]) sind zwei Stempel, etwa 400 mm von den Kanten entfernt, aufzuschlagen, bei allen übrigen Materialien genügt ein Stempel, welcher nahe einem Ende anzubringen ist.

2. Bei Rohren ist die Schweißnaht tunlichst durch einen Stern[3]) zu kennzeichnen. Einer Nummerbezeichnung bedarf es bei Rohren nicht.

3. Das Stempelzeichen ist in dem Prüfungsschein abzudrucken.

4. In der Regel sind die Materialien auf dem Walzwerk zu prüfen. Werden die Bleche auf dem Walzwerk abgenommen, so müssen sie an zwei Seiten unbeschnitten bleiben, die beiden anderen Seiten dürfen dagegen beschnitten sein, jedoch nur soweit, daß Probestreifen noch entnommen werden können.

5. Die Dicke der Bleche ist an allen vier Ecken mittels Mikrometerschraube zu messen. Die Meßpunkte sollen mindestens 40 mm vom Rand und mindestens 100 mm von den Ecken entfernt liegen[4]).

6. Bei Blechen bis zu 1000 mm Breite und solchen bis zu 10 mm Dicke beliebiger Breite sind Unterschreitungen der Dicke

---

Teilen kann vom Stempel abgesehen werden; in anderen Fällen ist der Kesselprüfer zu Nachstempelungen berechtigt (13. 6. 10, III 4847, Z. 1910, S. 298).

[1]) a) Als abnehmende Beamte gelten nur die in Teil 1 I als Sachverständige bezeichneten Personen. Bei der Prüfung des Materials durch Werksingenieure ist ein besonderer Stempel über die Vornahme der Prüfung nicht erforderlich.

b) Die Ingenieure der preußischen Überwachungsvereine benutzen als Sachverständigenstempel einen runden Stempel, der die Buchstaben CV (Abkürzung des Wortes Central-Verband) und eine den betreffenden Verein bezeichnende Nummer darstellt.

[2]) Die Stempel können bei fertigen Kesseln sowohl auf der Wasserals auch auf der Feuerseite sitzen (3. 7. 11, III 4096, I 4445, Z. 1911, S. 322).

[3]) Durch diese Kennzeichnung soll ermöglicht werden, daß die Rohre in Wasserrohrkesseln beim Einbau mit der Schweißnaht gegen das Feuer geschützt (nach oben) angeordnet werden können.

[4]) Diese Bestimmung gilt für das unbearbeitete Blech (3. 7. 11, III 4016, I 445, Z. 1911, S. 322). Die Meßpunkte müssen deshalb festgelegt werden, weil die Bleche infolge der Abnutzung der Walzen nach der Mitte dicker werden.

nicht zulässig. Bei größeren Breiten als 1000 mm über 10 mm starker Bleche sind folgende Unterschreitungen[1]) gestattet:

Blechdicken in mm	Zulässige Unterschreitungen bei Breiten	
	über 1000—1500 mm	über 1500 mm
über 10—20	2,0 v. H.	3,0 v. H.
» 20—30	1,5 » »	2,0 » »
» 30	1,0 » »	1,5 » »

7. Die Probestreifen sind an den Rändern oder Enden zu entnehmen. Die Wahl der Stücke, von denen Proben genommen werden sollen, bleibt dem abnehmenden Beamten überlassen.

8. Finden sich nach dem Zerreißen, Biegen, Aufweiten oder Bördeln anscheinend guter Probestücke Fehlerstellen, so werden bei ungünstigem Ausfalle die Prüfungsergebnisse solcher Stücke bei der Entscheidung über die Erfüllung der Lieferungsbedingungen nicht berücksichtigt.

9. Entspricht das Prüfungsergebnis den vorgeschriebenen Bedingungen nicht, so ist auf Verlangen des Werks eine zweite Prüfung vorzunehmen, deren Ergebnis maßgebend sein soll. Auf diese zweite Prüfung ist bei der Entnahme der Proben Rücksicht zu nehmen.

10. Die Zugfestigkeit[2]) wird für Längs- und Querfaser in kg/qmm angegeben.

11. Die Bruchdehnung wird entweder an einer am Stabe angebrachten Teilung oder zwischen den Endmarken der Meßstrecke[3]) von 200 mm in Prozenten der letzteren ermittelt. Erfolgt beim letzteren Verfahren der Bruch des Stabes in geringerer Entfernung als 50 mm von den Endmarken, so ist das Ergebnis bei ungünstigem Ausfalle nicht zu berücksichtigen.

---

[1]) Diese Bestimmungen gelten für das fertig beschnittene Blech (3. 7. 11, III 4016, I 445, Z. 1911, S. 322).

[2]) Die Zugfestigkeit ist aus der Höchstbelastung zu berechnen. Die Endbelastung ist kleiner, weil infolge der Dehnung der Materialquerschnitt geringer wird.

[3]) Dieses Verfahren ist nicht sehr genau; aber für praktische Zwecke ausreichend. Erfolgt der Bruch des Stabes jedoch in geringer Entfernung vom Stabende, so erhält man eine zu kleine Dehnung, weil die örtliche Dehnung an der Bruchstelle nicht genügend berücksichtigt wird. Man kann diesen Fehler durch Umrechnung ausgleichen (vgl. Bach, Elastizität und Festigkeit, 6. Aufl., 1911, S. 115 ff.).

12. Bei den Warmproben sind die Stücke kirschrot zu machen.

13. Bei der Kaltbiegeprobe werden die Stäbe bis zu 25 mm Dicke um einen Dorn von 25 mm Durchmesser, im Falle größerer Dicke um einen Dorn von höchstens der Materialdicke gebogen.

Bei der Hartbiegeprobe[1]) sind die Stäbe gleichmäßig zu erwärmen und bei niedriger Kirschrotglut (im dunklen Raume beobachtet) in Wasser von 28⁰ C abzukühlen und dann um einen Dorn der bestimmten Dicke zu biegen.

14. Der Biegewinkel wird in Grad angegeben. Der Probestab gilt als gebrochen, wenn sich auf der Außenseite in der Mitte der Biegungsstelle ein deutlicher Bruch im Metalle zeigt.

15. Bleche, Winkeleisen und Rohre müssen eine glatte Oberfläche haben; sie dürfen keine erheblichen Schlackenstellen oder andere eingewalzte Verunreinigungen, keine Blasen, Risse oder unganze Stellen enthalten. Bei Blechen, Winkel- und Stabeisen dürfen Walzsplitter oder kleine Schalen durch Abmeißeln entfernt, auch geringe, durch Einwalzen von Schlacke entstandene Vertiefungen ausgeebnet werden, soweit hierdurch die Haltbarkeit nicht beeinträchtigt wird.

16. Sämtliche Bleche sind nach dem Beschneiden[2]) auszuglühen.

IV. Prüfmaschinen.

1. Die Prüfmaschinen müssen so gebaut sein, daß sie bei achtsamer Handhabung stoßfrei wirken.

2. Sie müssen auf ihre Richtigkeit[3]) leicht untersucht werden können.

3. Sie müssen, falls sie vom abnehmenden Beamten nicht kurzer Hand geprüft werden können, mindestens alle drei Monat einmal durch Sachverständige auf richtiges Arbeiten aller Teile untersucht werden. Über diese Untersuchungen ist ein Befundbericht aufzunehmen, der bei Materialprüfungen auf Verlangen vorzulegen ist.

---

[1]) Die Hartbiegeprobe soll zeigen, daß beim Abschrecken wesentliche Härteerscheinungen nicht auftreten.

[2]) Das Ausglühen soll nach dem Beschneiden erfolgen, um die Wirkungen des Scherenschnittes zu beseitigen.

[3]) Die Fehlergrenze der Maschinen soll 1 v H nicht überschreiten.

4. Die Einspannvorrichtung zu Zugversuchen muß so beschaffen sein, daß der Probestab bei Beginn des Zuges sich selbsttätig einstellt, damit die Zugkraft innerhalb der Meßstrecke möglichst gleichmäßig über den Querschnitt verteilt wird[1]).

Zweiter Teil.
Schweißeisen[2]).
A. Bleche.

I. Art der Proben.

1. Zugprobe (s. A IV. 1).
2. Biegeprobe (s. A IV. 2).
3. Schmiede- und Lochprobe (s. A IV. 3).

II. Anzahl der Probestücke.

Von dem Material einer Lieferung sind in der Regel folgende Probestücke zu entnehmen:

    a) von sämtlichen Blechen, die im ersten Feuerzuge liegen;

    b) von 50 vH aller übrigen Bleche.

Bei a) sollen den Blechen Stücke zu Zug- und zu Biegeproben in Längs- und Querfaser, bei b) jedoch nur zur Hälfte zu Zug- und zur Hälfte zu Biegeproben in Längs- und Querfaser entnommen werden.

III. Bezeichnung der Bleche.

1. Es werden unterschieden:

Feuerblech: Bördelblech:

$$\boxed{SI} \qquad \boxed{SII}$$

2. Dementsprechend ist jedes Blech seitens des Walzwerks außer mit dem Stempel[3]) des Werks mit einem, dem Vordruck unter Ziff. 1 in Form und Größe gleichen Qualitätsstempel zu bezeichnen.

---

[1]) Andernfalls können erhebliche Biegungsbeanspruchungen auftreten.

[2]) Schweißeisen wird nur noch in geringem Umfange zum Kesselbau verwendet, weil es infolge seiner Herstellung meist nicht an allen Stellen die gleiche Güte besitzt.

[3]) Über die erforderlichen Stempel vgl. Anm. 2 S. 44.

3. Die Qualitätsstempel können ausnahmsweise fehlen, wenn in anderer Weise der Nachweis erbracht wird, daß das Material geprüft ist und den Anforderungen des Abschnitts A IV entsprochen hat[1]).

4. Die Teile der Kesselwandung, die im ersten Feuerzuge[2]) liegen, sind aus Feuerblech zu fertigen. Zu allen anderen Kesselteilen kann Bördelblech verwendet werden.

IV. Anforderungen.

1. Feuerblech darf keine geringere Zugfestigkeit als 36 kg/qmm in der Längsfaser und 34 kg/qmm in der Querfaser bei einer geringsten Dehnung von 20 v H in der Längsfaser und 15 v H in der Querfaser haben.

Bördelblech darf keine geringere Zugfestigkeit als 35 kg/qmm in der Längsfaser und 33 kg/qmm in der Querfaser bei einer geringsten Dehnung von 15 v H in der Längsfaser und 12 v H in der Querfaser haben.

Die Zugfestigkeit darf bei keinem Bleche 40 kg/qmm überschreiten*).

2. Bei der Biegeprobe im warmen Zustande müssen sich Probestreifen von Feuer- und Bördelblech in beiden Faserrichtungen flach zusammenbiegen lassen, ohne zu brechen (vgl. 1. Teil, Abschnitt III. Ziff. 14).

Im kalten Zustande müssen sich Probestreifen von Feuer- und Bördelblech in beiden Faserrichtungen nach der folgenden Zahlentafel um einen Dorn von der bestimmten Dicke zusammenbiegen lassen, ohne zu brechen (vgl. 1. Teil, Abschn. III, Ziff. 14):

---

*) Bleche über 25 mm Dicke pflegen weniger Zugfestigkeit zu haben als aus demselben Material gefertigte Bleche unter 25 mm Dicke, und zwar rechnet man, daß auf je 2 mm Vergrößerung der Blechdicke die Festigkeit um 0,5 kg abnimmt. Demgemäß wird man bei Verwendung von Blechen über 25 mm Dicke zu erwägen haben, ob Feuerblech an Stelle von Bördelblech zu wählen ist.

---

[1]) Diese Vorschrift bezieht sich nur auf Teilabschnitte geprüfter Blechtafeln, z. B. für Ausbesserungen (vgl. Anm. 2b. S. 32); ganze Blechtafeln müssen immer die vorgeschriebenen Stempel tragen.

[2]) Die Frage, ob ein bestimmter Teil der Kesselwandung im ersten oder zweiten Feuerzuge liegt, ist bisweilen strittig. Bei gewöhnlichen Kornwall-Kesseln liegt der hintere Boden im zweiten Zug (3. 7. 11, Z. 1911, S. 322).

| Dicke in mm | Biegewinkel in Grad | | | |
| | Feuerblech | | Bördelblech | |
	längs	quer	längs	quer
6—8	160	140	135	120
über 8—10	160	140	135	120
„ 10—12	160	140	135	120
„ 12—14	155	135	135	120
„ 14—16	150	130	130	110
„ 16—18	145	125	125	100
„ 18—20	140	120	120	95
„ 20—22	135	115	115	85
„ 22—24	130	110	110	75
„ 24—26	125	105	105	65
„ 26—28	120	100	100	60
„ 28—30	115	95	90	55
„ 30—32	110	85	80	50
„ 32—34	100	75	70	45
„ 34—36	90	65	60	40
„ 36—38	80	55	50	30
„ 38—40	70	45	40	20

3. Bei der Schmiedeprobe müssen Längsstreifen von ungefähr 50 mm Breite im rotwarmen Zustande mit der Hammerfinne quer zur Walzrichtung mindestens auf das 1½ fache ihrer Breite ausgebreitet werden können, ohne an den Kanten und auf der Fläche Risse zu erhalten.

Bei der Lochprobe dürfen Streifen, die im rotwarmen Zustande in einer Entfernung vom Rande gleich der halben Dicke des Streifens mit einem konischen Lochstempel gelocht werden, vom Loche nach der Kante nicht aufreißen.

Der Lochstempel soll bei etwa 50 mm Länge für alle Blechdicken einen kleinsten Durchmesser von etwa 10 mm und einen größten Durchmesser von etwa 20 mm haben.

B. Winkeleisen.

I. Art der Proben.

1. Biegeprobe (s. B III. 1).
2. Schmiede- und Lochprobe (s. B III. 2).

II. Anzahl der Probestücke.

25 vH der abzunehmenden Stücke.

III. Anforderungen.

1. Im kalten Zustande sollen sich die Schenkel des Winkeleisens mindestens um 18⁰ unter der Presse auseinanderbiegen und abgeschnittene Längsstreifen

bei Dicken von   8 bis 12 mm um 50⁰,
»   »   über 12   » 16 »   » 35⁰,
»   »   » 16   » 21 »   » 25⁰,
»   »   » 21   » 25 »   » 15⁰

zusammenbiegen lassen. Bei diesen Proben dürfen sich in der Kehle und in den Schenkeln nur Anfänge von Rissen zeigen.

2. Beim Schmieden und Lochen sollen Schenkelstreifen denselben Anforderungen wie Blechstreifen (vgl. A IV. 3) entsprechen.

C. Nieteisen.

I. Art der Proben.

1. Zugprobe (siehe C III. 1).
2 Biegeprobe (siehe C III. 2).
3. Stauch- und Lochprobe (siehe C III. 3).

II. Anzahl der Probestücke.

4 vH der abzunehmenden Stücke.

III. Anforderungen.

1. Zugfestigkeit 35 bis 40 kg/qmm bei einer Dehnung von mindestens 20 vH.

2. Im kalten Zustande soll das Nieteisen, ohne Risse zu erhalten, so gebogen und glatt aufeinander geschlagen werden können, daß die beiden Enden der Länge nach parallel liegen.

3. Im warmen Zustande soll sich ein Stück Nieteisen, dessen Länge doppelt so groß ist als der Durchmesser, auf ¹/₃ bis ¹/₄ der Länge niederstauchen und dann lochen lassen, ohne aufzureißen.

D. Niete.

I. Art der Proben.

Stauch- und Lochprobe (siehe D III.).

4*

II. Anzahl der Probestücke.

Von je 1000 Stück 2 Stück.

III. Anforderungen.

Im warmen Zustande soll sich ein Nietschaft, dessen Länge doppelt so groß ist als der Durchmesser, auf $^1/_3$ bis $^1/_4$ der Länge niederstauchen und dann lochen lassen, ohne aufzureißen.

E. Anker und Stehbolzen.

I. Art der Proben.

1. Zugprobe (siehe E III. 1).
2. Biegeprobe (siehe E III. 2).

II. Anzahl der Probestücke.

Von je 25 Stangen gleichen Durchmessers eine Stange.

III. Anforderungen.

1. Zugfestigkeit 35 bis 40 kg/qmm bei einer Dehnung von mindestens 20 vH.

2. Im kalten Zustande soll ein Stab, ohne Risse zu erhalten, so gebogen und glatt aufeinander geschlagen werden können, daß die beiden Enden der Länge nach parallel liegen.

F. Wasserrohre.[1]

I. Art der Proben.

1. Aufweitprobe (siehe F III. 3).
2. Bördelprobe (siehe F III. 4).
3. Biegeprobe (siehe F III. 5).
4. Wasserdruckprobe (siehe F III. 6).

Diesen Prüfungen unterliegen Wasserrohre unter 6 mm Wanddicke; solche von 6 mm Wanddicke und darüber werden nur der Wasserdruckprobe unterzogen. Heizrohre bedürfen der Prüfung nicht[2].

---

[1]) Stumpf geschweißte Wasserrohre sind nicht zulässig.

[2]) Feuerrohre bedürfen deshalb der Prüfung nicht, weil sie aus Herstellungsgründen meist die gleiche Wandstärke wie Wasserrohre erhalten, so daß ihre Beanspruchung im Betriebe sehr gering wird.

II. Anzahl der Probestücke.

Etwa 2 vH der abzunehmenden Rohre, mindestens aber zwei Rohre.

III. Anforderungen.

1. Die Rohre sollen innen und außen kalibriert, ohne Zunder, Narben, Risse und andere für den Betrieb schädliche Fehler sowie glatt und rechtwinklig abgeschnitten sein.

2. Die Wanddicke der Wasserrohre soll

	bis	83 mm	äußeren	Durchmesser	mindestens	3,00 mm
über 83	»	102 »	»	»	»	3,25 »
» 102	»	121 »	»	»	»	3,75 »
» 121	»	140 »	»	»	»	4,00 »
» 140	»	191 »	»	»	»	4,50 »
» 191	»	216 »	»	»	»	5,50 »

betragen.

Die vorgeschriebene Wanddicke soll an keiner Stelle um mehr als 20 vH unterschritten werden.

3. Rohrenden sollen sich im kalten Zustand auf eine Länge von 30 mm aufweiten lassen, und zwar:

a) bei einer Wanddicke der Rohre bis zu 4 mm um 5 vH des inneren Durchmessers,

b) bei einer Wanddicke der Rohre bis zu 6 mm um 3 vH des inneren Durchmessers.

Das Aufweiten der Rohrenden muß durch Hämmern über einem Dorne erfolgen.

4. Rohrenden sollen sich im kalten Zustande nach außen umbördeln lassen, und zwar:

a) bei Rohren bis 76 mm Weite und bis 3,5 mm Wanddicke um 75⁰,

b) bei Rohren über 76 mm Weite und bis 4,5 mm Wanddicke um 45⁰,

c) bei Rohren über 4,5 mm Wanddicke um 30⁰.

Die Breite des Bördels muß bei a) 12 vH, bei b) und c) 8 vH des inneren Rohrdurchmessers betragen.

5. Rohrabschnitte von 100 mm Länge sollen sich im kalten Zustande bis auf ein Drittel des Durchmessers zusammendrücken lassen, ohne daß sich in den am stärksten gebogenen Teilen Anbrüche zeigen, doch soll die Schweißnaht nicht in den am stärksten gebogenen Teilen liegen.

6. Die Rohre sollen einem Wasserdrucke von der dreifachen Höhe des Betriebsüberdrucks, mindestens aber von 30 at Überdruck widerstehen, ohne eine Formveränderung oder Undichtigkeit zu zeigen. Die Rohre sind, während sie unter dem Probedrucke stehen, abzuhämmern, namentlich auch an der Schweißnaht.

Dritter Teil.
Flußeisen.
A. Bleche.

I. Art der Proben[1]).

1. Zugprobe (siehe A IV. 1 bis 4).
2. Hartbiegeprobe (siehe A IV. 5).

II. Anzahl der Probestücke.

Von dem Material einer Lieferung sind in der Regel folgende Probestücke zu entnehmen:

1. Bei Blechen aus Birnenmaterial[2]): von sämtlichen Blechen;
2. bei Blechen aus Flammofenmaterial:
   a) von sämtlichen Blechen, die im ersten Feuerzuge[3]) liegen, oder *die eine höhere Zugfestigkeit als 41 kg/qmm besitzen[4]*);
   b) von 50 vH der sonstigen Bleche.

3. Bei Ziff. 1 und 2a sollen den Blechen Streifen sowohl zu Zug- als auch zu Hartbiegeproben in Längs- oder Querfaser entnommen werden, bei Ziff. 2b jedoch nur je zur Hälfte zu Zug- und zur Hälfte zu Hartbiegeproben in Längs- oder Querfaser.

4. Bei Blechen über 4,5 m Länge sind, soweit sie zur Prüfung ausgewählt sind, zwei Zugproben zu machen, und zwar ist eine Längsprobe vom Fußende des Bleches und eine Querprobe in der Mitte der entgegengesetzten schmalen Seite zu entnehmen[5]).

---

[1]) Die früher als Ziff. 3 vorgesehene Schmiede- und Lochprobe fällt fort. Bekanntmachung des Reichskanzlers vom 15. 8. 14, Z. 1914, S. 438. Die für die Kennzeichnung des Materials wertvolle Kerbschlagprobe ist nicht vorgeschrieben.

[2]) Über Birnenmaterial vgl. Anm. 2 S. 42 und Anm. 2. S. 55.

[3]) Vgl. Anm. 2. S. 49.

[4]) Änderung durch Bekanntmachung des Reichskanzlers vom 2. 3. 1912, Z. 1912, S. 161.

[5]) Durch diese Untersuchungen sollen Festigkeitsmängel infolge von Seigerungserscheinungen festgestellt werden.

III. Bezeichnung der Bleche.

1. Bleche aus Flußeisen, welches im Flammofen erzeugt worden ist, haben folgende Bezeichnung zu tragen:

sofern ihre Festigkeit[1])

41 kg/qmm nicht übersteigt: höher als 41 kg/qmm ist:

(FI)   (FII)

Bleche aus Thomaseisen[2]) haben folgende Bezeichnungen zu tragen:

sofern ihre Festigkeit

41 kg/qmm nicht übersteigt: höher als 41 kg/qmm ist:

(TI)   (TII)

2. Dementsprechend ist jedes Blech seitens des Walzwerkes außer mit dem Stempel des Werkes mit einem dem Vordruck unter Ziff. 1 nach Form und Größe gleichen Qualitätsstempel zu bezeichnen.

3. Die Qualitätsstempel können ausnahmsweise fehlen[3]), wenn in anderer Weise der Nachweis erbracht wird, daß das Material geprüft ist und den Anforderungen des Abschnitts A IV entsprochen hat.

IV. Anforderungen[4]).

1. Flußeisen darf keine geringere Zugfestigkeit als 34 kg/qmm

---

[1]) Man bezeichnet die Bleche der Sorte F I häufig als weiche, die der Sorte F II als harte. Der Unterschied beider Sorten liegt jedoch weniger in der Härte als in der Zugfestigkeit.

[2]) Die Verwendung von Thomaseisen (im basischen Prozeß hergestelltes Birnenmaterial) zu Kesselblechen ist in Deutschland außerordentlich gering. Da für Bessemereisen (im sauren Prozeß hergestelltes Birnenmaterial) keine Bezeichnungen vorgesehen sind, ist anzunehmen, daß Bessemereisen als Kesselmaterial nicht zugelassen ist.

[3]) Vgl. Anm. 1 S. 49.

[4]) Die als Ziff. 6 dieses Abschnittes früher vorgesehene Schmiede- und Lochprobe fällt fort. (Bekanntmachung des Reichskanzlers vom 15. 8. 14, Z. 1914, S. 438.)

und in der Regel[1]) keine höhere Zugfestigkeit als 51 kg/qmm haben. In bezug auf die Mindestdehnung aller Bleche ist folgende Zahlentafel maßgebend:

Festigkeit in kg/qmm	51 bis 46	45	44	43	42	41 bis 37	36	35	34
Geringste Dehnung vH	20	21	22	23	24	25	26	27	28

Bis auf weiteres kommen drei Blechsorten[2]) zur Anwendung, und zwar:

Blechsorte I mit 34 bis 41 kg/qmm [3]) (Berechnungsfestigkeit 36 kg/qmm), [4])
    »   II » 40 » 47 »   (»   »   40   »),
    »   III » 44 » 51 »   (»   »   44   »),

2. Für diejenigen Teile des Kessels, welche gebördelt werden oder im ersten Feuerzuge liegen, dürfen nur Bleche der I. Sorte verwendet werden.

3. Für Teile, die nicht gebördelt werden oder nicht im ersten Feuerzuge liegen, können Bleche der II. oder III. Sorte verwendet werden[5]).

4. Der Unterschied zwischen der Mindest- und Höchstfestigkeit darf bei einem einzelnen Bleche sowie bei Blechen gleicher Qualität innerhalb einer Lieferung bei Blechlängen

bis 5 m höchstens 6 kg/qmm,

---

[1]) Ausnahmen für Landkessel bedürfen der Genehmigung durch den Minister. Für Schiffskessel sind nach den Materialvorschriften für Schiffskessel Teil 3 IV 3 härtere Bleche zugelassen. (Vgl. S. 121.)

[2]) Die Festsetzung von drei Sorten ist zur Vereinfachung der Herstellung erfolgt.

[3]) Der Zwischenraum zwischen beiden Grenzen ist nach der Bestimmung in Ziff. 4 dieses Abschnittes für Bleche über 5 m Länge, bei denen nach A II 4 dieses Abschnittes zwei Proben erforderlich sind, festgesetzt. Bei kürzeren Blechen ist der zugelassene Höchstunterschied auf 6 kg/qmm beschränkt. Bleche, deren Festigkeit in keiner der festgesetzten Grenzen der drei Sorten liegt, dürfen nicht zugelassen werden.

[4]) Die einheitliche Berechnungsfestigkeit soll die Anwendung der Bauvorschriften vereinfachen und gleichzeitig verhindern, daß die Blechbesteller, die im allgemeinen nur ein Interesse an der Berechnungsfestigkeit haben, den Walzwerken hinsichtlich der Zerreißfestigkeit weiter einengende Vorschriften machen.

[5]) Hartes Material kann durch weniger sachgemäße Bearbeitung leicht beschädigt werden, so daß durch diese Vorschriften seine Verwendung möglichst eingeschränkt werden soll. Für Schiffskessel sind jedoch Abweichungen von diesen Bestimmungen vorgesehen.

über 5 m höchstens 7 kg/qmm
betragen, jedoch nur innerhalb der festgesetzten Zugfestigkeits-
grenzen.

5. Bei der Hartbiegeprobe[1]) muß sich der Probestreifen
bei Blechen mit einer Festigkeit bis zu 41 kg/qmm einschließlich
in Längs- und Querfaser flach, von 41 bis 47 kg/qmm um einen Dorn
mit einem Durchmesser von der zweifachen Blechdicke, über
47 kg/qmm um einen solchen von der dreifachen Blechdicke bis
180° zusammenbiegen lassen.

B. Winkeleisen.

I. Art der Proben[2]).

1. Biegeprobe (siehe B III. 1).
2. Hartbiegeprobe (siehe B III. 2).

II. Anzahl der Probestücke.

25 vH der abzunehmenden Stücke.

III. Anforderungen[2]).

1. Im kalten Zustande sollen sich die Schenkel des Winkeleisens unter der Presse um mindestens 40° auseinanderbiegen und
abgeschnittene Längsstreifen bis zu einem Winkel von 180° zusammenbiegen lassen. Bei diesen Proben dürfen sich in der Kehle
und in den Schenkeln nur Anfänge von Rissen zeigen.

2. Nach dem Härten (vgl. erster Teil, Abschnitt III Ziff. 13
und 14) sollen sich Längsstreifen um einen Dorn, dessen Durchmesser gleich der dreifachen Schenkeldicke ist, bis zu 180° biegen
lassen.

C. Nieteisen.

I. Art der Proben.

1. Zugprobe (siehe C III. 1).

---

[1]) Die Warmbiegeprobe, die für Schweißeisen wegen der Gefahr
der Rotbrüchigkeit nach Teil 2 A IV 2 (vgl. S. 49) vorgeschrieben ist,
stellt für Flußeisen geringere Anforderungen als die Hartbiegeprobe und
ist deshalb nicht vorgesehen.

[2]) Die früher als Ziff. 3 vorgesehene Schmiede- und Lochprobe fällt
fort. (Bekanntmachung des Reichskanzlers vom 15. 8. 14, Z. 1914,
S. 438.)

2. Biegeprobe (siehe C III. 2).
3. Stauch- und Lochprobe (siehe C III. 3).
4. Hartbiegeprobe (siehe C III. 4).

II. Anzahl der Probestücke.

4 vH der abzunehmenden Stücke.

III. Anforderungen.

1. Zugfestigkeit 34 bis 41 kg/qmm bei einer Dehnung von mindestens 25 vH und einer Gütezahl[1]) von mindestens 62.

So weit Bleche von höherer Zugfestigkeit als 41 kg/qmm verwendet werden, darf das Nietmaterial entsprechend bis zu 47 kg/qmm Zugfestigkeit haben, wenn die Dehnung mindestens die gleiche wie in der Zahlentafel für Bleche ist (vgl. A IV. 1). Für solches Nieteisen sind Prüfungsbescheinigungen beizubringen.

2. Im kalten Zustande soll das Nieteisen, ohne Risse zu zeigen, so gebogen werden, daß der Abstand der parallel gebogenen Schenkel voneinander nicht mehr als $1/_5$ des Nietdurchmessers beträgt.

3. Im warmen Zustande soll sich ein Stück Nieteisen, dessen Länge doppelt so groß ist als der Durchmesser, auf $1/_3$ bis $1/_4$ der Länge niederstauchen und dann lochen lassen, ohne aufzureißen.

4. Nach dem Härten (vgl. erster Teil, Abschnitt III Ziff. 13 und 14) soll sich das Nieteisen um einen Dorn, dessen Durchmesser gleich der zweifachen Dicke des Nieteisens ist, bis zu 180° biegen lassen.

D. Niete.

I. Art der Proben.

1. Stauch- und Lochprobe (siehe D III. 1).
2. Härteprobe (siehe D III. 2).

II. Anzahl der Probestücke.

Von je 1000 Stück 2 Stück.

---

[1]) Die Gütezahl ist die Summe der als Zugfestigkeit und als Dehnung ermittelten Zahlenwerte.

III. Anforderungen.

1. **Im warmen Zustande** soll sich ein Nietschaft, dessen Länge doppelt so groß ist als der Durchmesser, auf $\frac{1}{3}$ bis $\frac{1}{4}$ der Länge niederstauchen und dann lochen lassen, ohne aufzureißen.

2. Nach dem **Härten** (vgl. erster Teil, Abschnitt III Ziff. 13 und 14) soll sich ein Stück Nietschaft, dessen Länge doppelt so groß ist als der Durchmesser, um $\frac{2}{5}$ der Länge zusammenstauchen lassen, ohne daß die Oberfläche reißt.

E. Anker und Stehbolzen.

I. Art der Proben.

1. Zugprobe (siehe E III. 1).
2. Hartbiegeprobe (siehe E III. 2).

II. Anzahl der Probestücke.

Von je 25 Stangen gleichen Durchmessers eine Stange.

III. Anforderungen.

1. **Zugfestigkeit** 34 bis 41 kg/qmm bei einer Dehnung von mindestens 25 vH und einer Gütezahl von mindestens 62.

Ausnahmsweise ist ein Material bis zu 47 kg/qmm Festigkeit zulässig, wenn die Dehnung mindestens die gleiche wie in der Zahlentafel für Bleche ist (vgl. A IV. 1). Für solches Material sind Prüfungsbescheinigungen beizubringen.

2. Nach dem **Härten** (vgl. erster Teil, Abschnitt III Ziff. 13 und 14) soll sich ein Stück Anker- oder Stehbolzeneisen um einen Dorn gleich der zweifachen Dicke des Eisens bis zu 180° biegen lassen.

F. Wasserrohre[1]).

I. Art der Proben.

1. Aufweitprobe (siehe F III. 3).
2. Bördelprobe (siehe F III. 4).
3. Hartbiegeprobe (siehe F III. 5).
4. Wasserdruckprobe (siehe F III. 6).

Diesen Prüfungen unterliegen Wasserrohre unter 6 mm Wanddicke; solche von 6 mm Wanddicke und darüber werden nur der

---

[1]) Vgl. Anmerkungen zu S. 52.

Wasserdruckprobe unterzogen. Heizrohre bedürfen der Prüfung nicht.

II. Anzahl der Probestücke.

Etwa 2 vH der abzunehmenden Rohre, mindestens aber zwei Rohre.

III. Anforderungen.

1. Die Rohre sollen innen und außen kalibriert, ohne Zunder,. Narben, Risse und andere für den Betrieb schädliche Fehler sowie glatt und rechtwinklig abgeschnitten sein.

2. Die Wanddicke der Wasserrohre soll

a) bei geschweißten Rohren:

	bis	83 mm	äußeren Durchmesser	mindestens	3,00	mm
über	83	» 102 »	»	»	»	3,25	»
»	102	» 121 »	»	»	»	3,75	»
»	121	» 140 »	»	»	»	4,00	»
»	140	» 191 »	»	»	»	4,50	»
»	191	» 216 »	»	»	»	5,50	»

b) bei nahtlosen Rohren:

	bis	30 mm	äußeren Durchmesser	mindestens	1,80	mm
über	30	» 50 »	»	»	»	2,00	»
»	50	» 57 »	»	»	»	2,50	»
»	57	» 60 »	»	»	»	2,75	»
»	60	» 83 »	»	»	»	3,00	»
»	83	» 102 »	»	»	»	3,25	»
»	102	» 121 »	»	»	»	3,75	»
»	121	» 140 »	»	»	»	4,00	»
»	140	» 191 »	»	»	»	4,50	»
»	191	» 216 »	»	»	»	5,50	»

betragen.

Die vorgeschriebene Wanddicke soll an keiner Stelle um mehr als 20 vH unterschritten werden.

3. Rohrenden sollen sich im kalten Zustand auf eine Länge von 30 mm aufweiten lassen, und zwar:

   a) bei einer Wanddicke bis zu 4 mm bei geschweißten Rohren um 7 vH, bei nahtlosen Rohren um 10 vH des inneren Durchmessers;

   b) bei einer Wanddicke über 4 mm bis 6 mm bei geschweißten. Rohren um 4 vH, bei nahtlosen Rohren um 6 vH des inneren Durchmessers.

Das Aufweiten der Rohrenden muß durch Hämmern über einem Dorne erfolgen.

4. Rohrenden müssen sich im kalten Zustande nach außen umbördeln lassen, und zwar bei allen Rohrdurchmessern und Wanddicken um 90°. Die Breite des Bördels muß 12 vH des inneren Rohrdurchmessers betragen.

5. Nach dem Härten (vgl. erster Teil, Abschnitt III Ziff. 13 und 14) sollen sich Rohrabschnitte geschweißter Rohre von 100 mm Länge ganz zusammendrücken lassen, doch soll die Schweißnaht nicht in den am stärksten gebogenen Teilen liegen.

Rohrabschnitte nahtloser Rohre von 100 mm Länge sollen sich nach dem Härten so zusammendrücken lassen, daß sie in der Mitte aufeinander liegen, während die Enden einen Bogen bilden, dessen Radius gleich der doppelten Wanddicke ist.

6. Die Rohre sollen einem Wasserdrucke von der dreifachen Höhe des Betriebsüberdrucks, mindestens aber von 30 at Überdruck widerstehen, ohne eine Formänderung oder Undichtigkeit zu zeigen. Die Rohre sind, während sie unter dem Probedrucke stehen, abzuhämmern, namentlich auch an der Schweißnaht.

4. Bauvorschriften für Landdampfkessel.

I. Material.

1. Für die Anforderungen an das zum Baue von Dampfkesseln zur Verwendung kommende Schweiß- und Flußeisen sind die Materialvorschriften für Landdampfkessel maßgebend.

2. Für Kupfer kann, wenn größere Festigkeit nicht nachgewiesen wird, eine Zugfestigkeit von 22 kg/qmm bei Temperaturen bis 120° C angenommen werden. Im Falle höherer Temperatur ist die Zugfestigkeit für je 20° C um 1 kg/qmm niedriger zu wählen.

3. Gegenüber überhitztem Wasserdampfe von 250° C und mehr ist die Verwendung von Kupfer zu vermeiden.

4. Für kupferne Dampfrohrleitungen ist innerhalb der bezeichneten Grenze eine Materialbeanspruchung von höchstens $^1/_{10}$ der Zugfestigkeit zulässig.

5. Die Scherfestigkeit des Schweißeisens, Flußeisens und des Kupfers kann zu 0,8 der Zugfestigkeit angenommen werden.

II. Vernietung, Schweißung und Bearbeitung im Feuer.

1. *Die Widerstandsfähigkeit der Niete gegen Abscheren darf sich nicht geringer ergeben als die in Rechnung zu ziehende Festigkeit des Bleches in der Nietnaht*[1]). Hierbei darf die Belastung eines Nietes durch die Scherkraft auf 1 qmm Nietquerschnitt höchstens 7 kg/qmm betragen, sofern keine höhere Zugfestigkeit des Nietmaterials als 38 kg/qmm nachgewiesen wird. Trifft diese Voraus-

---

[1]) a) Änderung durch Bekanntmachung des Reichskanzlers vom 14. 12. 13 (Z. 1914, S. 43). Die früher vorgesehene Berechnung der Nietnaht gegen Gleiten ist damit fortgefallen; die erforderliche Sicher-

setzung zu, so kann der für eine Belastung mit 7 kg/qmm berechnete Nietdurchmesser mit der Wurzel aus dem Quotienten, der sich aus der Zahl 38 und der nachgewiesenen Festigkeit ergibt, multipliziert werden[2]).

heit erscheint ohne weiteres gewährleistet, wenn die in dem gleichzeitig eingefügten Abschnitt XIII (s. S. 91) vorgeschriebene Herstellung der Kessel beachtet wird.

b) Bei der Berechnung der Nietnähte kann der Durchmesser des Nietloches zugrundegelegt werden, wenn dafür gesorgt wird, daß der Niet den Querschnitt voll ausfüllt (21. 4. 13, III 3191, Z. 1913, S. 255).

c) Dieser Vorschrift entspricht folgende Berechnung: Es bezeichne d den Nietlochdurchmesser in mm, f den Nietlochquerschnitt in qmm, t die Nietteilung in mm, n die Anzahl der beanspruchten Nietquerschnitte auf der Teillänge t, s die Blechdicke in mm, K die Zugfestigkeit des Bleches in kg/qmm, K'_n die Scherfestigkeit der Niete in kg/qmm, x den Sicherheitsgrad, k die Belastung des Bleches in kg/qmm, k'_n die Scherbelastung der Niete, so ist $k \cdot x = K$ und $k'_n \cdot x = K'_n$. Nach der Vorschrift soll die Widerstandsfähigkeit der Niete gegen Abscheren $n \cdot f \cdot K'_n$ gleich der Festigkeit des Bleches in der Nietnaht s $(t-d) \cdot K$ sein. Somit ist $n \cdot f \cdot k'_n = s\,(t-d)\,\dfrac{K}{x}$. Nach Gleichung 1 Abschnitt III (s. S. 67) kann ohne Berücksichtigung des Sicherheitszuschlages von 1 mm gesetzt werden $K = \dfrac{D \cdot p \cdot x}{200 \cdot s \cdot z}$, wobei $z = \dfrac{t-d}{t}$ ist (Ableitung s. S. 66). Setzt man den Wert für K in die vorstehende Gleichung ein, so erhält man $n \cdot f \cdot k'_n = \dfrac{D \cdot p \cdot t}{200}$ oder $k'_n = \dfrac{D \cdot p \cdot t}{200 \cdot n \cdot f}$. Dieser Wert für die Scherbelastung der Niete soll nun nach der Vorschrift im nächsten Satz gleich oder kleiner als 7 sein, so daß

$$\frac{D \cdot p \cdot t}{200 \cdot n \cdot f} \leq 7$$

zu setzen ist. Bei dieser Berechnung ist angenommen, daß der Sicherheitsgrad x für Blech und Niete der gleiche ist. Bei einer Zugfestigkeit des Nietmaterials von $K_n = 38$ kg/qmm (vgl. II 1 S. 62) ergibt sich nach I 5 der Bauvorschriften (s. S. 62) die Scherfestigkeit zu $K'_n = 38 \cdot 0,8 = 30,4$ kg/qmm und somit der Sicherheitsgrad $x = \dfrac{30,4}{7} = 4,34$, während der Sicherheitsgrad für Bleche nach III 1 (s. S. 68) zwischen 4 und 4,75 liegt. Somit sind beide Sicherheitsgrade angenähert gleich.

[2]) Diese Vorschrift ist aus der Beziehung $K_{n1} \cdot \dfrac{\pi d_1^2}{4} = K_{n2} \cdot \dfrac{\pi d_2^2}{4}$, $d_2 = d_1 \sqrt{\dfrac{K_{n1}}{K_{n2}}}$ abgeleitet. Aus der in Anm. 1 c abgeleiteten Gleichung

2. Bei Laschennietung sollen die Laschen aus Blechen von mindestens gleicher Güte wie die Mantelbleche geschnitten werden.[1])

3. Die Festigkeit gut und mittels Überlappung geschweißter Nähte kann zu 0,7 der Festigkeit des vollen Bleches in Rechnung gesetzt werden.[2]) ·

---

folgt $7 \cdot f_1 = k_{n2} \cdot f_2$ oder $7 \cdot d_1 = k_{n2} \cdot d_2$ als Bestimmungsgleichung für die Nietbeanspruchung k_{n3}. Somit ist $k_{n2} = 7 \sqrt{\dfrac{K_{n2}}{K_{n1}}}$. Für die zulässige Höchstfestigkeit der Niete von 47 kg/qmm (Materialvorschriften Teil 3 C III 1, S. 58) ergibt sich somit $k_{n2} = 7 \sqrt{\dfrac{47}{38}} = 7{,}77$ kg/qmm und der Sicherheitsgrad $x = \dfrac{47 \cdot 0{,}8}{7{,}77} = 4{,}85$ gegen 4,34 bei gewöhnlichem Nieteisen (s. Anm. 1 c).

[1]) Ein besonderer Materialnachweis für jede Lasche ist nicht erforderlich. Laschen müssen jedoch von geprüften Blechtafeln geschnitten werden; ihre Zugehörigkeit zu solchen ist durch Stempelung kenntlich zu machen (1. 3. 12, III 1268, Z. 1912, S. 154).

[2]) a) In neuerer Zeit findet neben der Feuerschweißung autogene Schweißung besonders für Reparaturen immer weitgehendere Verbreitung. Ihre Anwendung erfordert jedoch große Erfahrung, damit die durch die örtliche Erhitzung auftretenden zusätzlichen Spannungen klein gehalten werden. Aus diesem Grunde sollte autogene Schweißung nicht an Stellen verwendet werden, die Biegungsbeanspruchungen ausgesetzt sind (6. 4. 08, III 3079, Z. 1908, S. 217) und an solchen, die inneren Druck auszuhalten haben (7. 4. 09, III 2898, Z. 1909, S. 256), wenn solche Teile nicht durch Anker oder Stehbolzen genügend gestützt sind. Sorgfältige Nachbehandlung, Hämmern und Ausglühen, sind Voraussetzung für einwandfreie Arbeit. (Vgl. z. B. Forschungsarbeiten, Heft 83/84, herausgegeben vom Verein deutscher Ingenieure; ferner Z. d. V. d. I. 1910, S. 831.)

b) Die vielfach stumpf geschweißten Umlaufbleche der Wasserkammern bei Wasserrohrkesseln haben wiederholt zu schweren Unfällen geführt. Deshalb sollen die Wasserkammern neuer Kessel möglichst auf anderem Wege hergestellt werden. Für die dem Feuer zugekehrte Naht der vorderen Wasserkammer ist Schweißung unzulässig. Bei alten Kesseln mit einer Beanspruchung von mehr als 24 kg Dampf auf 1 qm Heizfläche soll die dem Feuer zugekehrte Naht der vorderen Wasserkammer durch starkes Mauerwerk gegen eine unmittelbare Einwirkung der Flamme geschützt werden. Das Mauerwerk ist so anzuordnen, daß etwa daran auftretende Beschädigungen durch Einblick in den Feuerraum während des Betriebes leicht festgestellt werden können. Wenn die Ausführung dieses Schutzmauerwerkes nicht möglich ist, so müssen

4. Empfehlenswert ist es, solche Nähte, welche auf Biegung oder Zug beansprucht werden, nicht zu schweißen und keine Schweißnaht herzustellen, wenn das geschweißte Stück nicht nachträglich ausgeglüht werden kann.

5. In besonderen Fällen kann bei geschweißten Längsnähten in Kesselmänteln verlangt werden, daß Sicherheitslaschen angebracht werden.

6. Jedes geschweißte Stück ist, wenn irgend möglich, gut auszuglühen.

7. Bleche, die im Feuer bearbeitet worden sind, müssen nach vollendeter Formgebung, soweit dies möglich ist, sachgemäß ausgeglüht werden. Dies gilt besonders für solche Bleche, welche wiederholt einer stellenweisen Erhitzung ausgesetzt worden sind.

III. Berechnung der Blechdicken zylindrischer Dampfkesselwandungen[1]) mit innerem Überdrucke.

1. Bezeichnet

s die Blechdicke in mm,

die Schweißnähte durch mechanische Sicherungen geschützt werden. Die Ausführung solcher Sicherungen ist als wesentliche Änderung des Kessels anzusehen und daher nach K. A. § 8. genehmigungspflichtig (26. 7. 18, III 4031; Z. d. V. d. I. 1918, S. 451, 452, 659, 685; dort sind auch empfehlenswerte Ausführungsformen für das Mauerwerk und die mechanischen Sicherungen angegeben) (vgl. auch 27. 3. 13, III 1729 und 23. 1. 17, III 164, I 171). Wenn die Ausmauerung in der hier beschriebenen Weise hergestellt wird, so sind besondere Sicherheitsstehbolzen, die nach dem Erlaß vom 27. 3. 13, III 1729 in höchstens 75 mm Entfernung vom Umlaufblech angebracht werden sollten, nicht mehr erforderlich. (5. 5. 19, III 3007, I 4702).

c) Wellrohre können nur in begrenzten Längen hergestellt werden, so daß bisweilen Rundschweißnähte erforderlich sind. Solche Rundschweißnähte sind in der Nähe der Feuerbrücke unzulässig, an anderen Stellen können sie zugelassen werden, wenn sie überlappt durch Wassergasschweißung ausgeführt werden (3. 10. 16, III 5835).

d) In den Beschreibungen der Dampfkessel, die mit Genehmigungsanträgen einzureichen sind, sind Angaben über das zur Herstellung der Schweißnähte angewendete Verfahren zu machen. Ein entsprechender Hinweis ist in die Bauprüfungsbescheinigungen aufzunehmen (24.12.14, III 9854).

[1]) Für Wasserrohre sind die Wandstärken in den Bauvorschriften festgesetzt (zweiter und dritter Teil F III 2 s. S. 53 und S. 60).

D den größten inneren Durchmesser des Kesselmantels in mm,
p den größten Betriebsüberdruck in at,
K die Zugfestigkeit des zu dem Mantel verwendeten Bleches,
x einen Zahlenwert,
z das Verhältnis der Mindestfestigkeit der Längsnaht zur Zugfestigkeit des vollen Bleches[1]),

---

[1]) a) Für Schweißverbindungen ist $z = 0{,}7$ festgesetzt (s. II 3, S. 64). Für Nietverbindungen gelten folgende Berechnungen: Die Festigkeit des vollen Bleches auf der Teilung t ist $t \cdot s \cdot K$, die des geschwächten Bleches $(t - d) \cdot s \cdot K$ (s. Nietreihe I der Abb.), so daß $z = \dfrac{(t-d)\, s \cdot K}{t \cdot s \cdot K} = \dfrac{t-d}{t}$ wird. Bei mehrreihigen Nietungen ist s für jede Nietreihe, von der äußersten beginnend, zu bestimmen und für die Berechnung der kleinste für s ermittelte Wert zu wählen. Dabei ist anzunehmen, daß das Blech in einer inneren Reihe erst reißen kann, wenn die Niete der vorhergehenden Reihen abgeschert sind. Die Scherfestigkeit dieser Niete kommt also zu der Zerreißfestigkeit der Naht hinzu. Da die Scherfestigkeit des Nietmaterials nicht festgelegt ist, aber für die Beanspruchung nach II 1, S. 62 höchstens 7 kg/qmm zugelassen sind, geht man bei

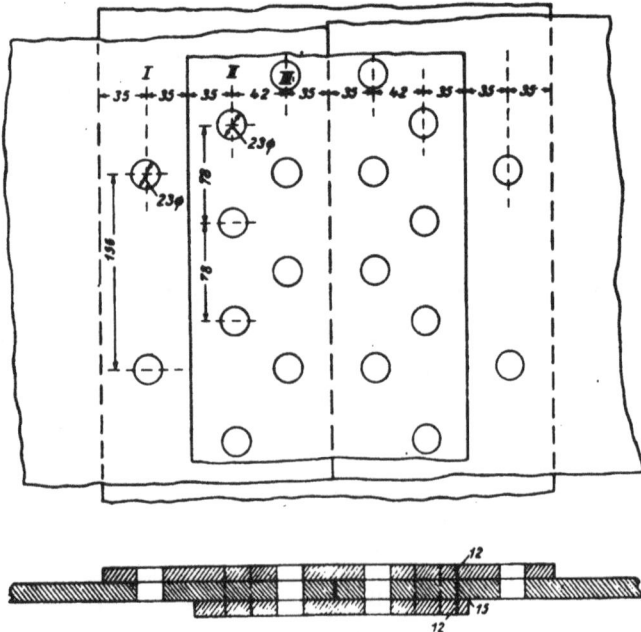

dann ist $s = D \dfrac{p\,x}{200\,K\,z} + 1$ oder $p = \dfrac{200\,K\,z\,(s-1)}{D\,x}$ . . 1 [1]).

Hierin sind zu wählen:

$K = 33$ kg/qmm bei Schweißeisen,

$K = 36$ kg/qmm bei Flußeisen von 34 bis 41 kg/qmm Zugfestigkeit,

der Berechnung besser von der Beanspruchung als von der Festigkeit aus. Dabei ergibt sich z. B. an einer $2\,^1/_2$ fachen Laschennietung (s. beistehende Abb.) folgendes: Für die Nietreihe I gilt $z_{\overline{I}}$ $= \dfrac{t_I - d}{t_I} = \dfrac{156 - 23}{156} = 0{,}852$. In der Nietreihe II beträgt die Beanspruchung des verbleibenden Blechquerschnittes $\dfrac{K}{x} \cdot s \cdot (t_I - 2\,d)$, zu dem die Nietbeanspruchung $\dfrac{\pi d^2}{4} \cdot 7$ hinzutritt, während die Beanspruchung des vollen Bleches $\dfrac{K}{x} \cdot s \cdot t_I$ ist. Somit ist $z_{II} = \dfrac{\dfrac{K}{x} \cdot s \cdot (t_I - 2\,d) + \dfrac{\pi d^2}{4} \cdot 7}{\dfrac{K}{x} \cdot s \cdot t_I}$.

Für $\dfrac{K}{x} = \dfrac{36}{4} = 9$ und $s = 15$ ergibt das Beispiel

$$z_{II} = \dfrac{9 \cdot 15\,(156 - 2 \cdot 23) + \dfrac{\pi 23^2}{4} \cdot 7}{9 \cdot 15 \cdot 156} = 0{,}849.$$

In der Nietreihe III, die ebenfalls durch 2 Niete geschwächt ist, ist die Festigkeit durch 5 Nietquerschnitte (die beiden Niete der Reihe II werden je in zwei Querschnitten auf Abscheren beansprucht) verstärkt. Es ist somit

$$z_{III} = \dfrac{9 \cdot 15\,(156 - 2 \cdot 23) + 5 \cdot \dfrac{\pi 23^2}{4} \cdot 7}{9 \cdot 15 \cdot 156} = 1{,}40.$$

Somit ist mit $s = 0{,}849$ zu rechnen.

b) Nietnähte, die gegen die Längsachse des Kessels geneigt sind, haben eine höhere Festigkeit. Über die Berechnung solcher Niehtnähte s. Z. 1909, S. 47; vgl. auch Dingler 1919, S. 24.

[1]) Die Ableitung dieser Gleichung folgt aus der Überlegung, daß die auf der Mantellänge t auftretende Kraft $p \cdot \dfrac{t}{10} \cdot \dfrac{D}{10}$ kg (da p in kg/qcm angegeben ist, müssen t und D auch in cm eingesetzt werden) durch zwei Wandungsquerschnitte $2\,s \cdot t \cdot z$ aufgenommen wird, deren Beanspruchung $\dfrac{K}{x}$ sein soll, wobei x den Sicherheitsgrad bezeichnet. Es ist somit $\dfrac{p \cdot t \cdot D}{100} = 2\,s \cdot t \cdot z \dfrac{K}{x}$, woraus sich die obenstehende Gleichung ergibt. Der Zuschlag von 1 mm soll auf etwaige Abnutzungen Rücksicht nehmen.

$K = 40$ kg/qmm bei Flußeisen von 40 bis 47 kg/qmm Zugfestigkeit[1]),

$K = 44$ kg/qmm bei Flußeisen von 44 bis 51 kg/qmm Zugfestigkeit[1]),

$x = 4,75$ bei überlappten oder einseitig gelaschten, handgenieteten Nähten,

$x = 4,5$ bei überlappten oder einseitig gelaschten, maschinengenieteten[2]) Nähten und bei geschweißten Nähten (unter Beachtung von Abschnitt II Ziff. 3 bis 6),

$x = 4,35$ bei zweireihigen, doppeltgelaschten, handgenieteten Nähten, deren eine Lasche nur einreihig genietet ist,

$x = 4,25$ bei doppeltgelaschten, handgenieteten Nähten,

$x = 4,1$ bei zweireihigen, doppeltgelaschten, maschinengenieteten[2]) Nähten, deren eine Lasche nur einreihig genietet ist,

$x = 4$ bei doppeltgelaschten, maschinengenieteten[2]) Nähten.

2. Die Werte $x = 4,25$ und $x = 4$ können auch dann in die Rechnung eingeführt werden, wenn bei drei- und mehrreihigen Doppellaschennietungen die eine Lasche eine Nietreihe weniger besitzt als die anderen.

3. Die Blechdicke soll nicht geringer als 7 mm genommen werden; nur bei kleinen Kesseln (z. B. für Feuerspritzen oder Kraftfahrzeuge) sind allenfalls dünnere Bleche zulässig.

4. Bleche, *die eine höhere Zugfestigkeit als 41 kg/qmm besitzen*[3]), dürfen zu Mantelteilen nur verwendet werden, wenn die Verarbeitung kalt oder rotwarm stattfindet, *wenn die Kanten gehobelt, gedreht, gefräst oder — mangels anderer Möglichkeit der Bearbeitung — gemeißelt werden und*[3]) wenn ihre Verbindung in den

---

[1]) Für Schiffskessel ist bei Blechen mit einer Festigkeit über 41 kg/qmm die tatsächlich vorhandene Festigkeit anzunehmen (vgl. S. 129).

[2]) Maschinengenietete Nähte werden deshalb mit höherer Festigkeit in Rechnung gestellt, weil bei der Herstellung durch die Pressen eine gute Anlage erzielt wird, während diese bei handgenieteten Nähten im wesentlichen durch die Schrumpfung des warmen Nietes hervorgerufen wird. Letzteres trifft auch für pneumatische Nietung zu, so daß diese wie handgenietete Nähte zu berechnen sind (22.12.16, III 7639, Z.1917, S.19).

[3]) Änderung durch Bekanntmachung des Reichskanzlers vom 2. 3. 1912, Z. 1912, S. 161.

Längsnähten durch Doppellaschennietung erfolgt und die Nietung maschinell hergestellt wird.[1])

5. Unterschreitungen der Wanddicken, die innerhalb der in den Materialvorschriften für Landkessel, erster Teil, Abschnitt III, Ziff. 6, bezeichneten zulässigen Grenzen bleiben, werden bei der Berechnung nicht berücksichtigt..

6. Die Zugbeanspruchung des Bleches darf unter Annahme gleichmäßiger Spannungsverteilung über den Querschnitt in keiner Nietreihe die Grenze $\dfrac{K}{x}$ überschreiten.[2])

7. Hinsichtlich der zulässigen Nietbeanspruchung vgl. Abschn. II.

8. Bei Berechnung der Wanddicke nahtlos gewalzter Mantelschüsse kann $x = 4$ *und* [1]) $z = 1$ gesetzt werden, sofern keine Schwächung der Wandung vorhanden ist.

9. Es empfiehlt sich die Nietlöcher zu bohren. Die Nietlöcher in Blechen, *die eine höhere Zugfestigkeit als 41 kg/qmm besitzen*[3]), und in solchen über 27 mm Dicke müssen gebohrt werden derart, daß das Bohren der Löcher an den zum Kessel zusammengesetzten Blechen vorgenommen wird. Werden die Nietlöcher schwächerer Bleche gelocht, so ist zu den vorstehenden Werten von x ein Zuschlag von 0,25 erforderlich. Bei gelochten und mindestens um $\frac{1}{4}$ des Durchmessers der Nietlöcher aufgebohrten Löchern kann dieser Zuschlag auf 0,1 ermäßigt werden.

---

[1]) Diese eingehenden Ausführungsvorschriften sind getroffen, weil harte Bleche gegen weniger sachgemäße Bearbeitung sehr empfindlich sind.

[2]) Diese Bedingung ist erfüllt, wenn die Nietung entsprechend den Berechnungen in Anm. 1, S. 66 und 1, S. 67 ausgeführt sind. — Für Laschennietungen gilt folgendes: Es sei das in Anm. 1, S. 66 durchgerechnete Beispiel für $p = 10$ at und $D = 2160$ mm verwendet, so ist für eine Laschenstärke $s_1 = 12$ mm in der Nietreihe I $(t-d) \cdot (s+s_1) \dfrac{K}{x} = \dfrac{D \cdot p \cdot t}{200}$ oder $(156 - 23)(15 + 12) \dfrac{K}{x} = \dfrac{2160 \cdot 10 \cdot 156}{200}$ und somit $\dfrac{K}{x} = 4{,}75$ kg/qmm. In der Nietreihe II ist $(t-2d) \cdot (s+2s_1) \dfrac{K}{x} = \dfrac{D \cdot p \cdot t}{200}$ oder $(156 - 2 \cdot 23)$ $(15 + 2 \cdot 12) \dfrac{K}{x} = \dfrac{2160 \cdot 10 \cdot 156}{200}$ $\dfrac{K}{x} = 3{,}92$ kg/qmm, während $\dfrac{K}{x} = \dfrac{36}{4} = 9$ zulässig ist. — Für Schiffskessel (s. S. 130, Ziff. 9 bis 13) sind weitergehende Vorschriften für die Vernietung usw. gegeben.

[3]) Änderung durch Bekanntmachung des Reichskanzlers vom 2. 3. 12. Z. 1912. S. 161.

IV. Berechnung der Blechdicken von Dampfkessel-Flammrohren mit äußerem Überdrucke.

Glatte und versteifte Rohre.

1. Bezeichnet

    s die Blechdicke in mm,

    d den inneren Durchmesser zylindrischer Flammrohre, bei konischen Flammrohren den mittleren inneren Durchmesser in mm,

    p den größten Betriebsüberdruck in at,

    a einen Zahlenwert[1]),

    l die Länge des Flammrohrs in mm, zutreffendenfalls die größte Entfernung der wirksamen Versteifungen voneinander[2]),

dann ist

$$s = \frac{p \cdot d}{2400}\left(1 + \sqrt{1 + \frac{a}{p}\frac{l}{(l+d)}}\right) + 2 \,\text{mm} \;\ldots\; 2.[3])$$

---

[1]) Der Wert a soll die Annäherung an die Kreisform berücksichtigen, da die Widerstandsfähigkeit, wie Versuche und Erfahrungen zeigen, bei guter Annäherung an die Kreisform merklich größer ist.

[2]) Die größtzulässige unversteifte Länge von Flammrohren ist nicht mehr vorgeschrieben; man wird jedoch vorteilhaft nicht über den früher festgesetzten Wert von 2500 mm hinausgehen.

[3]) Diese Formel ist nicht mathematisch abgeleitet, sondern auf Grund von Versuchen und Erwägungen gebildet (s. Bach, Maschinenelemente, 7. Aufl., S. 194 ff.). Der Festwert 2400 ist der vierfache Wert der Druckbeanspruchung k des Materials, die hier in kg/qcm einzuführen ist, da auch der Druck p in kg/qcm angegeben wird. Die Materialbeanspruchung ist somit $k = 600$ kg/qcm. Bei einem geschweißten Flammrohr aus Flußeisen von 36 kg/qmm Festigkeit ist also der Sicherheitsgrad $x = \dfrac{3600 \cdot 0,7}{600} = 4,2$. — Die Formel berücksichtigt in zutreffender Weise den Einfluß der Abstände l der Versteifungen. Für $l = \infty$ wird $s = \dfrac{p \cdot d}{2400}\left(1 + \sqrt{1 + \dfrac{a}{p}}\right)$; ein Einfluß der Versteifung tritt also nicht mehr hervor. Für $l = 0$, also für laufend versteifte Flammrohre, insbesondere Wellrohre, wird $s = \dfrac{p \cdot d}{1200}$, wie S. 72 für die Berechnung solcher Rohre gefordert wird (Ableitung s. dort). — Der Zuschlag von 2 mm zur Wandstärke soll etwaige Abnutzungen berücksichtigen. — Für Schiffskessel ist mit Rücksicht auf die Vorschriften der Klassifikationsgesellschaften eine andere Formel festgesetzt (s. S. 131).

Hierin ist zu wählen:

bei liegenden Flammrohren,

$a = 100$ für Rohre mit überlappter Längsnaht,

$a = 80$ für Rohre mit gelaschter oder geschweißter Längsnaht,

bei stehenden Flammrohren.

$a = 70$ für Rohre mit überlappter Längsnaht,

$a = 50$ für Rohre mit gelaschter oder geschweißter Längsnaht.

Als **wirksame** Versteifungen gelten neben den Stirnplatten und den Rohrwänden vorzugsweise[1]) folgende Konstruktionen:

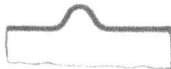

Fig. 1.   Fig. 2.   Fig. 3.

Fig. 4.   Fig. 5.

die letztere jedoch nur unter der Voraussetzung, daß die **Abkröp**fung nicht weniger als etwa 50 mm beträgt.

2. Die Länge l derjenigen Rohrstrecken, welche von Quersiedern durchdrungen werden, kann man wie folgt annehmen[2]):

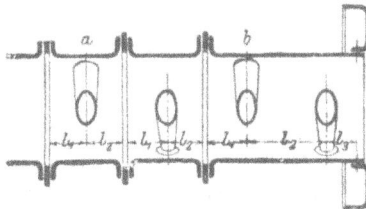

Fig. 6.

---

[1]) Diese Ausführungsformen stellen nur Beispiele dar, neben denen auch andere zulässig sind. Einfache Winkelringe dürften jedoch nicht als ausreichend angesehen werden.

[2]) Hierdurch soll die nicht näher bestimmbare versteifende Wirkung der Quersieder berücksichtigt werden. Für Schiffskessel fehlen entsprechende Vorschriften.

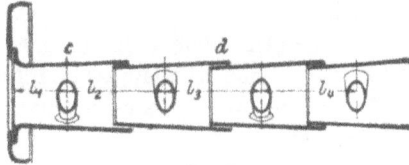

Fig. 7.

bei der Rohrstrecke a

$l = l_1 + 0{,}5\, l_2$, sofern l_1 die größere Strecke,

bei der Rohrstrecke b

$l = l_1 + l_2$, sofern l_1 größer als l_3, andernfalls tritt l_3 an die Stelle von l_1,

bei der Rohrstrecke c

$l = l_1 + l_2$,

bei der Rohrstrecke d

$l = l_2 + l_3$ bzw. $l = l_3 + l_4$.

3. Sind mit Rücksicht auf die Größe, die Befestigungsweise, den Durchdringungsort des Querrohrs usw. Zweifel vorhanden, ob es in ausreichendem Maße versteifend einwirkt, so ist es rätlich, für l die volle Länge einzusetzen, also von einer rechnungsmäßigen Berücksichtigung der versteifenden Wirkung der Querrohre abzusehen.

Wellrohre und gerippte Rohre nach Systemen:

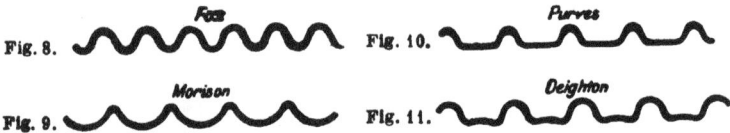

Fig. 8.   Foss

Fig. 10.   Purves

Fig. 9.   Morison

Fig. 11.   Deighton

1. Bezeichnet

s die Blechdicke in mm,

d den kleinsten inneren Flammrohrdurchmesser in mm,

p den größten Betriebsüberdruck in at,

dann ist

$$s = \frac{p \cdot d}{1200} + 2 \ \ldots \ 3.[1]$$

[1]) Hierbei ist angenommen, daß Wellrohre so gut versteift sind, daß eine Einbeulung nicht zu befürchten ist, daß vielmehr nur eine einfache Druckbeanspruchung vorliegt. Die auf 1 cm Rohrlänge auf-

2. Die Blechdicke soll nicht geringer als 7 mm genommen werden; nur bei kleinen Kesseln (z. B. für Feuerspritzen oder Kraftfahrzeuge) sind allenfalls dünnere Bleche zulässig.[1])

V. Berechnung der Blechdicken ebener Wandungen.

Ebene Platten.

1. Bezeichnet

   s die Blechdicke in mm,

   p den größten Betriebsüberdruck in at,

   a den Abstand der Stehbolzen oder Anker innerhalb einer Reihe voneinander in mm,

   b den Abstand der Stehbolzen- oder Ankerreihen voneinander in mm,

   c einen Zahlenwert,

dann ist

$$s = c \cdot \sqrt{p\,(a^2 + b^2)} \quad \ldots \ldots 4.[2])$$

tretende Druckbeanspruchung $p \cdot \dfrac{d}{10}$ kg wird durch zwei Wandungsquerschnitte $\dfrac{2\,s}{10}$ qcm aufgenommen, deren Beanspruchung $k = 600$ kg/qcm sein soll. Es ist somit $\dfrac{p \cdot d}{10} = \dfrac{2s \cdot 600}{10}$, woraus sich die obenstehende Gleichung ergibt (vgl. auch Anm. 3, S. 70).

[1]) Diese Vorschrift gilt auch für die nach Gleichung 2 (S. 70) berechneten Flammrohre.

[2]) Zur Ableitung dieser Formel ist die Beanspruchung eines gleichmäßig belasteten und beiderseitig eingespannten Stabes von der Breite 1 cm, der Dicke s und der Länge $l = \sqrt{a^2 + b^2}$ (Diagonale in einem durch 4 Anker gebildeten rechtwinkligen Felde) angenommen. Das größte Biegungsmoment tritt an den Verankerungen auf und ist $\dfrac{pl^2}{12}$, während das Widerstandsmoment $\dfrac{s^2 \cdot 1}{6}$ ist, so daß die Gleichung $\dfrac{pl^2}{12} = \dfrac{s^2}{6}\,k_b$ besteht, wobei k_b die Biegungsbeanspruchung ist. Daraus folgt $s = \sqrt{\dfrac{1}{2k_b}} \cdot \sqrt{p(a^2 + b^2)}$, woraus sich die Gleichung 4 ergibt, wenn man $c = \sqrt{\dfrac{1}{2k_b}}$ setzt. Die für c angenommenen Werte berücksichtigen auf Grund von Versuchen und praktischen Ausführungen die gegenüber dieser Berechnung vorhandene größere Widerstandsfähigkeit des Bleches. (Vgl. Bach, Elastizität und Festigkeit, 6. Aufl., 1911, S. 535 ff.)

Hierin ist zu wählen:

$c = 0{,}017$ bei Platten, in welche die Stehbolzen oder Anker
    eingeschraubt und vernietet sind, und welche von den
    Heizgasen und vom Wasser berührt werden,

$c = 0{,}015$, wenn solche Platten nicht von den Heizgasen
    berührt werden,

$c = 0{,}0155$ bei Platten, in welche die Stehbolzen oder
    Anker eingeschraubt und außen mit Muttern oder
    gedrehten Köpfen versehen sind, und welche von den
    Heizgasen und vom Wasser berührt werden,

$c = 0{,}0135$, wenn solche Platten nicht von den Heizgasen
    berührt werden,

$c = 0{,}014$ bei Platten, welche durch Ankerröhren ver-
    steift sind.

2. Bei Platten, deren Anker mit Muttern und Verstärkungs-
scheiben versehen sind, ist in der Gleichung 4

$c = 0{,}013$, sofern der Durchmesser der äußeren Verstär-
    kungsscheibe $^2/_5$ der Ankerentfernung und die Schei-
    bendicke $^2/_3$ der Plattendicke,

$c = 0{,}012$, sofern der Durchmesser der äußeren Verstär-
    kungsscheibe $^3/_5$ der Ankerentfernung und die Schei-
    bendicke $^5/_6$ der Plattendicke,

$c = 0{,}011$, sofern der Durchmesser der äußeren Verstärkungs-
    scheibe $^4/_5$ der Ankerentfernung, auch diese mit der Platte
    vernietet und die Scheibendicke gleich der Plattendicke

ist und die Platten nicht vom Feuer berührt sind. Werden sie dagegen
auf der einen Seite von den Heizgasen, auf der anderen Seite vom
Dampfe berührt, dann sind sie, falls sie nicht durch Flammbleche geschützt werden, um $^1/_{10}$ stärker zu nehmen, als die Rechnung ergibt.

3. Bei unregelmäßig verteilten Verankerungen wie in Fig. 12

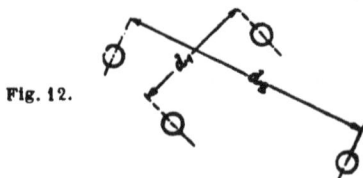

Fig. 12.

ist
$$s = c \cdot {}^1/_2 \, (d_1 + d_2) \, \sqrt{p} \quad \ldots \ldots 5.^1)$$

------

^{1}) Diese Gleichung folgt aus der Ableitung in Anm. 2, S. 73, indem
für $l = \dfrac{d_1 + d_2}{2}$ gesetzt wird.

Der Wert von c ist je nach der Art der Verankerung aus Ziff. 1 oder 2 dieses Abschnitts zu entnehmen.

4. Für Verstärkungen nicht dem ersten Feuer ausgesetzter ebener Platten durch Doppelungsplatten können $12\frac{1}{2}$ vH von den für die ebenen Platten sich ergebenden Blechdicken in Abzug gebracht werden, wenn die Dicke der Doppelungsplatten mindestens $^2/_3$ der berechneten Blechdicke beträgt und die Doppelungen gut mit den Platten vernietet sind.

5. Rechteckige Platten, die am Umfange befestigt sind, erhalten die Wanddicke

$$s = 0{,}053\,b\;\sqrt{\dfrac{p}{k_s\left[1+\left(\dfrac{b}{a}\right)^2\right]}} \;\;\ldots\; 6,^1)$$

worin

    s die Wanddicke in mm,

    a die größere Rechteckseite in mm,

    b die kleinere Rechteckseite in mm,

    p den größten Betriebsüberdruck in at,

---

[1]) Die Formel ist von Bach (Z. d. V. d. I. 1906) aufgestellt. Man denke sich von der Mitte zweier Seiten der Platte einen Streifen von 1 cm Breite bis zur Mitte der gegenüberliegenden Seite herausgeschnitten, so daß ein Streifenkreuz entsteht, dessen Mitte mit der Plattenmitte zusammenfällt. Bei der Belastung der Platte erleiden nun beide Streifen, weil sie in ihrem Kreuzungspunkt zusammenhängen, die gleiche Durchbiegung, so daß dementsprechend in dem kürzeren Streifen von der Länge b die größere Beanspruchung entsteht und dieser deshalb für die Berechnung der maßgebende wird. Nimmt man nun für diesen Stab von der Länge b den gleichen Belastungsfall wie in Anm. 2, S. 73, aber die Einspannung nicht so vollkommen an, so ergibt sich $\dfrac{b^2\,p}{16} = \dfrac{s^2}{6}\,k_b$. Da nun der Streifen aber von dem seitlich anschließenden Material unterstützt wird, so kann man, wie Versuche zeigen, statt k_b den Wert $\dfrac{4}{3}\left[1+\left(\dfrac{b}{a}\right)^2\right]k_s$ setzen. Damit folgt $s = b\;\sqrt{\dfrac{6\,p}{16\cdot\dfrac{4}{3}\left[1+\left(\dfrac{b}{a}\right)^2\right]k_s}} =$ $= 0{,}53\,b\;\sqrt{\dfrac{p}{\left[1+\left(\dfrac{b}{a}\right)^2\right]k_s}}$ In dieser Gleichung ist k_s in kg/qcm einzusetzen, da p auch in kg/qcm angegeben ist. Setzt man, wie in den Bauvorschriften üblich, k_s in kg/qmm ein, so ergibt sich die Gleichung 6.

k_z die zulässige Zugbeanspruchung des Materials in kg/
qmm, wofür bis ¼ der rechnungsmäßigen Zugfestigkeit
eingeführt werden kann,

bedeuten.

6. Bei Platten, die nicht durch Stehbolzen oder Längsanker,
sondern durch Eckanker oder in anderer Weise ausreichend unterstützt werden, ist die Wanddicke nach

$$s = 0,017 \ d \ \sqrt{p} \ \ldots \ 7{}^1)$$

zu bemessen, sofern nicht nachgewiesen wird, daß eine geringere
Wanddicke zulässig ist.

Hierin bedeutet:

s die Wanddicke in mm,
p den größten Betriebsüberdruck in at,
d den Durchmesser des größten Kreises in mm, der nach
    Maßgabe der Fig. 13 bis 16 auf der ebenen Platte,
    durch die Befestigungsstellen gehend, beschrieben wer-
    den kann.

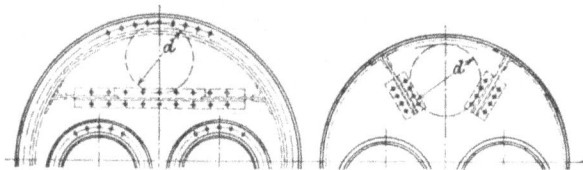

Fig. 13.   Fig. 14.

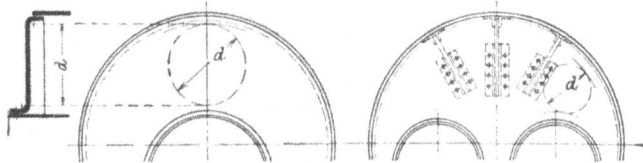

Fig. 15.   Fig. 16.

Werden keine Angaben über das Maß des Krempungshalbmes-
sers der Stirnplatten gemacht, so ist dieses zu 50 mm anzunehmen.

7. Vorstehende Ausführungen gelten nur für flußeiserne Wandungen.

---

[1]) Diese Gleichung folgte aus der Ableitung in Anm. 2, S. 73,
indem $l = d$ gesetzt wird.

Durch Stehbolzen oder Anker unterstützte Kupferplatten erhalten die folgenden Wanddicken, und zwar bei regelmäßig verteilten Verankerungen:

$$s = 5{,}83\, c\, \sqrt{\frac{p}{K}(a^2 + b^2)} \quad \ldots \ldots \ 8{,}^1)$$

bei unregelmäßig verteilten Verankerungen (wie in Fig. 12):

$$s = 5{,}83\, c\, {}^1/_2\, (d_1 + d_2)\, \sqrt{\frac{p}{K}} \quad \ldots \ldots \ 9.^1)$$

Die Werte von K (Zugfestigkeit des Kupfers) sind aus Abschnitt I, von c je nach der Art der Verankerung aus Ziff. 1 oder 2 dieses Abschnitts zu entnehmen.

Gekrempte ebene Böden.

Bezeichnet

s die Blechdicke in mm,

p den größten Betriebsüberdruck in at,

r den Wölbungshalbmesser der Krempe in mm,

d den inneren Durchmesser des Bodens in mm,

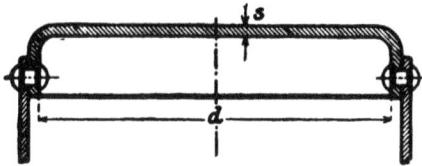

Fig. 17.

dann ist

$$s = \frac{1}{98}\left[d - r\left(1 + \frac{2r}{d}\right)\right]\sqrt{p} \quad \ldots \ldots \ 10.^2)$$

oder

$$p = 9600\left[\frac{s}{d - r\left(1 + \dfrac{2r}{d}\right)}\right]^2 \quad \ldots \ldots \ 11.^2)$$

---

[1]) Diese Gleichungen entsprechen den Gleichungen 4 und 5 für Flußeisen. Durch die Einführung anderer Zahlenwerte und der Zugfestigkeit des Kupfers soll dessen geringere Widerstandsfähigkeit berücksichtigt werden (vgl. S. 62).

[2]) Die Formel ist von Bach auf Grund von Versuchen und ähnlichen Erwägungen, wie sie in Anm. 1, S. 75 angegeben sind, aufgestellt worden (Z. d. V. d. I. 1897, S. 1157 u. f.). Die am stärksten beanspruchte

Rohrplatten von Heizrohrkesseln[1]).

1. Die außerhalb des Rohrbündels liegenden Teile der Rohr-
platte müssen nach den für ebene Wandungen geltenden Bestimmungen (Gleichungen 4 bis 9) verankert werden, falls die Größe
der dem Dampfdruck ausgesetzten Fläche die Verankerung fordert[2]).

2. Die innerhalb des Rohrbündels liegenden Teile der Rohr-
platte sind wie folgt zu bemessen:

    a) bei Verwendung besonderer Anker oder mit Gewinde ein-
    gesetzter Ankerrohre[3]) sind die Gleichungen 4, 5, 8 oder 9
    anzuwenden. Die Rohre können in diesem Falle einfach
    aufgewalzt sein, jedoch darf die Wandstärke der sicheren
    Befestigung der Rohre halber
        bei Flußeisenplatten

$$\text{nicht unter } s = 5 + \frac{d}{8} \text{ für } d = 38 \text{ bis etwa rd. } 100 \text{ mm,}$$

        bei Kupferplatten

$$\text{nicht unter } s = 10 + \frac{d}{5} \text{ für } d = 38 \text{ bis etwa rd. } 75 \text{ mm}$$

    gewählt werden, worin d den äußeren Rohrdurchmesser an
    der Befestigungsstelle in mm bedeutet; ferner muß der

Stelle liegt wie im Falle der Gleichungen 4 und 6 an der Einspannstelle.
— In den Konstanten der Gleichungen ist die Zerreißfestigkeit des Materials $K = 36$ enthalten.

[1]) Diese Vorschriften gehen bis an die Grenze der mindest erforderlichen Sicherheit. Wenn sich daher bei Kesselrevisionen ergibt, daß
ältere Anlagen nicht einmal diesen Anforderungen genügen, so sind
nachträglich Versteifungen, nötigenfalls durch polizeiliche Verfügung zu
fordern (16. 6. 08, III 4953, Z. 1908, S. 271 und 19. 6. 09, III 1536, Z. 1909,
S. 309) (vgl. auch § 35 der Kesselanweisung). — Für Schiffskessel gelten
andere Vorschriften (s. S. 135).

[2]) Bei ausziehbaren Röhrenkesseln dürfte die Verschraubung der
Rohrwand mit der Kesselstirnwand in der Rauchkammer nicht als eine
wirksame Versteifung angesehen werden. Solche Rauchkammerwände
werden vielmehr vorteilhaft nach Gleichung 7 (S. 76) berechnet, indem
man den dort näher bezeichneten größten Kreis zwischen dem Nietteil-
kreis der Stirnwand und der Verschraubung des ausziehbaren Teiles
einschreibt (18. 11. 12, III 5983, Z. 1912, S. 545.

[3]) Das Einwalzen von Rohren in Gewindegänge in den Rohrwänden
gilt nicht als gleichwertig (vgl. X, 2, S. 88).

Mindestquerschnitt des Steges zwischen zwei Rohr-
löchern betragen:

bei Flußeisenplatten
180 qmm für $d = 38$ mm,
zunehmend auf etwa das 2,5fache für $d =$ rd. 100 mm[1]),
bei Kupferplatten
340 qmm für $d = 38$ mm,
zunehmend auf etwa das 2,5fache für $d =$ rd. 75 mm[2]).

b) Bei nicht besonders verankerten Rohrwänden,
deren Rohre jedoch beiderseits umgebördelt oder in
kegelförmig sich nach außen erweiternden Löchern
eingewalzt sind, ist Sicherheit gegen Herausziehen der
Rohrenden zu erwarten, wenn die auf ein Zentimeter Rohrumfang entfallende Belastung:

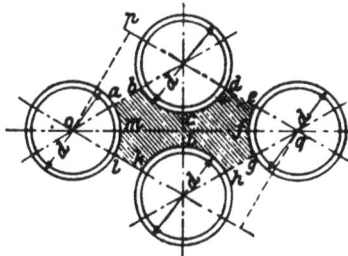

Fig. 18.

$$\sigma = \frac{p \cdot \text{Fläche } a\,b\,c\,d\,e\,f\,g\,h\,i\,k\,l\,m}{\pi\,d} \quad \ldots \quad 12^{3})$$

---

[1]) Dieser Vorschrift entspricht etwa bei $d = 60$ mm ein Querschnitt
von $F = 270$ qmm, bei $d = 80$ mm, $F = 360$ qmm und bei $d = 100$ mm,
$F = 450$ qmm.

[2]) Dieser Vorschrift entspricht etwa bei $d = 60$ mm ein Querschnitt
$F = 650$ qmm und bei $d = 75$ mm, $F = 850$ qmm.

[3]) In dieser Gleichung ist die Fläche in qcm zu berechnen und d
in cm einzusetzen. Bei Randrohren finden sich häufig Teile der Rohrwand, die nur durch drei Rohre unterstützt werden; in diesem Falle ist
statt $\pi \cdot d$ in Gleichung 12 nur $\frac{1}{2}\,\pi\,d$ zu setzen, weil der Leibungsdruck
nur auf dem halben Rohrumfang wirkt, da die Summe der Winkel im
Dreieck 180° beträgt, während sie in einem Viereck 360° ist. Der Wert
für σ ist gleich 25 bzw. 15 zu setzen, weil σ unabhängig von dem um-
schlossenen Winkel auf 1 cm Rohrumfang bezogen ist.

den Betrag von 25 kg nicht überschreitet, sachgemäße Ausführung vorausgesetzt.

Bei nicht besonders verankerten Rohrwänden, deren Rohre in zylindrischen Löchern glatt eingewalzt sind, ist bei einer Beanspruchung bis zu 7 at Betriebsüberdruck gleichfalls der Betrag $\sigma = 25$ als zulässig zu erachten. Bei höheren Dampfspannungen darf jedoch σ den Betrag von 15 kg nicht überschreiten.

Wenn σ diese Beträge nicht überschreitet, bedarf es einer Berechnung des durch den Dampfdruck beanspruchten kleinen Feldes *abcdefghiklm* nicht, sofern die in Ziff. 2 a mit Rücksicht auf sichere Befestigung der Rohre geforderten Minststärken vorhanden sind.

In zweifelhaften Fällen kann dahingehende Prüfung durch die Gleichung

$$p = 360 \left(1 - 0{,}7\,\frac{d}{e}\right)\left(\frac{s}{e}\right)^2 \cdot k_b \ \ldots \ 13^1)$$

stattfinden. Hierin bedeuten

s die Plattendicke in mm,

p den größten Betriebsüberdruck in at,

d den äußeren Rohrdurchmesser an der Befestigungsstelle in mm,

e die Seite des quadratischen Feldes in mm, welches durch die vier unterstützenden Rohre gebildet wird, oder das arithmetische Mittel aus den Seiten des Rechtecks, welches durch die vier Rohre bestimmt erscheint $\left(\text{in Fig. 18}\ \ c = \dfrac{\overline{op} + \overline{pq}}{2}\right),$

k_b die eintretende Biegungsanstrengung des Plattenmaterials in kg/qmm, die bis zur Höhe $= \dfrac{\text{Zugfestigkeit}}{4{,}5}$ zulässig erscheint.

Wird die Beanspruchung nach Gleichung 13 zu groß, oder überschreitet σ die vorgeschriebenen Werte, so sind Anker oder Ankerrohre[3]) anzuordnen.

---

[1]) Diese Formel ist von Bach auf Grund von Versuchen ermittelt (Z. d. V. d. I. 1894, S. 341 u. f.).

[2]) Vgl. Anm. 3, S. 78.

Insbesondere sind Randrohre[1]) darauf zu prüfen, ob ihre Belastung innerhalb der als zulässig bezeichneten Grenzen bleibt; im verneinenden Falle ist ein Teil von ihnen nach Gleichung 4 als Ankerrohre auszubilden oder sonstige Verankerung anzuordnen.

3[2]). Ist bei Feuerbüchsen die Decke nicht durch Anker oder in anderer Weise mit dem Kesselmantel verbunden, sondern durch Bügel- oder Deckenträger, welche auf den Rändern der Rohrplatten[3]) stehen, unterstützt, dann darf die Dicke der Rohrwand nicht geringer sein als

$$s = \frac{p \cdot w \cdot b}{1900 \, (b-d)} \quad \ldots \quad 14,[4])$$

worin

w die Weite der Feuerbüchse in mm (siehe Fig. 21),

b die Entfernung der Rohre voneinander, von Mitte zu Mitte gemessen, in mm,

d den inneren Durchmesser der Rohre in mm

bedeuten.

---

[1]) Eine Nachprüfung in dieser Hinsicht ist besonders bei den um die Auswaschöffnung im unteren Teil der Rauchkammerrohrwand liegenden Rohre erforderlich.

[2]) Berichtigung durch Bekanntmachung des Reichskanzlers vom 2. 3. 12, Z. 1912, S. 161. — Die entsprechende Vorschrift für Schiffskessel ist S. 134 unter Ziff. 5 enthalten.

[3]) Infolge starker Belastung durch Deckenträger sind Formänderungen (Ovalwerden) der Rohrlöcher zu befürchten.

[4]) Die Ableitung dieser Formel folgt aus der Überlegung, daß die auf einem Streifen der Feuerbüchsdecke von der Breite b (Abstand der Rohrmitten) und der Länge w (Tiefe der Feuerbüchse in Richtung der Deckenträger) wirkende Kraft $p \cdot w \cdot b$ von dem zwischen zwei Rohren liegenden Querschnitt der Rohrwand $s \, (b-d)$, wobei allerdings d der äußere Rohrdurchmesser wäre, und dem anderen Unterstützungspunkt des Deckenträgers je zur Hälfte aufgenommen werden muß. Es ist also $\frac{p \cdot w \cdot b}{2} = s \, (b-d) \cdot k$. Setzt man $k = 950$ kg/qcm, so folgt daraus die Gleichung 14. Bei einer Materialfestigkeit von 36 kg/qmm ist die Sicherheit dabei nur $\frac{36}{9,5} = 3,8$. Dies scheint mit Rücksicht auf die seitliche Unterstützung der Rohrwand zulässig.

VI. Berechnung der Blechdicken gewölbter voller Böden ohne Verankerung gegenüber innerem Überdrucke.

1. Bezeichnet

s die Blechdicke in mm,

p den größten Betriebsüberdruck in at,

r den inneren Halbmesser in der Mitte der Wölbung in mm,

k die zulässige Belastung in kg/qmm,

so ist

$$s = \frac{p\,r}{200\,k} \text{ oder } p = \frac{200\,s\,k}{r} \ \ldots \ 15.{}^{[1]}$$

2. Unter der Voraussetzung, daß der Krempungshalbmesser ausreichend groß gewählt wird, damit ein allmählicher Übergang von dem zylindrischen Teile am Umfange des Bodens in den gewölbten mittleren Teil stattfindet, darf k gewählt werden

bis zu 5 kg/qmm für Schweißeisen,

» » 6,5 » » Flußeisen,

» » 4 » » Kupfer, sofern die Dampftemperatur 200° C nicht überschreitet.

VII. Berechnung der Blechdicken gewölbter Flammrohrböden mit Aushalsung oder Einhalsung für ein oder zwei Flammrohre.[2]

Unter der Voraussetzung ausreichend großer Krempungshalbmesser der Böden (siehe VI, Ziff. 2) und ausreichend großen Abstandes der Flammrohre von den Krempen, sowie unter der Voraussetzung der Verwendung elastischer Flammrohre in Richtung ihrer

---

[1] Diese Formel ist aus der Beanspruchung einer Hohlkugel im größten Kreise (Äquator) abgeleitet. Die auftretende Kraft ist $\pi r^2 p$, die durch den Querschnitt $2\,\pi r s$ aufgenommen wird, so daß die Gleichung $\pi r^2 p = 2\,\pi r s\,k$ (Abmessungen in cm) besteht. Daraus folgt die Gleichung 15, wenn man k in kg/qmm einsetzt. Diese Gleichung berücksichtigt nicht die in der Krempe auftretenden Beanspruchungen, die wesentlich größer sind (vgl. Z. d. V. d. I. 1902, S. 379).

[2] Vgl. Bach, Versuche mit gewölbten Flammrohrböden. Forschungsarbeiten, Heft 51/2. — Entsprechende Bestimmungen für Schiffskessel sind nicht vorgesehen.

Achse, so daß die Böden durch die Flammrohre keine erheblichen Zusatzspannungen erfahren, kann die Blechdicke der Böden bis auf weiteres nach der Gleichung 15 gerechnet und dabei k bis 7,5 kg/qmm gewählt werden.

VIII. Berechnung der Blechdicken von gewölbten Böden gegenüber äußerem Überdrucke.[1])

1. Bezeichnet

r den äußeren Halbmesser der mittleren Wölbung in mm,
s die Stärke des Bodens in mm,
p_0 die Flüssigkeitspressung in at, bei welcher die Einbeulung zu erwarten steht,

so kann die durch

$$k_0 = \frac{1}{200} \, p_0 \, \frac{r}{s} \ . \ . \ . \ 16^2)$$

bestimmte Einbeulungsdruckspannung k_0 in kg/qmm aus der Gleichung

$$k_0 = A - B \, \sqrt{\frac{r}{s}} \ . \ . \ . \ 17^3)$$

---

[1]) Diese Berechnungsweise ist von Bach (Z. d. V. d. I. 1902, S. 375 u. f.) auf Grund von Versuchen angegeben. — Entsprechende Bestimmungen für Schiffskessel sind nicht vorgesehen.

[2]) Die Gleichung entspricht der Gleichung 15, S. 82; sie folgt aus der dort angegebenen Ableitung, wenn man von einer durch äußeren Druck beanspruchten Hohlkugel ausgeht.

[3]) Den Rechnungsgang zeigt folgendes Beispiel: Für einen flußeisernen Boden mit dem Wölbungsradius $r = 4000$ mm und einer Wandstärke $s = 10$ mm ergibt Gleichung 17 $k_0 = 26 - 1,15 \sqrt{\frac{4000}{10}} = 3$ kg/qmm als die Materialbeanspruchung, bei der eine Einbeulung zu befürchten ist. Es kann somit nach Ziff. 2 als Materialbeanspruchung gegenüber Einbeulung $k = 0,4 \, k_0 = 0,4 \cdot 3 = 1,2$ kg/qmm zugelassen werden, so daß aus der Gleichung in Ziff. 2 folgt.: $p = \frac{200 \cdot s \cdot k}{r} = \frac{200 \cdot 10 \cdot 1,2}{4000} = 0,6$ at. Würde sich nach Gleichung 17 $k_0 > \frac{k}{0,4} = \frac{6,5}{0,4}$ kg/qmm ergeben, so dürfte doch nur mit $k = 6,5$ kg/qmm gerechnet werden, damit die auftretenden Druckspannungen nicht zu groß werden. Wäre z. B. $r = 1000$ und $s = 20$, so ergibt sich für $k_0 = 26 - 1,15 \sqrt{\frac{1000}{20}} = 17,9$ und somit

ermittel werden, worin:

für kugelförmige, stark gehämmerte Kupferböden, welche aus dem Ganzen bestehen,

$$A = 25,5 \qquad B = 1,2,$$

für geglühte Flußeisenböden, welche aus dem Ganzen bestehen,

$$A = 26 \qquad B = 1,15,$$

für Flußeisenböden, welche aus einzelnen Segmenten mit Überlappungsnietung hergestellt sind,

$$A = 24,5 \qquad B = 1,15$$

zu setzen ist.

2. Als zulässige Materialanstrengungen können gemäß der Gleichung

$$k = \frac{1}{200}\, p\, \frac{r}{s}, \; [1])$$

worin p den größten Betriebsüberdruck in at bezeichnet, r und s die oben bezeichnete Bedeutung haben, für k nachstehende Werte als zulässig erachtet werden:

gegenüber Druck

für gehämmertes Kupfer bis 4 kg/qmm, sofern die Temperatur 200° C nicht überschreitet,

für geglühtes Flußeisen bis 6,5 kg/qmm,

gegenüber Einbeulung

bis 0,4 k_0 für beide Materialien

unter Bestimmung von k_0 aus Gleichung 17.

3. In bezug auf die Form der Böden gilt die Voraussetzung, daß der Krempungshalbmesser eine solche Größe besitzt, wie erforderlich ist, damit der Übergang von dem zylindrischen Teile am Umfange des Bodens in den gewölbten mittleren Teil ausreichend allmählich stattfindet[2]).

$k = 17,9 \cdot 0,4 = 7,2$ kg/qmm. Der Boden würde also bei $p = \dfrac{200 \cdot 20 \cdot 7,2}{1000} =$ 28,8 at erst der Gefahr der Einbeulung ausgesetzt sein. Da jedoch hierbei die Druckbeanspruchung, die 6,5 kg/qmm nicht übersteigen soll, 7,2 kg/qmm beträgt, so darf der Boden nur für $p = \dfrac{200 \cdot 20 \cdot 6,5}{1000} = 26$ at zugelassen werden.

[1]) Siehe Anm. 2, S. 83.

[2]) Auf die Sicherheit gewölbter Böden ist die Größe des Wölbungsradius von wesentlichem Einfluß. Da dieser nicht immer leicht zu ermitteln ist, empfiehlt sich, nicht bis an die nach dieser Berechnung zulässigen Grenzen zu gehen oder die Böden in geeigneter Weise zu verankern (13. 1. 03, III a 11105, Z. 1903, S. 79).

IX. Schrauben und Verschraubungen.[1])

1. Es ist zu unterscheiden zwischen Schrauben, welche für bearbeitete, und solchen, welche für unbearbeitete Flächen zur Verwendung kommen.

2. Bezeichnet

P den Gesamtdruck auf die gedrückte Fläche in kg,

P_1 den auf einen Schraubenkern entfallenden Teil des Gesamtdrucks P in kg,

k die Beanspruchung des Schraubenkerns in kg/qmm,

d den Durchmesser des Schraubenkerns in mm,

so ist

$$k = 1{,}27 \frac{P_1}{d^2} \ \ldots \ 18^2)$$

und ferner, gleichviel, ob die Schrauben aus Schweißeisen oder aus Flußeisen hergestellt sind,

a) bei guten Schrauben, guter Bearbeitung der Flächen[3]) und weichem Dichtungsmaterial

$$d = 0{,}45 \sqrt{P_1} + 5 \ \ldots \ 19{,}^4)$$

b) wenn den unter a) genannten Anforderungen weniger vollkommen entsprochen ist,

$$d = 0{,}55 \sqrt{P_1} + 5 \ \ldots \ 20.^4)$$

3. Wird der Nachweis geliefert, daß das Schraubenmaterial den in den Materialvorschriften für Landdampfkessel für das Nieteisen aufgestellten Anforderungen genügt, so kann der Koeffizient in Gleichung 19 bis auf 0,4 vermindert werden.

---

[1]) Für Schiffskessel sind entsprechende Vorschriften nicht vorgesehen.

[2]) Die Gleichung folgt aus $P_1 = \frac{\pi d^2}{4} k$; $(4 : \pi = 1{,}27)$.

[3]) d. h. der Dichtungsflächen.

[4]) Da der gleichbleibende Zuschlag von 5 mm bei größeren Schraubendurchmessern relativ weniger Einfluß hat, so nehmen die Beanspruchungen, bezogen auf 1 qmm Materialquerschnitt, mit zunehmendem Durchmesser stark zu. Bei dem Koeffizienten 0,45 ist z. B. für ½″; ¾″; 1″; 2″; 3″: $k = 1{,}6$; $2{,}9$; $3{,}7$; $4{,}9$; $5{,}4$. Es soll dadurch der bei kleinen Schrauben leicht sehr groß werdenden Verspannung Rechnung getragen werden.

4. Die Gleichungen 19 und 20 liefern bei ihrer Anwendung auf das Whitworthsche System:

Äußerer Durchmesser der Schraube		Kern- durchm.	Zulässige Belastung der Schraube		
engl.''	mm	mm	Koeffizient 0,4	Koeffizient 0,45	Koeffizient 0,55
$\frac{1}{2}$	12,70	9,98	155 kg	122,5 kg	82 kg
$\frac{5}{8}$	15,88	12,93	393 »	310 »	208 »
$\frac{3}{4}$	19,05	15,80	729 »	576 »	386 »
$\frac{7}{8}$	21,23	18,62	1 159 »	916 »	613 »
1	25,40	21,34	1 669 »	1 318 »	883 »
$1\frac{1}{8}$	28,57	23,93	2 440 »	1 770 »	1 185 »
$1\frac{1}{4}$	31,75	27,10	3 053 »	2 412 »	1 614 »
$1\frac{3}{8}$	34,92	29,51	3 755 »	2 967 »	1 986 »
$1\frac{1}{2}$	38,10	32,69	4 792 »	3 786 »	2 535 »
$1\frac{5}{8}$	41,27	34,77	5 539 »	4 377 »	2 930 »
$1\frac{3}{4}$	44,45	37,95	6 785 »	5 361 »	3 589 »
$1\frac{7}{8}$	47,62	40,41	7 837 »	6 192 »	4 145 »
2	50,80	43,59	9 308 »	7 355 »	4 922 »
$2\frac{1}{4}$	57,15	49,02	12 111 »	9 569 »	6 406 »
$2\frac{1}{2}$	63,50	55,37	15 857 »	12 528 »	8 387 »
$2\frac{3}{4}$	69,85	60,55	19 286 »	15 237 »	10 201 »
3	76,20	66,90	23 947 »	18 923 »	12 667 »

5. Schrauben aus Flußeisen sollen kein scharfes, sondern möglichst abgerundetes Gewinde erhalten.

6. Schrauben aus Stahl, welcher härtbar ist, sind nicht zulässig.

7. Bei der Berechnung der Flanschenschrauben, sofern deren mehrere in unter sich gleichen Abständen zur Befestigung recht-

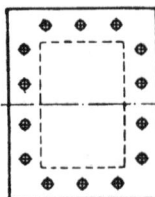 

Fig. 19.   Fig. 20.

eckiger oder elliptischer Flächen verwendet werden, wie dies in vorstehenden Figuren veranschaulicht ist, kann man annehmen, daß, wenn

> r den geringsten Abstand der Schrauben vom Schwerpunkte der gedrückten, rechteckigen oder elliptischen Fläche in mm,
>
> e die Schraubenteilung in mm

bezeichnet, die am stärksten belastete Schraube den Druck[1]) zu übertragen hat

$$P_1 = \frac{Pe}{2\pi r} \;\ldots\; 21.[2])$$

8. Wenn Biegungsspannungen von Erheblichkeit zu befürchten sind, wie namentlich bei unbearbeiteten Flächen, Durchbiegen der Flanschen, einseitig liegenden Dichtungen usw., ist ihnen bei der Bemessung der Schrauben besonders Rechnung zu tragen.

9. Die Flanschen sind so stark zu machen, daß sie der Biegungsbeanspruchung sowie auch dem Durchbiegen sicher widerstehen können.

10. Schwächere Schrauben als solche von 16 mm äußerem Durchmesser sind tunlichst zu vermeiden; Schrauben unter 13 mm äußerem Durchmesser sind nicht zulässig.

---

[1]) Am stärksten sind die dem Flächenschwerpunkt zunächst liegenden Schrauben beansprucht. Nimmt man zwei durch den Flächenschwerpunkt gehende Materialstreifen an, von denen der eine als Länge den kleinsten Abstand zwischen zwei gegenüberliegenden Befestigungsstellen, der andere einen beliebigen anderen (größeren) Abstand als Länge hat, so biegen sich beide Streifen wegen ihres Zusammenhanges gleichmäßig durch (vgl. S. 75, Anm. 1). Da aber ein kürzerer Streifen nur bei höherer Belastung sich ebensoviel durchbiegt wie ein längerer, so müssen die Auflagerkräfte des kürzeren Streifens entsprechend größer sein.

[2]) Die Formel nimmt eine gleichmäßige Verteilung der Last P auf dem Umfang des Kreises r an. Verlegt man die einzelnen Schraubenpunkte durch Radien auf diesen Kreis, so liegen die den einzelnen Schrauben ·entsprechenden Punkte um so näher aneinander, je weiter diese Schrauben vom Flächenschwerpunkt entfernt sind, während die dicht am Kreise r liegenden Schrauben beinahe die Teilung e auf dem Kreis behalten. Demnach kommt auf jede dieser naheliegenden Schrauben ein dem Werte $\frac{e}{2\pi r}$ entsprechender Teil der Last P.

X. Anker und Stehbolzen.

1. Die Beanspruchung soll
bei geschweißten Ankern und Stehbolzen
aus Schweißeisen . . . . 3,5 kg/qmm,
bei ungeschweißten Ankern und Stehbolzen
aus Schweißeisen 5   »   ,
bei ungeschweißten Ankern und Stehbolzen
aus Flußeisen 6   »   ,
bei Ankern und Stehbolzen aus Kupfer für
Dampftemperaturen bis 200° C 4   »
nicht überschreiten.

2. Es empfiehlt sich, die mit Muttern versehenen Längsanker
mit Gewinde in die Stirnplatten oder Rohrplatten einzuschrauben,
außerdem nicht nur außen, sondern auch innen mit Unterlegscheiben und mit Muttern zu versehen. Die Ankerröhren sind
mit Gewinde einzuziehen und aufzuwalzen.

3. Die Länge der Eckanker soll so groß wie irgendmöglich sein.

4. Es empfiehlt sich, in Dampfkesseln mit Flammrohren diejenigen Niete, welche die Eckanker mit der Stirnplatte verbinden,
mindestens 200 mm vom Flammrohrumfang abstehen zu lassen.

5. Der Querschnitt der Eckanker soll im Verhältnis ihrer
Neigung zur Kesselachse größer werden als derjenige der Längsanker.

6. Die zur Befestigung der Eckanker dienenden Bolzen und Niete
sind den wirkenden Kräften entsprechend reichlich zu bemessen.

7. Werden ebene Stirnwände durch Aufnieten von I-Trägern
u. dgl. versteift, so sollen diese ihre Belastung möglichst unmittelbar auf den Kesselmantel übertragen.

8. Bei der Versteifung feuerberührter ebener Flächen durch
Stehbolzen sollte der Stehbolzenabstand im allgemeinen nicht
größer als 200 mm sein.

XI. Bügel- oder Deckenträger für Feuerbüchsdecken.[1])

1. Die freitragenden, nicht aufgehängten Träger sind wie ein
Balken zu berechnen, der auf die Entfernung l (vgl. Fig. 21) frei
aufliegt und an den Stützstellen der Decke durch die Kräfte be-

---

[1]) Für Schiffskessel gelten andere Vorschriften (vgl. S. 138).

lastet wird, welche sich für die auf ihn entfallenden Deckenfelder (vgl. Fig. 23) ergeben.

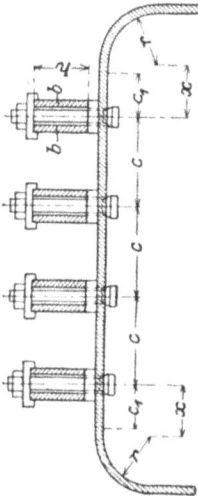

Fig. 22.

2. Dabei ist die Tragfähigkeit des Deckenbleches an sich außer Betracht gelassen. Die Abmessung c_1 bestimmt die Erstreckung desjenigen Teiles der Decke, welcher nach dem Rande zu seine Belastung auf den Randträger absetzt, im Durchschnitt c_1 etwa $= \frac{2}{3} x$.

3. Unter den in Fig. 21 bis 23 angenommenen Verhältnissen ergibt sich mit p als größtem Betriebsüberdrucke bei den zwei Randträgern[1]):

für die die Stellen A belastende Kraft

$$P_a = \left(c_1 + \frac{c}{2}\right)\left(\frac{e_1}{2} + \frac{e}{2}\right)p,$$

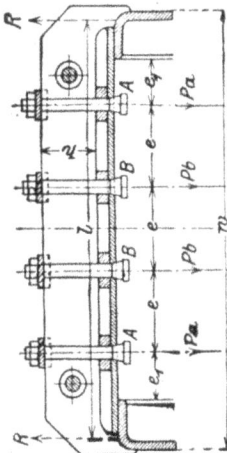

Fig. 21.

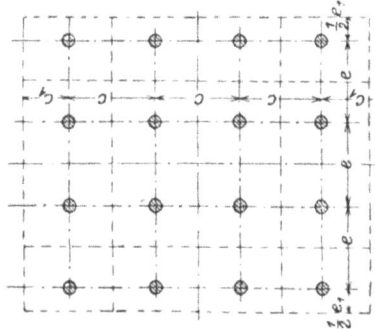

Fig 23.

für die die Stellen B belastende Kraft $P_b = \left(c_1 + \frac{c}{2}\right)e\,p$; bei den 2 Mittelträgern:

---

[1]) Vgl. Bach, Maschinenelemente, 10. Aufl., S. 220.

für die die Stellen A belastende Kraft $P_a = c\left(\dfrac{e_1}{2} + \dfrac{e}{2}\right) p$,

für die die Stellen B belastende Kraft $P_b = c \cdot ep$,

die Auflagerkraft an den Trägerenden:

$$R = P_a + P_b,$$

das größte biegende Moment im Querschnitt bei B und in den Querschnitten zwischen BB

$$M_b = R\left(\dfrac{l}{2} - \dfrac{e}{2}\right) - P_a \cdot e$$

und somit in

$$M_b \leqq \dfrac{\Theta}{e'} k_b \ldots 22$$

die Gleichung zur Berechnung des Trägerquerschnitts, worin bedeutet:

Θ dessen Trägheitsmoment,

e' den Abstand der am stärksten beanspruchten Faser von der Nullachse;

für rechteckigen Querschnitt, wie in Fig. 22 angenommen, ist

$$\dfrac{\Theta}{e'} = \dfrac{1}{6}\,2b \cdot h^2 = \dfrac{1}{3}\,b\,h^2;$$

k_b die zulässige Biegungsanstrengung des Trägermaterials, welche für zähes Material (Schweißeisen, Flußeisen, Flußstahl, Stahlguß) zu ¼ der Zugfestigkeit in Rechnung gestellt werden darf. Falls ein Nachweis der Zugfestigkeit nicht vorliegt, kann für die genannten Materialien $k_b = 9$ kg/qmm eingeführt werden.

4. Werden die Deckenträger aufgehängt, so sind sie den veränderten Belastungsverhältnissen entsprechend zu berechnen.

XII. Mannlöcher und sonstige Ausschnitte.

1. Im allgemeinen sollen die ovalen Mannlöcher mindestens 300×400 mm weit sein; hiervon ist nur dann abzuweichen, wenn die Anbringung derart[1]) bemessener Mannlöcher mit Schwierigkeiten verknüpft ist. Die geringste zulässige Weite ist in diesem Ausnahmefalle 280×380 mm.

---

[1]) Änderung durch Bekanntmachung des Reichskanzlers vom 2. 3. 1912, Z. 1912, S. 161.

2. Die in den **Dampfdom** führenden Öffnungen sind stets so zu bemessen, daß das Innere des Domes sowie dessen Decken- und Randkrempen der Untersuchung zugänglich bleiben.

3. Verschlußdeckel oder Mannlocheinfassungen (Rahmen) dürfen nicht aus Gußeisen oder Temperguß hergestellt werden. Sie müssen so gestaltet sein, daß die Packung nicht herausgedrückt werden kann.

4. Es empfiehlt sich, die Schraubenbolzen der Mannlochdeckel bei Kesseln für hohe Dampfspannung mit Gewinde einzusetzen und zu vernieten.

5. Die Ränder der Mannloch- und der sonstigen Ausschnitte sind stets dann wirksam zu versteifen, wenn durch das Einschneiden der Löcher eine unzulässige Verschwächung des Bleches gegenüber dem beabsichtigten Drucke eintritt, oder wenn zu befürchten steht, daß das Blech durch das Anziehen der Bügel u. dgl. durchgespannt wird.

XIII. Allgemeines.[1])

Kesselarbeit kann nur dann als beste angesehen und die Sicherheitskoeffizienten für die Festigkeit der Mantelbleche können nur dann nach Abschnitt III gewählt werden, wenn den folgenden Anforderungen entsprochen ist:

  a) Das Zurichten und Bearbeiten des Materials, wie Biegen und Bördeln der Bleche, das Bohren der Löcher usw., ist mit möglichster Vorsicht und in sachgemäßer Weise auszuführen. Nicht genau übereinanderliegende Nietlöcher sind durch Aufreiben nachzuarbeiten. Das Vernieten ist sorgfältig vorzunehmen und beim Verstemmen ist zu beachten, daß die Bleche nicht verletzt werden;

  b) Bleche mit eingerissenen Kanten sowie fehlerhafte Niete sind zu entfernen und durch fehlerfreie zu ersetzen;

  c) die Mantelbleche und Laschen zylindrischer Kessel aus Schweißeisen müssen mit der Längsfaser gebogen sein[2]).

---

[1]) Dieser Abschnitt ist durch Bekanntmachung des Reichskanzlers vom 14. 12. 13, Z. 1914, S. 43 eingefügt worden. Demgemäß hat die Schlußbemerkung die Ziff. XIV erhalten.

[2]) Für Schiffskessel ist diese Vorschrift auch für Flußeisen vorgesehen. Ferner sind bei Schiffskesseln alle Nähte möglichst innen und außen zu verstemmen. (Über die Bedeutung des Verstemmens s. S. 140, Anm. 2)

XIV. Schlußbemerkung.

Ist es gegebenenfalls nicht möglich, auf dem Wege der Rechnung die Widerstandsfähigkeit eines Kessels oder einzelner Teile desselben festzustellen, so ist der Weg des Versuchs zu beschreiten.

Die Druckprobe wird in solchen Fällen zur Festigkeitsprobe und ist dann mit dem zweifachen Betrage des beabsichtigten Betriebsüberdrucks auszuführen[1]).

---

[1]) Eine solche Druckprobe ist nicht in allen Fällen erforderlich, z. B. nicht, wenn Zweifel bei der Berechnung ebener Rauchrohrwände entstanden sind (18. 11. 12, III 5983, Z. 1912, S. 545) (vgl. auch Anm. 2, S. 78).

5. Bekanntmachung, betreffend allgemeine polizeiliche Bestimmungen über die Anlegung von Schiffsdampfkesseln vom 17. Dezember 1908.[1])

Auf Grund des § 24 Abs. 2 der Gewerbeordnung[2]) hat der Bundesrat nachstehende Allgemeine polizeiliche Bestimmungen über die Anlegung[2]) von Schiffsdampfkesseln erlassen.

I. Geltungsbereich der Bestimmungen.

§ 1.

1. Als Dampfkessel im Sinne der nachstehenden Bestimmungen gelten alle geschlossenen Gefäße[2]), die den Zweck haben, Wasserdampf[2]) von höherer als der atmosphärischen Spannung zur Verwendung außerhalb des Dampfentwicklers zu erzeugen.

2. Als Schiffsdampfkessel (Schiffskessel) gelten alle auf schwimmenden und im Wasser beweglichen Bauten aufgestellten, dauernd mit ihnen verbundenen Dampfkessel[3]).

3. Den Bestimmungen für Schiffskessel werden nicht unterworfen[2]):

    a) die Schiffskessel der Kriegsmarine; die Vorschriften über den Bau, die Ausrüstung, Prüfung und Aufstellung dieser Kessel erläßt der Staatssekretär des Reichs-Marineamts;

---

[1]) Abänderungen und Anmerkungen, die für Land- und Schiffsdampfkessel gemeinsam gelten, sind nur in den Bestimmungen für Landdampfkessel aufgeführt; hier wird darauf entsprechend verwiesen werden.

[2]) S. Bestimmungen über Landkessel.

[3]) Darunter fallen auch solche Dampfkessel, die nicht zur Bewegung des Schiffes dienen.

b) Schiffskessel, die für das Ausland gebaut werden, auch
wenn solche Kessel behufs ihrer Erprobung im Deutschen Reiche in Betrieb genommen werden;

c) Schiffskessel fremder Staaten, die vorübergehend in deutschen Gewässern betrieben werden;

d) Behälter, in denen Dampf, der einem anderen Dampfentwickler entnommen ist, durch Einwirkung von Feuer
besonders erhitzt wird (Dampfüberhitzer)[1]),

e) Kessel, die mit einer Einrichtung versehen sind, welche
entweder verhindert, daß die Dampfspannung ½ at
Überdruck übersteigen kann (Niederdruckkessel)[2]) *oder
bewirkt, daß der Kessel hierbei abzublasen beginnt, und
bei einer Überschreitung des angegebenen Überdrucks um
10vH den Kessel bis auf den atmosphärischen Druck entlastet*[3]). Als Einrichtungen dieser Art gelten:

α) ein unverschließbares, vom Wasserraum ausgehendes
Standrohr von nicht über 5000 mm Höhe und mindestens 80 mm Lichtweite;

β) ein vom Dampfraum ausgehendes, nicht abschließbares Rohr in Heberform oder mit mehreren auf-
und absteigenden Schenkeln, dessen aufsteigende Äste
bei Wasserfüllung zusammen nicht über 5000 mm,
bei Quecksilberfüllung nicht über 370 mm Länge
haben dürfen, wobei die Lichtweite dieser Rohre so
bemessen werden muß, daß auf 1 qm Heizfläche (§ 3
Abs. 3) ein Rohrquerschnitt von mindestens 350 qmm
entfällt. Die Lichtweite der Rohre muß mindestens
30 mm betragen und braucht 80 mm nicht zu überschreiten;

γ) jede andere von der Zentralbehörde des zuständigen
Bundesstaats genehmigte Sicherheitsvorrichtung;

---

[1]) Die Überhitzeranlagen auf Seeschiffen unterliegen bestimmten
Anforderungen hinsichtlich des Materials, des Baues und der Zubehör-
teile; sie sind einer Bauprüfung und Abnahme sowie gelegentlich der
entsprechenden Kesseluntersuchungen regelmäßigen Besichtigungen und
Wasserdruckproben unterworfen. (Vereinbarung der beteiligten Bundesstaaten, 23. 12. 12, III 8930, Z. 1913, S. 54.)

[2]) S. Bestimmungen über Landkessel.

[3]) Änderung durch Bekanntmachung des Reichskanzlers vom 5. 8.
1914, Z. 1914, S. 438.

f) Zwergkessel, d. h. Dampfentwickler, deren Heizfläche ¹/₁₀ qm und deren Dampfspannung 2 at Überdruck nicht übersteigt, sofern sie mit einem zuverlässigen Sicherheitsventil ausgerüstet sind.

II. Bau.[1])

§ 2. Kesselwandungen.

1. Jeder Schiffskessel muß in bezug auf Baustoff, Ausführung und Ausrüstung den anerkannten Regeln der Wissenschaft und Technik entsprechen. Als solche Regeln gelten bis auf weiteres die in den Anlagen 1 und 2[2]) zusammengestellten Grundsätze, welche entsprechend den Bedürfnissen der Praxis und den Ergebnissen der Wissenschaft auf Antrag oder nach Anhörung einer durch Vereinbarung der verbündeten Regierungen anerkannten Sachverständigenkommission[1]) fortgebildet werden.

2. Die von den Heizgasen berührten Teile der Wandungen der Schiffskessel dürfen nicht aus Gußeisen oder Temperguß hergestellt werden; andere nur, sofern ihre lichten Querschnitte kreisförmig sind und ihre lichte Weite 250 mm nicht übersteigt. Für höhere Dampfspannungen als 10 at Überdruck ist Gußeisen oder Temperguß in keinem Teile der Kesselwandungen gestattet. Formflußeisen darf für alle nicht im ersten Feuerzuge liegenden Teile der Wandungen benutzt werden. Auf Gehäusewandungen von Dampfzylindern, die mit dem Schiffskessel verbunden sind, finden die vorstehenden Bestimmungen keine Anwendung[1]).

3. Als Wandungen der Schiffskessel gelten die Wandungen derjenigen Räume, welche zwischen den Absperrventilen (§ 6 Abs. 1, 2 und 3) liegen. Den Kesselwandungen sind die mit ihnen verbundenen Anschlußteile[1]) gleich zu achten.

4. Die Verwendung von Messingblech ist nur für Feuerrohre gestattet, deren lichte Weite 80 mm nicht übersteigt.

§ 3. Feuerzüge.

1. Die Feuerzüge der Binnenschiffskessel müssen an ihrer höchsten Stelle mindestens 100 mm unter dem festgesetzten nied-

---

[1]) S. Bestimmungen über Landkessel.
[2]) S. S. 110 und 127.

rigsten Wasserstande liegen. Bei Seeschiffskesseln[1]) und solchen
Binnenschiffskesseln, deren Wasseroberfläche kleiner als das 1,3-
fache der gesamten Rostfläche[2]) ist, muß dieser Abstand mindestens 150 mm betragen[2]). Die vorgeschriebenen Mindestabstände
müssen auch dann noch gewahrt werden, wenn sich der Schiffs-
körper um 4° nach den Seiten neigt. Bei Innenzügen ist der Mindestabstand über den von den Heizgasen berührten Blechen zu
messen.

2. Die Bestimmungen über die Höhenlage der Feuerzüge finden keine Anwendung auf Schiffskessel, deren von den Heizgasen
berührte Wandungen ausschließlich aus Wasserrohren von weniger
als 100 mm Lichtweite oder aus derartigen Rohren und den zu
ihrer Verbindung angewendeten Rohrstücken[2]) bestehen, sowie auf
solche Feuerzüge, in welchen ein Erglühen des mit dem Dampfraum in Berührung stehenden Teiles der Wandungen nicht zu
befürchten ist. Die Gefahr des Erglühens ist in der Regel[2]) als
ausgeschlossen zu betrachten, wenn die vom Wasser bespülte
Kesselfläche, welche von den Heizgasen vor Erreichung der vom
Dampfe bespülten Kesselfläche bestrichen wird, bei natürlichem
Luftzuge mindestens zwanzigmal, bei künstlichem Luftzuge mindestens vierzigmal so groß ist als die gesamte Rostfläche. Bei
Schiffskesseln ohne Rost ist der vierfache Betrag des Querschnitts
des ersten Feuerzugs, unter Ausschluß des verengten Querschnitts
über der Feuerbrücke als der Rostfläche gleichstehend zu erachten.

3. Als Heizfläche der Schiffskessel gilt der auf der Wasserseite gemessene Flächeninhalt der einerseits von den Heizgasen,
anderseits vom Wasser berührten Wandungen[3]).

4. Als künstlicher Luftzug gilt jeder durch andere Mittel als
den Schornsteinzug erreichte Luftzug, welcher bei saugender Wirkung in der Regel mehr als 25 mm Wassersäule, gemessen hinter
dem letzten Feuerzuge, bei Preßluft mehr als 30 mm Wassersäule,
gemessen unter dem Roste, beträgt[2]).

---

[1]) Diese Bestimmungen für Seeschiffskessel sind gegenüber den Bestimmungen für Landkessel verschärft, um bei Neigungen des Schiffes
noch genügend Sicherheit zu bieten.

[2]) S. Bestimmungen über Landkessel.

[3]) Bei Landkesseln wird die Heizfläche auf der Feuerseite gemessen.
Die anderweitige Festsetzung für Schiffskessel entspricht dem überein-
stimmenden Gebrauch der ausländischen Handelsmarine (vgl. S. 18).

III. Ausrüstung.

§ 4. Speisevorrichtungen.

1. Jeder Schiffskessel muß mit mindestens zwei[1]) zuverlässigen[1]) Vorrichtungen zur Speisung versehen sein, die nicht von derselben Betriebsvorrichtung abhängig sind. Mehrere zu einem Betriebe vereinigte Schiffskessel werden hierbei als ein Kessel angesehen.

2. Jede der Speisevorrichtungen muß imstande sein, dem Kessel doppelt so viel Wasser zuzuführen, als seiner normalen Verdampfungsfähigkeit[1]) entspricht. Bei Pumpen, die unmittelbar von der Hauptbetriebsmaschine angetrieben werden (Maschinenspeisepumpen) genügt das $1\frac{1}{2}$ fache der normalen Verdampfungsfähigkeit. Zwei oder mehrere Speisevorrichtungen, die zusammen die geforderte Leistung ergeben, sind als eine Speisevorrichtung anzusehen. Maschinenspeisepumpen werden, wenn die Kessel beim Stillstande der Maschine auch noch anderen Zwecken dienen, nur dann als zweite Speisevorrichtung angesehen, wenn es dem regelmäßigen Betrieb entspricht, daß die Maschine zum Speisen in Gang gesetzt wird. Eine der Speisevorrichtungen der Hauptkessel kann auch als Speisevorrichtung für Hilfskessel dienen, wenn die Druckleitungen der Pumpe voneinander getrennt sind[2]).

3. Handpumpen sind nur zulässig, wenn das Produkt aus der Heizfläche in Quadratmeter und der Dampfspannung in Atmosphären Überdruck die Zahl 120 nicht übersteigt[1]).

§ 5. Speiseventile und Speiseleitungen.

1. Schiffskessel müssen mindestens zwei Speiseleitungen[3]) erhalten. In jeder zum Schiffskessel führenden Speiseleitung muß möglichst nahe am Kesselkörper ein Speiseventil (Rückschlagventil) angebracht sein, das bei Abstellung der Speisevorrichtungen durch den Druck des Kesselwassers geschlossen wird.

2. Die Speiseleitungen müssen möglichst so beschaffen sein, daß sich der Schiffskessel bei undichtem Rückschlagventile nicht durch die Speiseleitung entleeren kann[1]). Haben Speisevorrich-

---

[1]) S. Bestimmungen über Landkessel.

[2]) Die im letzten Satz enthaltene Erleichterung ist für Landkessel nicht vorgesehen.

[3]) Für Landdampfkessel genügt eine Speiseleitung für beide Speisevorrichtungen (s. S. 20).

tungen gemeinschaftliche Sauge- oder Druckleitung, so muß jede Speisevorrichtung von der gemeinschaftlichen Leitung abschließbar sein[2]). Speiseleitungen, die mit einer von der Hauptmaschine oder von einer Transmission aus angetriebenen Pumpe zusammenhängen, müssen mit einem Sicherheitsventile versehen sein[1]). Schiffskessel mit verschieden hohem Betriebsdrucke müssen je für sich gespeist werden können.

§ 6. Absperr- und Entleerungsvorrichtungen.

1. Jeder Schiffskessel muß mit einer Vorrichtung versehen sein, durch die er von der Dampfleitung abgesperrt werden kann. Wenn mehrere Kessel, die für verschiedene Dampfspannung genehmigt sind, ihre Dämpfe in gemeinschaftliche Dampfleitungen abgeben, so müssen die Anschlüsse der Kessel mit niedrigerem Drucke an die gemeinsame Dampfleitung unter Zwischenschaltung eines Rückschlagventils erfolgen[2]). Durch die Anwendung von Druckminderventilen oder Druckreglern wird das Rückschlagventil nicht entbehrlich gemacht.

2. Jeder Schiffskessel muß zwischen dem Speiseventil und dem Kesselkörper eine Absperrvorrichtung erhalten, auch wenn das Speiseventil abschließbar ist.

3. Jeder Schiffskessel muß mit einer zuverlässigen Vorrichtung versehen werden, durch die er entleert werden kann.

4. Die Speiseabsperrvorrichtungen und die Entleerungsvorrichtungen[3]) müssen ebenso wie alle anderen Absperrvorrichtungen (§ 5 Abs. 2, § 6 Abs. 1) so angebracht werden, daß der verantwortliche Wärter sie leicht bedienen kann[2]).

§ 7. Wasserstandsvorrichtungen.

1. Jeder Schiffskessel muß mit mindestens drei[4]) geeigneten Vorrichtungen zur Erkennung seines Wasserstandes versehen sein, von denen wenigstens zwei Wasserstandsgläser[2]) sein müssen.

---

[1]) Diese Vorschrift besteht für Landkessel nicht.

[2]) S. Bestimmungen über Landkessel.

[3]) Bei Landkesseln müssen diese Einrichtungen auch gegen die Einwirkung der Heizgase geschützt sein; für Schiffskessel wird diese Anforderung nicht gestellt.

[4]) Für Landkessel sind nur zwei Vorrichtungen erforderlich, von denen nur eine ein Wasserstandsglas zu sein braucht.

Letztere sind in einer zur Längsrichtung des Schiffes rechtwinkligen Ebene in gleicher Höhe und Entfernung von der Kesselmitte,
möglichst weit von ihr nach rechts und links abstehend, anzubringen. Bei Seeschiffskesseln kann der Abstand der Wasserstandsgläser voneinander bis auf 1000 mm eingeschränkt werden, falls
nicht der Kesseldurchmesser oder andere Verhältnisse ein noch
geringeres Maß bedingen. Wird bei Schiffskesseln mit Feuerungen
an beiden Enden nur eine der beiden Feuerungsseiten mit den
vorgeschriebenen drei Wasserstandsvorrichtungen versehen, so muß
an der anderen Seite mindestens ein Wasserstandsglas möglichst
nahe der Kesselmitte angebracht werden[1]). Schwimmer und
Schmelzpfropfen werden nicht als Wasserstandsvorrichtungen gerechnet; Spindelventile, die nicht durchstoßbar sind oder sich
ganz herausdrehen lassen, sind nicht zulässig.

2. Die Vorrichtungen müssen gesonderte Verbindungen mit
dem Kessel haben[2]). Es ist jedoch gestattet, falls die Verbindung
von Wasserstandsgläsern mit dem Dampfraume des Kessels durch
Rohre hergestellt wird, diese durch eine gemeinsame Öffnung in
den Kessel zu führen, wenn die Öffnung mindestens dem Gesamtquerschnitte beider Rohre gleich ist. Werden die Wasserstandsvorrichtungen durch Rohre mit dem Kessel verbunden, so müssen
die Verbindungsrohre ohne scharfe Krümmungen unter Vermeidung
von Wasser- und Dampfsäcken geführt sein. Gerade, nach dem
Kessel durchstoßbare Verbindungsrohre müssen mindestens 20 mm,
gebogene Verbindungsrohre bei Kesseln bis zu 25 qm Heizfläche
mindestens 35 mm, über 25 qm Heizfläche mindestens 45 mm
lichten Durchmesser haben. Gebogene Zuleitungsrohre im Innern
des Kessels zum Anschluß an die Wasserstandsvorrichtungen sind
nicht gestattet.

3. Die Lichtweiten der Wasserstandsgläser sowie die Bohrungen der Wasserstandsvorrichtungen müssen mindestens 8 mm
betragen. Die Hähne und Ventile der Wasserstandsvorrichtungen
müssen so eingerichtet sein, daß man während des Betriebs
in gerader Richtung durch die Vorrichtungen hindurch stoßen

---

[1]) Für Landkessel bestehen keine Vorschriften über die Anordnung
der Wasserstandsvorrichtungen.

[2]) Die für Landkessel vorgesehene Anordnung eines gemeinschaftlichen Wasserstandskörpers kommt für Schiffskessel nicht in Frage, weil
zwischen den Wasserstandsgläsern ein größerer Abstand bestehen soll.

7*

kann[1]). Wasserstandshahnköpfe müssen so ausgeführt sein, daß das Dichtungsmaterial nicht in das Glas gepreßt werden kann[1]).

4. Alle Hahnkegel der Wasserstandsvorrichtungen müssen sich ganz durchdrehen lassen[1]). Die Durchgangsrichtung muß bei allen Hähnen deutlich auf dem Hahnkopfe gekennzeichnet sein. Die Bohrung der Hahnkegel an Wasserstandsvorrichtungen muß so beschaffen sein, daß sich der Durchgangsquerschnitt beim Nachschleifen nicht vermindert.

5. Werden Probierhähne oder Probierventile angewendet, so müssen sie so am Kessel angebracht werden, daß sie in ihrer Wirksamkeit durch die Neigungen des Schiffes möglichst wenig beeinflußt werden. Die unterste dieser Vorrichtungen ist in der Ebene des festgesetzten niedrigsten Wasserstandes anzubringen. Die Höhenlage der Wasserstandsgläser ist so zu wählen, daß sich der höchste Punkt der Feuerzüge mindestens 30 mm unterhalb der unteren sichtbaren Begrenzung des Wasserstandsglases befindet[1]). Dabei darf der niedrigste Wasserstand nicht höher als in der Mitte des Glases liegen[2]). Die Bestimmungen über die Höhenlage der Wasserstandsgläser gelten nicht für Kessel, deren von den Heizgasen berührte Wandungen ausschließlich aus Wasserrohren von weniger als 100 mm Lichtweite oder aus solchen Rohren und den zu ihrer Verbindung angewendeten Rohrstücken bestehen[1]).

6. Es müssen Einrichtungen für ständige genügende Beleuchtung der Wasserstandsvorrichtungen während des Betriebs vorhanden sein. Die Wasserstandsvorrichtungen müssen im Gesichtskreise des für die Speisung verantwortlichen Wärters liegen und von seinem Standorte leicht zugänglich sein[1]).

§ 8.   Wasserstandsmarke.

1. An jedem Schiffskessel ist der festgesetzte niedrigste Wasserstand durch eine an der Kesselwandung anzubringende feste Strichmarke[1]) von etwa 30 mm Länge, die von den Buchstaben N. W. begrenzt wird, dauernd kenntlich zu machen. Die Strichmarke ist bei der Bauprüfung des Schiffskessels festzulegen und ihre Höhenlage durch Angabe ihres Abstandes von einem jederzeit erreichbaren Kesselteil in der über die Abnahmeprüfung aufzunehmenden Bescheinigung dann zu sichern, wenn die Marke nicht sichtbar bleibt.

---

[1]) S. Bestimmungen über Landkessel.
[2]) Dieser Satz fehlt in den Bestimmungen für Landkessel.

2. Werden die Wasserstandsvorrichtungen unmittelbar an der Kesselwandung angebracht, so ist neben oder hinter jedem Wasserstandsglas in Höhe der Strichmarke ein Schild mit der Bezeichnung »Niedrigster Wasserstand« mit einem bis nahe an das Wasserstandsglas reichenden wagerechten Zeiger anzubringen. Werden die Wasserstandsvorrichtungen an besonderen Wasserstandskörpern oder Rohren befestigt, so ist mit diesen in Höhe der Strichmarke neben oder hinter jedem Wasserstandsglase das vorbezeichnete Schild mit dem Zeiger zu verbinden.

3. An jedem Schiffskessel ist an der Außenwand oder, sofern die Wasserstandsgläser durch Rohre mit dem Kessel verbunden werden, an den Wasserstandskörpern die Lage der höchsten Feuerzüge nach der Richtung der Schiffsbreite in leicht erkennbarer, dauerhafter Weise durch die auf einem Schilde anzubringende Bezeichnung »Höchster Feuerzug« kenntlich zu machen. Bei Kesseln, deren von den Heizgasen berührte Wandungen ausschließlich aus Wasserrohren von weniger als 100 mm Lichtweite oder aus derartigen Rohren und den zu ihrer Verbindung angewendeten Rohrstücken bestehen, bedarf es der Anbringung eines Schildes nicht[1]).

4. Für Schiffskessel mit weniger als 25 qm Heizfläche kann, wenn es an Platz mangelt, die Bezeichnung »Niedrigster Wasserstand« in N. W. und »Höchster Feuerzug« in H. F. abgekürzt werden. Die Schilder sind dauerhaft, aber weder mit den Schrauben der Armaturgegenstände noch an der Bekleidung zu befestigen.

§ 9. Sicherheitsventil.

1. Jeder Schiffskessel ist mit wenigstens zwei[2]) zuverlässigen[3]) Sicherheitsventilen zu versehen. Die Sicherheitsventile müssen zugänglich und so beschaffen sein, daß sie jederzeit gelüftet[3]) und auf ihrem Sitze gedreht werden können. Bei Ventilen, die durch Hebel und Gewicht belastet werden, darf der auf jedes Ventil durch den Dampf ausgeübte Druck 600 kg[3]) nicht überschreiten. Die Belastungsgewichte der Ventile müssen je aus einem Stücke

---

[1]) Die in Abs. 3 enthaltenen Vorschriften bestehen nicht für Landkessel.

[2]) Für feststehende Landkessel ist nur ein Sicherheitsventil erforderlich.

[3]) S. Bestimmungen über Landkessel.

bestehen. Ihre Belastung muß unabhängig voneinander erfolgen[1]). Der Dampf darf den Ventilen nicht durch Rohre zugeführt werden, die innerhalb des Kessels liegen[1]). Geschlossene Ventilgehäuse müssen in ihrem tiefsten Punkte mit einer nicht abschließbaren Entwässerungsvorrichtung versehen sein. Bei Hebelventilen ist die Stellung des Gewichts durch Splinte, bei Federventilen die Spannung der Federn durch Sperrhülsen oder feste Scheiben zu sichern. Geteilte Scheiben sind nur zulässig, wenn sie unter Verschluß gehalten werden[2]).

2. Die Sicherheitsventile dürfen höchstens so belastet werden, daß sie bei Eintritt der für den Kessel festgesetzten Dampfspannung den Dampf entweichen lassen. Ihr Gesamtquerschnitt muß bei normalem Betrieb imstande sein, soviel Dampf abzuführen, daß die festgesetzte Dampfspannung höchstens um $1/_{10}$ ihres Betrags überschritten wird[1]). Änderungen in den Belastungsverhältnissen, die den Druck des Ventilkegels gegen den Sitz erhöhen, sind durch die amtlichen Sachverständigen vorzunehmen[1]); jedoch dürfen auf Seeschiffen in längerer Fahrt federbelastete Ventile von dem leitenden Maschinisten unter Anwendung eines Kontrollmanometers berichtigt werden[2]). Der Maschinist ist jedoch verpflichtet, der zur regelmäßigen Beaufsichtigung des Kessels zuständigen Stelle hiervon ungesäumt schriftliche Mitteilung zu machen.

3. Wenigstens einem Ventil ist, mit Ausnahme der Kessel auf Seeschiffen, eine solche Stellung zu geben, daß die vorgeschriebene Belastung vom Deck aus mit Leichtigkeit untersucht werden kann.

4. Über jede Änderung der bei der amtlichen Abnahme festgesetzten Belastung ist von dem dazu Berechtigten ein Vermerk in das Revisionsbuch (§ 19) aufzunehmen.

§ 10. Manometer.

1. Mit dem Dampfraume[1]) jedes Schiffskessels müssen zwei[3]) zuverlässige[1]), nach Atmosphären (§ 12) geteilte Manometer verbunden sein. An dem Zifferblatte der Manometer ist die festgesetzte höchste Dampfspannung durch eine unveränderliche, in die Augen

---

[1]) S. Bestimmungen über Landkessel.

[2]) Den Schlüssel zu diesem Verschluß hat der erste Maschinist zu führen. Bei Berichtigungen der Federbelastung sind die geteilten Scheiben anzupassen und wieder unter Verschluß zu legen (24. 6. 13, III 5855, Z. 1913, S. 368).

[3]) Für Landkessel ist nur ein Manometer erforderlich.

fallende Marke zu bezeichnen. Die Manometer müssen die Ablesung des bei der Druckprobe anzuwendenden Probedrucks (§§ 12 und 13) gestatten. Sie sind so anzubringen, daß sie gegen die vom Kessel ausstrahlende Hitze möglichst geschützt sind. Die Leitung zum Manometer muß mit einem Wassersacke versehen und zum Ausblasen eingerichtet sein.

2. Die Manometer müssen so angebracht werden, daß sich das eine im Gesichtskreise des Kesselwärters, das andere, mit Ausnahme bei Seeschiffen, an einer vom Deck aus leicht sichtbaren Stelle befinden muß. Sind auf einem Schiffe mehrere Kessel vorhanden, deren Dampfräume miteinander in Verbindung stehen, so genügt es, wenn außer einem an jedem einzelnen Kessel befindlichen Manometer die miteinander verbundenen Dampfräume ein gemeinsames Manometer erhalten, welches vom Deck — bei Seeschiffen vom Maschinistenstand — aus sichtbar ist. Bei Schiffskesseln mit Feuerungen an beiden Enden muß an jedem Ende ein Manometer angebracht sein[1]).

§ 11. Fabrikschild.

1. An jedem Schiffskessel muß die festgesetzte höchste Dampfspannung[2]), der Name und Wohnort des Fabrikanten[2]), die laufende Fabriknummer, das Jahr der Anfertigung[2]) und der Mindestabstand des festgesetzten niedrigsten Wasserstandes von der höchsten Stelle der Feuerzüge in mm[3]) auf eine leicht erkennbare und dauerhafte Weise angegeben sein.

2. Diese Angaben sind auf einem metallenen Schilde (Fabrikschild)[2]) anzubringen, das mit versenkt vernieteten kupfernen Stiftschrauben[2]) so am Kessel befestigt werden muß, daß es auch nach der Ummantelung oder Einmauerung des letzteren sichtbar bleibt.

IV. Prüfung.

§ 12. Bauprüfung, Druckprobe und Abnahme neu oder erneut zu genehmigender Schiffskessel.

1. Jeder neu oder erneut[2]) zu genehmigende Schiffskessel ist vor der Inbetriebnahme von einem zuständigen Sachverständigen

---

[1]) Diese Vorschriften entsprechen den besonderen Anforderungen des Schiffsbetriebes.

[2]) S. Bestimmungen über Landkessel.

[3]) Diese Vorschrift ist für Landkessel nicht vorgesehen.

einer Bauprüfung, einer Prüfung mit Wasserdruck und der nach § 24 Abs. 3 der G.O. vorgeschriebenen Abnahmeprüfung zu unterziehen[1]). Die Bauprüfung und Druckprobe müssen vor der Ummantelung des Kessels ausgeführt werden; sie sind möglichst miteinander zu verbinden. Die Bauprüfung kann jedoch auf Antrag des Fabrikanten auch während der Herstellung des Kessels vorgenommen werden. Bei *erneut*[2]) zu genehmigenden Schiffskesseln kann, wenn seit der letzten inneren Untersuchung noch nicht zwei Jahre verflossen sind, nach dem Ermessen des Sachverständigen von der Durchführung dieser Bestimmungen insoweit abgesehen werden, als eine erneute Prüfung[1]) für die Erneuerung der Genehmigung nicht erforderlich ist.

2. Die Bauprüfung erstreckt sich auf die planmäßige Ausführung der Abmessungen, den Baustoff und die Beschaffenheit des Kesselkörpers[1]). Bei ihrer Ausführung ist der Schiffskessel äußerlich und, soweit es seine Bauart gestattet, auch innerlich zu untersuchen. Vor Ausführung der Prüfung ist dem Sachverständigen bei neuen Schiffskesseln der Nachweis[1]) darüber zu erbringen, daß der zu den Wandungen des Kessels verwendete Baustoff nach Maßgabe der Anlage 1[3]) geprüft worden ist. Über die Bauprüfung hat der Sachverständige ein Zeugnis nach Maßgabe der Anlage 3[4]) auszustellen und mit diesem den Materialnachweis und — falls nicht eine bereits genehmigte Zeichnung vorgelegt wird — die den Abmessungen des Schiffskessels zugrunde gelegte Zeichnung zu verbinden. Vom Lieferer sind im letzteren Falle zwei Zeichnungen des Schiffskessels zur Verfügung des Sachverständigen zu halten. Bei erneut zu genehmigenden Schiffskesseln hat der Sachverständige in dem Zeugnis über die Bauprüfung zugleich ein Gutachten[1]) darüber abzugeben, mit welcher Dampfspannung der Kessel zum Betriebe geeignet erscheint.

3. Die Wasserdruckprobe erfolgt bei Schiffskesseln bis zu 10 at Überdruck mit dem 1½ fachen Betrage des beabsichtigten Überdrucks, mindestens aber mit 1 at Mehrdruck, bei Schiffskesseln über 10 at Überdruck mit einem Drucke, der den be-

---

[1]) S. Bestimmungen über Landkessel.

[2]) Berichtigung durch Bekanntmachung des Reichskanzlers vom 2.3. 1912, Z. 1912, S. 161.

[3]) S. 110.

[4]) S. 208.

absichtigten um 5 at übersteigt. Die Kesselwandungen müssen während der ganzen Dauer der Untersuchung dem Probedrucke widerstehen, ohne undicht zu werden oder bleibende Formveränderungen aufzuweisen. Sie sind für undicht zu erachten, wenn das Wasser bei dem Probedruck in anderer Form als der von feinen Perlen durch die Fugen dringt. Über die Prüfung mit Wasserdruck hat der Sachverständige ein Zeugnis nach Maßgabe der Anlage 4[1]) auszustellen.

4. Unter dem Atmosphärendrucke wird der Druck von einem kg auf das qcm verstanden.

5. Nachdem die Bauprüfung und die Wasserdruckprobe mit befriedigendem Erfolge stattgefunden haben, sind die Niete des Fabrikschildes (§ 11) von dem zuständigen Sachverständigen mit dem amtlichen Stempel[2]) zu versehen, der in dem Prüfungszeugnis über die Wasserdruckprobe[1]) abzudrucken ist. Einer Erneuerung des Stempels bedarf es bei alten, erneut zu genehmigenden Schiffskesseln nicht, wenn der alte Stempel noch gut erhalten ist und mit dem amtlichen Stempel des Sachverständigen übereinstimmt.

6. Die endgültige Abnahme der Schiffskesselanlage muß unter Dampf erfolgen. Dabei ist zu untersuchen, ob die Ausführung der Anlage den Bedingungen der erteilten Genehmigung entspricht. Nach dem befriedigenden Ausfalle dieser Untersuchung und der Behändigung der Abnahmebescheinigung[3]) oder einer Zwischenbescheinigung[2]) darf die Kesselanlage in Betrieb genommen werden.

§ 13. Druckproben nach Hauptausbesserungen.

1. Schiffskessel, die eine Hauptausbesserung[2]) erfahren haben oder durch Wassermangel oder Brandschaden überhitzt oder plötzlich im Betrieb unter Wasser gesetzt und abgekühlt worden sind, müssen vor der Wiederinbetriebnahme von einem zuständigen Sachverständigen einer Prüfung mit Wasserdruck in gleicher Höhe wie bei neu aufzustellenden Schiffskesseln unterzogen werden. Der völligen Bloßlegung des Kessels bedarf es in einem solchen Falle in der Regel nicht.

---

[1]) S. 203.

[2]) S. Bestimmungen über Landkessel.

[3]) S. S. 204.

2. Von der Außerbetriebsetzung eines Schiffskessels zum Zwecke einer Hauptausbesserung des Kesselkörpers hat der Kesselbesitzer oder sein Stellvertreter der zur regelmäßigen Prüfung des Schiffskessels zuständigen Stelle Anzeige zu erstatten[1]). Die gleiche Pflicht liegt dem Kesselbesitzer oder seinem Vertreter ob, wenn ein Schiffskessel durch Wassermangel oder Brandschaden überhitzt oder plötzlich im Betrieb unter Wasser gesetzt und abgekühlt wird.

3. Auf Seeschiffskessel finden diese Bestimmungen mit der Maßgabe Anwendung, daß der leitende Maschinist bei Hauptausbesserungen oder Beschädigungen der im Abs. 1 genannten Art während der Fahrt oder bei dem Aufenthalte des Schiffes außerhalb des Deutschen Reichs zur Ausführung der Druckprobe verpflichtet ist, jedoch ungesäumt entsprechende Anzeige an die zur regelmäßigen Beaufsichtigung des Schiffskessels zuständige Stelle zu erstatten hat. Diese hat zu entscheiden, ob die Druckprobe nach Rückkehr des Schiffes in einen deutschen Hafen amtlich zu wiederholen ist.

§ 14. Prüfungsmanometer.[1])

1. Der bei der Prüfung ausgeübte Druck muß durch ein von dem zuständigen Sachverständigen amtlich geführtes Doppelmanometer[1]) festgestellt werden.

2. An jeden Schiffskessel muß sich in der Nähe des Manometers (§ 10) am Manometerrohr ein mit einem Dreiwegehahn versehener Stutzen zur Anbringung des amtlichen Manometers befinden, der einen ovalen Flansch[1]) von 60 mm Länge und 25 mm Breite besitzt. Die Weite der Schlitze zur Einlegung der Befestigungsschrauben und die Öffnung des Stutzens muß 7 mm, die Länge der Schlitze 20 mm betragen.

V. Aufstellung.

§ 15.[2])

Die Schiffskessel sind sorgfältig im Schiffe zu lagern und gegen seitliche Verschiebung und Drehung sowie gegen Verschiebung nach vorn und hinten gehörig zu sichern.

---

[1]) S. Bestimmungen über Landkessel.

[2]) Für Landkessel sind den dort auftretenden Verhältnissen entsprechend wesentlich eingehendere Vorschriften gegeben. Die Vorschriften für Landkessel in § 16, 17 und 18 fallen für Schiffskessel fort.

VI. Allgemeine Bestimmungen.

§ 16.[1]) Aufbewahrung der Kesselpapiere.

1. Zu jedem Schiffskessel gehören[2]):

a) Eine Ausfertigung der Urkunde über seine Genehmigung nach Maßgabe der Anlage 6[3]) nebst den zugehörigen Zeichnungen und Beschreibungen. Die Urkunde muß einen Lageplan[4]) über die Aufstellung des Schiffskessels im Schiffe enthalten, der wenigstens den Schiffsteil, der zum Einbau des Kessels dient, mit den benachbarten Räumen sowie die Art der Befestigung und Lagerung des Kessels und die Armaturen umfaßt.

Mit der Urkunde sind die Bescheinigungen über die Bauprüfung, die Wasserdruckprobe und die Abnahme (§ 12) zu verbinden. Letztere Bescheinigung muß einen Vermerk über die zulässige Belastung der Sicherheitsventile enthalten. Gelangen in einer Anlage mehrere Schiffskessel von gleicher Größe, Form, Ausrüstung und Dampfspannung gleichzeitig zur Aufstellung, so ist für diese nur eine Urkunde[2]) erforderlich.

b) Ein Revisionsbuch nach Maßgabe der Anlage 7,[5]) das die Angaben des Fabrikschildes (§ 11) enthält. Die Bescheinigungen über die im § 13 vorgeschriebenen Prüfungen und die periodischen Untersuchungen müssen in das Revisionsbuch eingetragen oder ihm derart beigefügt werden, daß sie nicht in Verlust geraten können.

2. Die Genehmigungsurkunde nebst den zugehörigen Anlagen oder beglaubigte[2]) Abschriften dieser Papiere sowie das Revisionsbuch sind an der Betriebsstätte des Schiffskessels aufzubewahren und jedem zur Aufsicht zuständigen Beamten oder Sachverständigen auf Verlangen vorzulegen.

---

[1]) § 16 entspricht § 19 für Landkessel.

[2]) S. Bestimmungen über Landkessel.

[3]) S. S. 202.

[4]) Ein Lageplan ist in den entsprechenden Bestimmungen der A. p. B. für Landkessel nicht vorgesehen. Er ist jedoch auch für Landkessel nach § 10 IV der K.A. (S. 157) erforderlich.

[5]) S. S. 206.

§ 17. Entbindung von einzelnen Bestimmungen.

1. Bei Schiffskesseln, deren Heizfläche 7,5 qm nicht übersteigt, ist es zulässig[1]):

    a) nur ein Speiseventil anzubringen,

    b) von dem zweiten Manometer abzusehen,

    c) nur ein Wasserstandsglas und Probierhähne oder Probierventile anzubringen,

    d) den Mindestabstand des festgesetzten niedrigsten Wasserstandes über der höchsten Stelle der Feuerzüge für Schiffskessel auf 100 mm zu ermäßigen, wenn die Wasseroberfläche des Kessels größer als das 1,3fache der gesamten Rostfläche ist.

Die gleichen Erleichterungen sind zulässig bei Schiffskesseln der im § 3 Abs. 2 bezeichneten Art, auch wenn sie mit Wasserkammern und Oberkessel versehen sind, sofern ihre Heizfläche 10 qm nicht übersteigt.

2. Bei Schiffskesseln, deren Heizfläche 25 qm nicht übersteigt, ist es zulässig[1]):

    a) nur ein Speiseventil anzubringen,

    b) von der dritten Wasserstandsvorrichtung neben den beiden Wasserstandsgläsern abzusehen.

3. Für Dampfkessel auf Baggern, Prähmen, Schuten u. dgl.[2]), deren Heizfläche 15 qm nicht übersteigt, können die Materialvorschriften für Landdampfkessel Anwendung finden[3]).

4. Die Zentralbehörden der einzelnen Bundesstaaten sind befugt, in einzelnen Fällen und für einzelne Kesselarten von der Beachtung der Bestimmungen der §§ 2 bis 15 zu entbinden[4]).

---

[1]) Diese Erleichterungen sind zur Förderung des Kleinschiffbaues vorgesehen; sie unterscheiden sich von den in § 18 und 20 der A. p. B. für Landkessel vorgesehenen Erleichterungen.

[2]) Unter diese Kessel fallen auch solche auf Schwimmkränen (14. 4. 1911, III 2567; 19. 9. 11, III 5990, Z. 1911, S. 425).

[3]) Diese Erleichterungen sind vorgesehen, weil derartige Kessel meist von gleicher Bauart wie Landkessel sind und häufig ohne vorherige Bestimmung ihres Verwendungszweckes in Serien angefertigt werden.

[4]) S. Bestimmungen über Landkessel.

§ 18. Übergangsbestimmungen.

1. Bei Schiffskesseln, die zur Zeit des Inkrafttretens[1]) dieser Bestimmung auf Grund der bisher geltenden Vorschriften genehmigt[1]) sind, kann eine Abänderung ihres Baues und ihrer Ausrüstung nach Maßgabe dieser Bestimmungen so lange nicht gefordert werden, als sie einer erneuten Genehmigung nicht bedürfen.

2. Im übrigen finden die vorstehenden Bestimmungen für die Fälle der erneuten Genehmigung von Schiffskesseln mit der Maßgabe Anwendung, daß dabei von der Durchführung der Bestimmungen des § 2 Abs. 1 und 4 und des § 7 Abs. 5 dritter Satz abgesehen werden kann[1]). Bei der Genehmigung alter Schiffskessel, deren Materialbeschaffenheit nicht nachgewiesen wird, ist eine Festigkeit von höchstens 30 kg auf das qmm anzunehmen[1]).

§ 19. Schlußbestimmungen.

1. Die Bekanntmachung, betreffend allgemeine polizeiliche Bestimmungen über die Anlegung von Dampfkesseln, vom 5. August 1890, wird aufgehoben, insoweit sie nicht für bestehende Schiffskesselanlagen Geltung behält.

2. Die Bestimmungen des § 18 Abs. 2 über die zulässige Materialbeanspruchung alter Schiffskessel treten sofort in Kraft. Im übrigen treten die vorstehenden Bestimmungen erst ein Jahr nach ihrer Veröffentlichung[1]) in Wirksamkeit. Schiffskessel, die bereits vor diesem Zeitpunkte nach den vorstehenden Bestimmungen gebaut und angelegt werden, sind nicht zu beanstanden.

Berlin, den 17. Dezember 1908.

Der Reichskanzler.

In Vertretung:

von Bethmann Hollweg.

---

[1]) S. Bestimmungen über Landkessel.

6. Materialvorschriften für Schiffsdampfkessel.

Erster Teil.

Allgemeine Bestimmungen.

I. Prüfungen.

Alles zum Baue von Schiffskesseln bestimmte Material muß zuverlässig und von guter Beschaffenheit sein; insbesondere muß Schweiß- und Flußeisen den nachstehenden Anforderungen entsprechen. Für Bleche ist der Nachweis zu erbringen, daß sie durch Sachverständige[1]) nach Maßgabe der nachstehenden Bestimmungen geprüft sind. Dasselbe gilt für alle übrigen Materialien, bei denen eine höhere Zugfestigkeit als 41 kg/qmm zugelassen ist.

II. Zurichtung der Proben.

1. Die Probestäbe müssen das Material im ausgeglühten Zustand[2]) enthalten; die Probestreifen sind, falls erforderlich, im rotwarmen Zustande gerade zu richten.

2. Fehlerhafte Probestäbe dürfen nicht genommen werden.

3. Dicke und Breite der Probestäbe werden mit der Mikrometerschraube gemessen.

4. Die Probestreifen müssen etwa 400 mm lang und im unbearbeiteten Zustande mindestens 50 mm breit sein.

5. Sie müssen an den Kanten derart bearbeitet werden, daß die Wirkung des Scherenschnitts, Auslochens oder Aushauens zuverlässig beseitigt wird. Die Walzhaut muß unter allen Umständen am Probestabe verbleiben.

---

[1]) Der für Landkessel vorgesehene Materialnachweis durch Werksbescheinigungen ist für Schiffskessel unzulässig. Eine Zusammenstellung der Sachverständigen ist Z. 1917, S. 358 enthalten.

[2]) Demnach müssen die Probestäbe den Platten entnommen werden, nachdem diese nach Teil 1 III 16 (S. 113) im ganzen ausgeglüht worden sind.

6. Die Streifen zu Z u g p r o b e n sind auf die Meßlänge von 200 mm an den Kanten sauber zu bearbeiten; darüber hinaus kann der Querschnitt zunehmen. Die Stäbe sind so breit zu lassen, daß der Querschnitt tunlichst 300 qmm beträgt*).

7. Die Streifen zu B i e g e p r o b e n müssen an den Kanten etwas abgerundet sein und dürfen über den zur Biegung angewandten Dorn in der Breite nicht hervorragen.

III. Abnahme der Materialien.

1. Sämtliche Materialstücke sind bei der Besichtigung abzustempeln[2]), und zwar mit dem Stempel des abnehmenden Beamten[1]) und einer Nummer. Bei Blechen[2]) sind zwei Stempel, etwa 400 mm von den Kanten entfernt, aufzuschlagen, bei allen übrigen Materialien genügt ein Stempel, welcher nahe einem Ende anzubringen ist.

2. Bei Rohren ist die Schweißnaht tunlichst durch einen Stern[2]) zu kennzeichnen. Einer Nummernbezeichnung bedarf es bei Rohren nicht.

3. Das Stempelzeichen ist in dem Prüfungsschein abzudrucken.

4. In der Regel sind die Materialien auf dem Walzwerke zu prüfen. Werden die Bleche auf dem Walzwerk abgenommen, so müssen sie an zwei Seiten unbeschnitten bleiben, die beiden anderen Seiten dürfen dagegen beschnitten sein, jedoch nur soweit, daß Probestreifen noch entnommen werden können.

---

*) Das Verhältnis der ursprünglichen Länge l des mittleren Stabstückes, für welche die Dehnung bestimmt wird, zum ursprünglichen Querschnitte f des Stabes ist von Einfluß auf die Dehnung. Daher wird es erforderlich, mit der Dehnung die Größen l und f oder doch deren Verhältnis anzugeben.

Als normales Verhältnis gilt

$$l = 11,3 \sqrt{f}.$$

Rücksichten auf Herstellung der Probestäbe usw. veranlassen häufig, von der Einhaltung dieses Verhältnisses abzusehen.[1])

---

[1]) Über die dann vorzunehmenden Umrechnungen vgl. Bach, Elastizität und Festigkeit, 6. Aufl., 1911, S. 115. Vgl. auch Z. d. V. d. J. 1916 S. 859.

[2]) S. Bestimmungen über Landkessel.

5. Die Dicke der Bleche ist an allen vier Ecken mittels Mikrometerschraube zu messen. Die Meßpunkte sollen mindestens 40 mm vom Rande und mindestens 100 mm von den Ecken entfernt liegen[1]).

6. Bei Blechen bis zu 1000 mm Breite und solchen bis zu 10 mm Dicke beliebiger Breite sind Unterschreitungen der Dicke nicht zulässig. Bei größeren Breiten als 1000 mm über 10 mm starker Bleche sind folgende Unterschreitungen[1]) gestattet:

Blechdicken in mm	Zulässige Unterschreitungen bei Breiten	
	über 1000 bis 1500 mm	über 1500 mm
über 10 bis 20	2,0 v H	3,0 v H
» 20 » 30	1,5 » »	2,0 » »
» 30	1,0 » »	1,5 » »

7. Die Probestreifen sind an den Rändern oder Enden zu entnehmen. Die Wahl der Stücke, von denen Proben genommen werden sollen, bleibt dem abnehmenden Beamten überlassen.

8. Finden sich nach dem Zerreißen, Biegen, Aufweiten oder Bördeln anscheinend guter Probestücke Fehlerstellen, so werden bei ungünstigem Ausfalle die Prüfungsergebnisse solcher Stücke bei der Entscheidung über die Erfüllung der Lieferungsbedingungen nicht berücksichtigt.

9. Entspricht das Prüfungsergebnis den vorgeschriebenen Bedingungen nicht, so ist auf Verlangen des Werkes eine zweite Prüfung vorzunehmen, deren Ergebnis maßgebend sein soll. Auf diese zweite Prüfung ist bei der Entnahme der Proben Rücksicht zu nehmen.

10. Die Zugfestigkeit[1]) wird für Längs- und Querfaser in kg/qmm angegeben.

11. Die Bruchdehnung wird entweder an einer am Stab angebrachten Teilung oder zwischen den Endmarken der Meßstrecke[1]) von 200 mm in Prozenten der letzteren ermittelt. Erfolgt beim letzteren Verfahren der Bruch des Stabes in geringerer Entfernung als 50 mm von den Endmarken, so ist das Ergebnis bei ungünstigem Ausfalle nicht zu berücksichtigen.

12. Bei den W a r m p r o b e n sind die Stücke kirschrot zu machen.

---

[1]) S. Bestimmungen über Landkessel.

13. Bei der K a l t b i e g e p r o b e werden die Stäbe bis zu 25 mm Dicke um einen Dorn von 25 mm Durchmesser, im Falle größerer Dicke um einen Dorn von höchstens der Materialdicke gebogen.

Bei der H a r t b i e g e p r o b e [1]) sind die Stäbe gleichmäßig zu erwärmen und bei niedriger Kirschrotglut (im dunkln Raume beobachtet) in Wasser von 28⁰ C abzukühlen und dann um einen Dorn der bestimmten Dicke zu biegen.

14. Der Biegewinkel wird in Grad angegeben. Der Probestab gilt als gebrochen, wenn sich auf der Außenseite in der Mitte der Biegungsstelle ein deutlicher Bruch im Metalle zeigt.

15. Bleche, Winkeleisen und Rohre müssen eine glatte Oberfläche haben; sie dürfen keine erheblichen Schlackenstellen oder andere eingewalzte Verunreinigungen, keine Blasen, Risse oder unganze Stellen enthalten. Bei Blechen, Winkel- und Stabeisen dürfen Walzsplitter oder kleine Schalen durch Abmeißeln entfernt, auch geringe, durch Einwalzen von Schlacke entstandene Vertiefungen ausgeebnet werden, soweit hierdurch die Haltbarkeit nicht beeinträchtigt wird.

16. Sämtliche Bleche sind nach dem Beschneiden[1]) auszuglühen.

IV. Prüfmaschinen.

1. Die Prüfmaschinen müssen so gebaut sein, daß sie bei achtsamer Handhabung stoßfrei wirken.

2. Sie müssen auf ihre Richtigkeit[1]) leicht untersucht werden können.

3. Sie müssen, falls sie vom abnehmenden Beamten nicht kurzer Hand geprüft werden können, mindestens alle drei Monat einmal durch Sachverständige auf richtiges Arbeiten aller Teile untersucht werden. Über diese Untersuchungen ist ein Befundbericht aufzunehmen, der bei Materialprüfungen auf Verlangen vorzulegen ist.

4. Die Einspannvorrichtung zu Zugversuchen muß so beschaffen sein, daß der Probestab bei Beginn des Zuges sich selbsttätig einstellt, damit die Zugkraft innerhalb der Meßstrecke möglichst gleichmäßig über den Querschnitt verteilt wird[1]).

---

[1]) S. Bestimmungen über Landkessel.

II. Teil.

Schweißeisen.

A. Bleche.

I. Art der Proben.

1. Zugprobe (siehe A IV. 1).
2. Biegeprobe (siehe A IV. 2).
3. Schmiede- und Lochprobe (siehe A IV. 3).

II. Anzahl der Probestücke.

Von dem Material einer Lieferung sind in der Regel von sämtlichen Blechen Probestücke zu entnehmen[1]).

Den Blechen sind Stücke zu Zug - und zu Biegeproben in Längs - und in Querfaser zu entnehmen.

III. Bezeichnung der Bleche.

1. Es werden unterschieden:

Feuerblech: Bördelblech:

(SI)   (SII)

2. Dementsprechend ist jedes Blech seitens des Walzwerkes außer mit dem Stempel des Werkes[2]) mit einem, dem Vordruck unter Ziffer 1 in Form und Größe gleichen Qualitätsstempel zu bezeichnen.

3. Die Qualitätsstempel können ausnahmsweise fehlen, wenn in anderer Weise der Nachweis erbracht wird, daß das Material geprüft ist und den Anforderungen des Abschnitts A IV entsprochen hat[2]).

4. Die Teile der Kesselwandung, die im ersten Feuerzuge[2]) liegen, sind aus Feuerblech zu fertigen. Zu allen anderen Kesselteilen kann Bördelblech verwendet werden.

---

[1]) Für Landkessel ist die Prüfung sämtlicher Bleche nur erforderlich, wenn diese im ersten Feuerzug liegen; von den übrigen Blechen sind nur 50 vH zu prüfen.

[2]) S. Bestimmungen über Landkessel.

IV. Anforderungen.

1. Feuerblech darf keine geringere Zugfestigkeit als 36 kg/qmm in der Längsfaser und 34 kg/qmm in der Querfaser bei einer geringsten Dehnung von 20 vH in der Längsfaser und 15 vH in der Querfaser haben.

Bördelblech darf keine geringere Zugfestigkeit als 35 kg/qmm in der Längsfaser und 33 kg/qmm in der Querfaser bei einer geringsten Dehnung von 15 vH in der Längsfaser und 12 vH in der Querfaser haben.

Die Zugfestigkeit darf bei keinem Bleche 40 kg/qmm überschreiten.*)

2. Bei der Biegeprobe im warmen Zustande müssen sich Probestreifen von Feuer- und Bördelblech in beiden Faserrichtungen flach zusammenbiegen lassen, ohne zu brechen (vgl. erster Teil, Abschnitt III. Ziff. 14).

Im kalten Zustande müssen sich Probestreifen von Feuer- und Bördelblech in beiden Faserrichtungen nach der folgenden Zahlentafel (s. S. 116) um einen Dorn von der bestimmten Dicke zusammenbiegen lassen, ohne zu brechen (vgl. erster Teil, Abschnitt II. Ziff. 14):

3. Bei der Schmiedeprobe müssen Längsstreifen von ungefähr 50 mm Breite im rotwarmen Zustande mit der Hammerfinne quer zur Walzrichtung mindestens auf das 1½fache ihrer Breite ausgebreitet werden können, ohne an den Kanten und auf der Fläche Risse zu erhalten.

Bei der Lochprobe dürfen Streifen, die im rotwarmen Zustande in einer Entfernung vom Rande gleich der halben Dicke des Streifens mit einem konischen Lochstempel gelocht werden, vom Loche nach der Kante nicht aufreißen.

Der Lochstempel soll bei etwa 50 mm Länge für alle Blechdicken einen kleinsten Durchmesser von etwa 10 mm und einen größten[1]) Durchmesser von etwa 20 mm haben.

*) Bleche über 25 mm Dicke pflegen weniger Zugfestigkeit zu haben, als aus demselben Materiale gefertigte Bleche unter 25 mm Dicke, und zwar rechnet man, daß auf je 2 mm Vergrößerung der Blechdicke die Festigkeit um 0,5 kg abnimmt. Demgemäß wird man bei Verwendung von Blechen über 25 mm Dicke zu erwägen haben, ob Feuerblech an Stelle von Bördelblech zu wählen ist.

[1]) Berichtigung durch Bekanntmachung des Reichskanzlers vom 2. 3. 12, Z. 1912, S. 161.

Dicke in mm	Biegewinkel in Grad			
	Feuerblech		Bördelblech	
	längs	quer	längs	quer
6—8	160	140	135	120
über 8—10	160	140	135	120
» 10—12	160	140	135	120
» 12—14	155	135	135	120
» 14—16	150	130	130	110
» 16—18	145	125	125	100
» 18—20	140	120	120	95
» 20—22	135	115	115	85
» 22—24	130	110	110	75
» 24—26	125	105	105	65
» 26—28	120	100	100	60
» 28—30	115	95	90	55
» 30—32	110	85	80	50
» 32—34	100	75	70	45
» 34—36	90	65	60	40
» 36—38	80	55	50	30
» 38—40	70	45	40	20

B. Winkeleisen.

I. Art der Proben.

1. Biegeprobe (siehe B III. 1).
2. Schmiede- und Lochprobe (siehe B III. 2).

II. Anzahl der Probestücke.

25 vH der abzunehmenden Stücke.

III. Anforderungen.

1. Im kalten Zustande sollen sich die Schenkel des Winkeleisens mindestens um 18^0 unter der Presse auseinanderbiegen und abgeschnittene Längsstreifen

bei Dicken von   8 bis 12 mm um 50^0,
»   »   über 12 » 16 »   » 35^0,
»   »   » 16 » 21 »   » 25^0,
»   »   » 21 » 25 »   » 15^0,

zusammenbiegen lassen. Bei diesen Proben dürfen sich in der Kehle und in den Schenkeln nur Anfänge von Rissen zeigen.

2. Beim S c h m i e d e n u n d L o c h e n sollen Schenkel-streifen denselben Anforderungen wie Blechstreifen (vgl. A IV. 3) entsprechen.

C. Nieteisen.

I. A r t d e r P r o b e n.

1. Zugprobe (siehe C III. 1).
2. Biegeprobe (siehe C III. 2).
3. Stauch- und Lochprobe (siehe C III. 3).

II. A n z a h l d e r P r o b e s t ü c k e.

4 vH der abzunehmenden Stücke.

III. A n f o r d e r u n g e n.

1. Z u g f e s t i g k e i t 35 bis 40 kg/qmm bei einer Dehnung von mindestens 20 vH.

2. I m k a l t e n Z u s t a n d e soll das Nieteisen, ohne Risse zu erhalten, so gebogen und glatt aufeinander geschlagen werden können, daß die beiden Enden der Länge nach parallel liegen.

3. I m w a r m e n Z u s t a n d e soll sich ein Stück Nieteisen, dessen Länge doppelt so groß ist als der Durchmesser, auf $\frac{1}{3}$ bis $\frac{1}{4}$ der Länge niederstauchen und dann lochen lassen, ohne aufzureißen.

D. Niete.

I. A r t d e r P r o b e n.

Stauch- und Lochprobe (siehe D III).

II. A n z a h l d e r P r o b e s t ü c k e.

Von je 1000 Stück 2 Stück.

III. A n f o r d e r u n g e n.

I m w a r m e n Z u s t a n d e soll sich ein Nietschaft, dessen Länge doppelt so groß ist als der Durchmesser, auf $\frac{1}{3}$ bis $\frac{1}{4}$ der Länge niederstauchen und dann lochen lassen, ohne aufzureißen.

E. Anker und Stehbolzen.

I. Art der Proben.

1. Zugprobe (siehe E III. 1).
2. Biegeprobe (siehe E III. 2).

II. Anzahl der Probestücke.

Von je 25 Stangen gleichen Durchmessers eine Stange.

III. Anforderungen.

1. Zugfestigkeit 35 bis 40 kg/qmm bei einer Dehnung von mindestens 20 vH.

2. Im kalten Zustande soll ein Stab, ohne Risse zu erhalten, so gebogen und glatt aufeinander geschlagen werden können, daß die beiden Enden der Länge nach parallel liegen.

F. Wasserrohre.[1]

I. Art der Proben.

1. Aufweitprobe (siehe F III. 3).
2. Bördelprobe (siehe F III. 4).
3. Biegeprobe (siehe F III. 5).
4. Wasserdruckprobe (siehe F III. 6).

Diesen Prüfungen unterliegen Wasserrohre unter 6 mm Wanddicke; solche von 6 mm Wanddicke und darüber werden nur der Wasserdruckprobe unterzogen. Heizrohre bedürfen der Prüfung nicht[1].

II. Anzahl der Probestücke.

Etwa 2 vH der abzunehmenden Rohre, mindestens aber zwei Rohre.

III. Anforderungen.

1. Die Rohre sollen innen und außen kalibriert, ohne Zunder, Narben, Risse und andere für den Betrieb schädliche Fehler sowie glatt und rechtwinklig abgeschnitten sein.

2. Die Wanddicke der Wasserrohre soll

	bis	83 mm	äußeren	Durchmesser	mindestens	3,00 mm
über	83 »	102 »	»	»	»	3,25 »
»	102 »	121 »	»	»	»	3,75 »
»	121 »	140 »	»	»	»	4,00 »
»	140 »	191 »	»	»	»	4,50 »
»	191 »	216 »	»	»	»	5,50 »

betragen.

Die vorgeschriebene Wanddicke soll an keiner Stelle um mehr als 20 vH unterschritten werden.

---

[1] S. Bestimmungen über Landkessel.

3. Rohrenden sollen sich im kalten Zustand auf eine Länge von 30 mm aufweiten lassen, und zwar:

    a) bei einer Wanddicke der Rohre bis zu 4 mm um 5 vH des inneren Durchmessers,

    b) bei einer Wanddicke der Rohre bis zu 6 mm um 3 vH des inneren Durchmessers.

Das Aufweiten der Rohrenden muß durch Hämmern über einem Dorn erfolgen.

4. Rohrenden sollen sich im kalten Zustande nach außen umbördeln lassen, und zwar:

    a) bei Rohren bis 76 mm Weite und bis 3,5 mm Wanddicke um 75°,

    b) bei Rohren über 76 mm Weite und bis 4,5 mm Wanddicke um 45°,

    c) bei Rohren über 4,5 mm Wanddicke um 30°.

Die Breite des Bördels muß bei a) 12 vH, bei b) und c) 8 vH des inneren Rohrdurchmessers betragen.

5. Rohrabschnitte von 100 mm Länge sollen sich im kalten Zustande bis auf ein Drittel des Durchmessers zusammendrücken lassen, ohne daß sich in den am stärksten gebogenen Teilen Anbrüche zeigen, doch soll die Schweißnaht nicht in den am stärksten gebogenen Teilen liegen.

6. Die Rohre sollen einem Wasserdrucke von der dreifachen Höhe des Betriebsüberdrucks, mindestens aber von 30 at Überdruck widerstehen, ohne eine Formveränderung oder Undichtigkeit zu zeigen. Die Rohre sind, während sie unter dem Probedrucke stehen, abzuhämmern, namentlich auch an der Schweißnaht.

III. Teil.

Flußeisen.

A. Bleche.

I. Art der Proben[1]).

1. Zugprobe (siehe A IV. 1 bis 4).

2. Hartbiegeprobe (siehe A IV. 5).

---

[1]) S. Bestimmungen über Landkessel.

II. Anzahl der Probestücke.

1. Von dem Material einer Lieferung sollen in der Regel von sämtlichen Blechen Probestücke entnommen werden[1]).

2. Den Blechen sollen Streifen sowohl zu Zug- als auch zu Hartbiegeproben in Längs- oder Querfaser entnommen werden[2]).

3. Bei Blechen über 4,5 m Länge sind zwei Zugproben zu machen, und zwar ist eine Längsprobe vom Fußende des Bleches und eine Querprobe in der Mitte der entgegengesetzten schmalen Seite zu entnehmen[2]).

III. Bezeichnung der Bleche.

1. Bleche aus Flußeisen, welches im Flammofen erzeugt worden ist, haben die Bezeichnung:

$$\boxed{F}$$

solche aus Thomaseisen[2]) die Bezeichnung:

$$\boxed{T}$$

zu tragen[3]).

2. Dementsprechend ist jedes Buch seitens des Walzwerkes außer mit dem Stempel des Werkes mit einem dem Vordruck unter Ziff. 1 nach Form und Größe gleichen Qualitätsstempel zu bezeichnen.

3. Die Qualitätsstempel können ausnahmsweise fehlen[2]), wenn in anderer Weise der Nachweis erbracht wird, daß das Material geprüft ist und den Anforderungen des Abschnitts A IV. entsprochen hat.

---

[1]) Für Landkessel ist eine Prüfung aller Bleche nur für solche aus Birnenmaterial, solche im ersten Feuerzuge und solche über 41 kg/qmm Festigkeit vorgesehen; für die übrigen genügt die Prüfung der Hälfte der Bleche.

[2]) S. Bestimmungen über Landkessel.

[3]) In den Vorschriften für Landkessel wird zwischen Blechen unter 41 kg/qmm Festigkeit und solchen über dieser Grenze unterschieden, weil für die Bleche der geringeren Festigkeit Erleichterungen hinsichtlich Prüfung und Verwendung bestehen, die für Schiffskessel nicht vorgesehen sind.

IV. Anforderungen.

1. Flußeisen darf keine geringere Zugfestigkeit als 34 kg/qmm und in der Regel[1]) keine höhere Zugfestigkeit als *54*[2]) kg/qmm haben. In bezug auf die Mindestdehnung aller Bleche ist folgende Zahlentafel maßgebend.[3])

Festigkeit in kg/qmm	*über*[2]) 46	45	44	43	42	41 bis 37	36	35	34
Geringste Dehnung v. H.	20	21	22	23	24	25	26	27	28

2. Für diejenigen Teile des Kessels, welche gebördelt werden oder im ersten Feuerzuge liegen, dürfen nur solche Bleche verwendet werden, deren Zugfestigkeit 41 kg/qmm nicht übersteigt.

In besonderen Fällen dürfen zu diesen Teilen ausnahmsweise Bleche mit einer Festigkeit bis 47 kg/qmm zugelassen werden[4]).

Für gebördelte Bleche, die nicht von den Heizgasen bestrichen werden, kann in besonderen Fällen ausnahmsweise eine Festigkeit bis zu 51 kg/qmm zugelassen werden[4]).

3. Aus Konstruktionsrücksichten kann für *Mantelbleche, die nicht gebördelt und von Heizgasen nicht bestrichen werden,* ausnahmsweise auch ein Material[4]) von höherer Festigkeit als *54 kg/qmm*[3]) zugelassen werden. Bei solchen Blechen muß von jedem Ende *je* eine Zug- und eine Hartbiegeprobe entnommen werden.

4. Der Unterschied zwischen der Mindest- und Höchstfestigkeit darf bei einem einzelnen Bleche sowie bei Blechen gleicher Qualität innerhalb einer Lieferung bei Blechlängen

bis 5 m höchstens 6 kg/qmm,
über 5 bis 10 m höchstens 7 kg/qmm,
über 10 m höchstens 8 kg/qmm

---

[1]) Über Bleche mit höherer Festigkeit s. Ziff. 3 dieses Abschnittes.

[2]) Änderungen durch Bekanntmachung des Reichskanzlers vom 15. 8. 14, Z. 1914, S. 438.

[3]) Für Landkessel sind drei Blechsorten mit 34/41, 40/47 und 44 bis 51 kg/qmm Festigkeit vorgesehen. Die Verwendung von Blechen höherer Festigkeit ist für Landkessel nur mit besonderer Genehmigung durch den Minister gestattet.

[4]) Die Zulassung von Blechen hoher Festigkeit erfolgt in Preußen durch den Minister für Handel und Gewerbe. Bleche über 51 kg/qmm Festigkeit, deren Dehnung in der Querrichtung mindestens 18 vH beträgt, können zugelassen werden, wenn das Blech die Hartbiegeprobe um einen Dorn von der dreifachen Blechdicke ausgehalten hat (27. 8. 14, III 4704, Z. 1914, S. 438).

betragen, jedoch nur innerhalb der festgesetzten Zugfestigkeits-
grenzen.

5. Bei der Hartbiegeprobe[1]) muß sich der Probestreifen
bei Blechen mit einer Festigkeit his zu 41 kg/qmm einschließlich
in Längs- und Querfaser flach, *über 41 bis 47 kg/qmm um einen
Dorn mit einem Durchmesser von der zweifachen Blechdicke, über
47 bis 51 kg/qmm um einen solchen von der dreifachen Blechdicke,
über 51 kg/qmm um einen solchen von der vierfachen Blechdicke bis
180° zusammenbiegen lassen*[2]).

B. Winkeleisen.

I. Art der Proben[2]).

1. Biegeprobe (siehe B III. 1).
2. Hartbiegeprobe (siehe B III. 2).

II. Anzahl der Probestücke.

25 vH der abzunehmenden Stücke.

III. Anforderungen[2]).

1. Im kalten Zustande sollen sich die Schenkel des Winkeleisens unter der Presse um mindestens 40° auseinanderbiegen und
abgeschnittene Längsstreifen bis zu einem Winkel von 180° zusammenbiegen lassen. Bei diesen Proben dürfen sich in der Kehle
und in den Schenkeln nur Anfänge von Rissen zeigen.

2. Nach dem Härten (vgl. erster Teil, Abschnitt III Ziff. 13
und 14) sollen sich Längsstreifen um einen Dorn, dessen Durchmesser gleich der dreifachen Schenkeldicke ist, bis zu 180° biegen
lassen.

C. Nieteisen.

I. Art der Proben.

1. Zugprobe (siehe C III. 1).
2. Biegeprobe (siehe C III. 2).
3. Stauch- und Lochprobe (siehe C III. 3).
4. Hartbiegeprobe (siehe C III. 4).

---

[1]) S. Bestimmungen über Landkessel.
[2]) Änderungen durch Bekanntmachung des Reichskanzlers vom
15. 8. 14, Z. 1914, S. 438.

II. Anzahl der Probestücke.

4 vH der abzunehmenden Stücke.

III. Anforderungen.

1. Zugfestigkeit 34 bis 41 kg/qmm bei einer Dehnung von mindestens 25 vH und einer Gütezahl[1]) von mindestens 62. Soweit Bleche von höherer Zugfestigkeit als 41 kg/qmm verwendet werden, darf das Nietmaterial entsprechend bis zu 47 kg/qmm Zugfestigkeit haben, wenn die Dehnung mindestens die gleiche wie in der Zahlentafel für Bleche ist (vgl. A IV. 1). Für solches Nieteisen sind Prüfungsbescheinigungen beizubringen.

2. Im kalten Zustande soll das Nieteisen, ohne Risse zu zeigen, so gebogen werden, daß der Abstand der parallel gebogenen Schenkel voneinander nicht mehr als $^1/_5$ des Nietdurchmessers beträgt.

3. Im warmen Zustande soll sich ein Stück Nieteisen, dessen Länge doppelt so groß ist als der Durchmesser, auf $^1/_3$ bis $^1/_4$ der Länge niederstauchen und dann lochen lassen, ohne aufzureißen.

4. Nach dem Härten (vgl. erster Teil, Abschnitt III Ziff. 13 und 14) soll sich das Nieteisen um einen Dorn, dessen Durchmesser gleich der zweifachen Dicke des Nieteisens ist, bis zu 180° biegen lassen.

D. Niete.

I. Art der Proben.

1. Stauch- und Lochprobe (siehe D III. 1).
2. Härteprobe (siehe D III. 2).

II. Anzahl der Probestücke.

Von je 1000 Stück 2 Stück.

III. Anforderungen.

1. Im warmen Zustande soll sich ein Nietschaft, dessen Länge doppelt so groß ist als der Durchmesser, auf $^1/_3$ bis $^1/_4$ der Länge niederstauchen und dann lochen lassen, ohne aufzureißen.

2. Nach dem Härten (vgl. erster Teil, Abschnitt III Ziff. 13 und 14) soll sich ein Stück Nietschaft, dessen Länge doppelt so

---

[1]) S. Bestimmungen über Landkessel.

groß ist als der Durchmesser, um $^2/_5$ der Länge zusammenstauchen lassen, ohne daß die Oberfläche reißt.

E. Anker und Stehbolzen.

I. Art der Proben.

1. Zugprobe (siehe E III. 1).
2. Hartbiegeprobe (siehe E III. 2).

II. Anzahl der Probestücke.

Von je 25 Stangen gleichen Durchmessers eine Stange.

III. Anforderungen.

1. Zugfestigkeit 34 bis 41 kg/qmm bei einer Dehnung von mindestens 25 vH und einer Gütezahl von mindestens 62.

Ausnahmsweise ist ein Material bis zu 47 kg/qmm Festigkeit zulässig, wenn die Dehnung mindestens die gleiche wie in der Zahlentafel für Bleche ist (vgl. A IV. 1). Für solches Material sind Prüfungsbescheinigungen beizubringen.

2. Nach dem Härten (vgl. erster Teil, Abschnitt III Ziff. 13 und 14) soll sich ein Stück Anker- oder Stehbolzeneisen um einen Dorn gleich der zweifachen Dicke des Eisens bis zu 180° biegen lassen.

F. Wasserrohre.[1]

I. Art der Proben.

1. Aufweitprobe (siehe F III. 3).
2. Bördelprobe (siehe F III. 4).
3. Hartbiegeprobe (siehe F III. 5).
4. Wasserdruckprobe (siehe F III. 6).

Diesen Prüfungen unterliegen Wasserrohre unter 6 mm Wanddicke; solche von 6 mm Wanddicke und darüber werden nur der Wasserdruckprobe unterzogen. Heizrohre bedürfen der Prüfung nicht.

II. Anzahl der Probestücke.

Etwa 2 vH der abzunehmenden Rohre, mindestens aber zwei Rohre.

---

[1] S. Bestimmungen über Landkessel zu Teil 2 F. S. 52.

III. Anforderungen.

1. Die Rohre sollen innen und außen kalibriert, ohne Zunder, Narben, Risse und andere für den Betrieb schädliche Fehler, sowie glatt und rechtwinklig abgeschnitten sein.

2. Die Wanddicke der Wasserrohre soll

a) bei geschweißten Rohren:

	bis	83 mm	äußeren Durchmesser mindestens					3,00 mm	
über	83 bis	102	»	»	»		»	3,25	»
»	102 »	121	»	»	»		»	3,75	»
»	121 »	140	»	»	»		»	4,00	»
»	140 »	191	»	»	»		»	4,50	»
»	191 »	216	»	»	»		»	5,50	»

b) bei nahtlosen Rohren:

	bis	30 mm	äußeren Durchmesser mindestens					1,80 mm	
über	30 »	50	»	»	»		»	2,00	»
»	50 »	57	»	»	»		»	2,50	»
»	57 »	60	»	»	»		»	2,75	»
»	60 »	83	»	»	»		»	3,00	»
»	83 »	102	»	»	»		»	3,25	»
»	102 »	121	»	»	»		»	3,75	»
»	121 »	140	»	»	»		»	4,00	»
»	140 »	191	»	»	»		»	4,50	»
»	191 »	216	»	»	»		»	5,50	»

betragen.

Die vorgeschriebene Wanddicke soll an keiner Stelle um mehr als 20 vH unterschritten werden.

3. Rohrenden sollen sich im kalten Zustand auf eine Länge von 30 mm aufweiten lassen, und zwar:

    a) bei einer Wanddicke bis zu 4 mm bei geschweißten Rohren um 7 vH, bei nahtlosen Rohren um 10 vH des inneren Durchmessers;

    b) bei einer Wanddicke über 4 mm bis 6 mm bei geschweißten Rohren um 4 vH, bei nahtlosen Rohren um 6 vH des inneren Durchmessers.

Das Aufweiten der Rohrenden muß durch Hämmern über einem Dorn erfolgen.

4. Rohrenden sollen sich im kalten Zustande nach außen umbördeln lassen, und zwar bei allen Rohrdurchmessern und Wanddicken um 90°.

Die Breite des Bördels muß 12 vH des inneren Rohrdurchmessers betragen.

5. Nach dem Härten (vgl. erster Teil, Abschnitt III Ziff. 13 und 14) sollen sich Rohrabschnitte geschweißter Rohre von 100 mm Länge ganz zusammendrücken lassen, doch soll die Schweißnaht nicht in den am stärksten gebogenen Teilen liegen.

Rohrabschnitte nahtloser Rohre von 100 mm Länge sollen sich nach dem Härten so zusammendrücken lassen, daß sie in der Mitte aufeinander liegen, während die Enden einen Bogen bilden, dessen Radius gleich der doppelten Wanddicke ist.

6. Die Rohre sollen einem Wasserdrucke von der dreifachen Höhe des Betriebsüberdrucks, mindestens aber von 30 at Überdruck widerstehen, ohne eine Formänderung oder Undichtigkeit zu zeigen. Die Rohre sind, während sie unter dem Probedrucke stehen, abzuhämmern, namentlich auch an der Schweißnaht.

7. Bauvorschriften für Schiffsdampfkessel.

I. Material.

1. Für die Anforderungen an das zum Baue von Dampfkesseln zur Verwendung kommende Schweiß- und Flußeisen sind die Materialvorschriften für Schiffsdampfkessel maßgebend.

2. Für Kupfer kann, wenn größere Festigkeit nicht nachgewiesen wird, eine Zugfestigkeit von 22 kg/qmm bei Temperaturen bis 120° C angenommen werden. Im Falle höherer Temperatur ist die Zugfestigkeit für je 20° C um 1 kg/qmm niedriger zu wählen.

3. Gegenüber überhitztem Wasserdampfe von 250° C und mehr ist die Verwendung von Kupfer zu vermeiden.

4. Für kupferne Dampfrohrleitungen ist innerhalb der bezeichneten Grenze eine Materialbeanspruchung von höchstens $^1/_{10}$ der Zugfestigkeit zulässig.

5. Die Scherfestigkeit des Schweißeisens, Flußeisens und des Kupfers kann zu 0,8 der Zugfestigkeit angenommen werden.

II. Vernietung, Schweißung und Bearbeitung im Feuer.

1. Die Widerstandsfähigkeit der Niete[1] gegen Abscheren darf sich nicht geringer ergeben als die in Rechnung zu ziehende Festigkeit des Bleches in der Nietnaht[2]. Hierbei darf die Belastung eines Nietes durch die Scherkraft auf 1 qmm Nietquerschnitt höchstens 7 kg/qmm betragen, sofern keine höhere Zugfestigkeit des Nietmaterials als 38 kg/qmm nachgewiesen wird. Trifft diese Voraussetzung zu, so kann der für eine Belastung mit 7 kg/qmm berechnete

---

[1] S. Bestimmungen über Landkessel.
[2] Änderung durch Bekanntmachung des Reichskanzlers vom 15. 8. 1914, Z. 1914, S. 438.

Nietdurchmesser mit der Wurzel aus dem Quotienten, der sich aus der Zahl 38 und der nachgewiesenen Festigkeit ergibt, multipliziert werden[1]).

2. Bei Laschennietung sollen die Laschen aus Blechen von mindestens gleicher Güte wie die Mantelbleche geschnitten werden[1]).

3. Die Festigkeit gut und mittels Überlappung geschweißter Nähte kann zu 0,7 der Festigkeit des vollen Bleches in Rechnung gesetzt werden[1]).

4. Empfehlenswert ist es, solche Nähte, welche auf Biegung oder Zug beansprucht werden, nicht zu schweißen und keine Schweißnaht herzustellen, wenn das geschweißte Stück nicht nachträglich ausgeglüht werden kann.

5. In besonderen Fällen kann bei geschweißten Längsnähten in Kesselmänteln verlangt werden, daß Sicherheitslaschen angebracht werden.

6. Jedes geschweißte Stück ist, wenn irgend möglich, gut auszuglühen.

7. Bleche, die im Feuer bearbeitet worden sind, müssen nach vollendeter Formgebung, soweit dies möglich ist, sachgemäß ausgeglüht werden. Dies gilt besonders für solche Bleche, welche wiederholt einer stellenweisen Erhitzung ausgesetzt worden sind.

III. Berechnung der Blechdicken zylindrischer Dampfkesselwandungen[1]) mit innerem Überdruck.

1. Bezeichnet
   s die Blechdicke in mm,
   D den größten inneren Durchmesser des Kesselmantels in mm,
   p den größten Betriebsüberdruck in at,
   K die Zugfestigkeit des zu dem Mantel verwendeten Bleches,
   x einen Zahlenwert,
   z das Verhältnis der Mindestfestigkeit der Längsnaht zur Zugfestigkeit des vollen Bleches[1]),
dann ist

$$s = D\,\frac{p\,x}{200\,K\,z} + 1 \quad \text{oder} \quad p = \frac{200\,K\,z\,(s-1)}{D\,x} \quad \ldots \ldots 1.^{1})$$

[1]) S. Bestimmungen über Landkessel.

Hierin sind zu wählen:

$K = 33$ kg/qmm bei Schweißeisen,

$K = 36$ kg/qmm bei Flußeisen von 34 bis 41 kg/qmm Zugfestigkeit,

$K =$ die vom Erbauer anzugebende, in die Kesselzeichnung oder Beschreibung einzutragende Mindestfestigkeit, sofern Flußeisen von höherer Festigkeit als 41 kg/qmm benutzt werden soll[2]),

$x = 4,75$ bei überlappten oder einseitig gelaschten, handgenieteten Nähten,

$x = 4,5$ bei überlappten oder einseitig gelaschten, maschinengenieteten[1]) Nähten und bei geschweißten Nähten (unter Beachtung von Abschnitt II Ziff. 3 bis 6),

$x = 4,35$ bei zweireihigen, doppeltgelaschten, handgenieteten Nähten, deren eine Lasche nur einreihig genietet ist,

$x = 4,25$ bei doppeltgelaschten, handgenieteten Nähten,

$x = 4,1$ bei zweireihigen, doppeltgelaschten, maschinengenieteten[1]) Nähten, deren eine Lasche nur einreihig genietet ist,

$x = 4$ bei doppeltgelaschten, maschinengenieteten[1]) Nähten.

2. Die Werte $x = 4,25$ und $x = 4$ können auch dann in die Rechnung eingeführt werden, wenn bei drei- und mehrreihigen Doppellaschennietungen die eine Lasche eine Nietreihe weniger besitzt als die anderen.

3. Die Blechdicke soll nicht geringer als 7 mm genommen werden; nur bei kleinen Kesseln sind allenfalls dünnere Bleche zulässig.

4. Unterschreitungen der Wanddicken, die innerhalb der in den Materialvorschriften für Schiffsdampfkessel, erster Teil, Abschnitt III Ziff. 6, bezeichneten zulässigen Grenzen bleiben, werden bei der Berechnung nicht berücksichtigt.

---

[1]) S. Bestimmungen über Landkessel.

[2]) Für Landkessel sind für die Blechsorten mit 34/41, 40/47 bzw. 44/51 kg/qmm Festigkeit die Berechnungsfestigkeiten 36, 40 bzw. 44 kg/qmm vorgeschrieben. Für Bleche über 41 kg/qmm Festigkeit sind in den Bauvorschriften für Landkessel besondere Bearbeitungsvorschriften festgesetzt (vgl. S. 68); für Schiffskessel sind solche nur in allgemeiner Form in Ziff. X gegeben (vgl. S. 140).

5. Die Zugbeanspruchung des Bleches darf unter Annahme gleichmäßiger Spannungsverteilung über den Querschnitt in keiner Nietreihe die Grenze $\frac{K}{x}$ überschreiten[1]).

6. Hinsichtlich der zulässigen Nietbeanspruchung vgl. Abschnitt II.

7. Bei Berechnung der Wanddicke nahtlos gewalzter Mantelschüsse kann $x = 4$ und[2]) $z = 1$ gesetzt werden, sofern keine Schwächung der Wandung vorhanden ist.

8. Es empfiehlt sich, die Nietlöcher zu bohren. Die Nietlöcher von Blechen über 41 kg/qmm Zugfestigkeit und von solchen über 27 mm Dicke müssen gebohrt werden[3]). Werden die Nietlöcher schwächerer Bleche gelocht, so ist zu den vorstehenden Werten von x ein Zuschlag von 0,25 erforderlich. Bei gelochten und mindestens um $\frac{1}{4}$ des Durchmessers der Nietlöcher aufgebohrten Löchern kann dieser Zuschlag auf 0,1 ermäßigt werden.

9.[4]) Überschreitet die Plattendicke 12,5 mm, so sind die Rundnähte doppelt und bei 25,0 mm und darüber die mittleren Rundnähte dreifach zu nieten.

10. Sind in den Mantelblechen Stehbolzen angeordnet, so ist darauf zu achten, daß die Festigkeit des Bleches in den Stehbolzenreihen (auf die Länge eines Mantelschusses bezogen) nicht geringer wird als diejenige in der Längsnietung des Kesselmantels.

11. Die Dicke jeder Doppellasche muß mindestens $\frac{3}{4}$ der Wanddicke des Kesselmantels betragen; einfache Laschen müssen mindestens 3 mm stärker als die Wanddicke des Kesselmantels gewählt werden.

12. Der Nietdurchmesser darf nicht größer als $2\,s$ und nicht kleiner als s sein, wobei die erste Grenze für dünne, die zweite für dicke Bleche gilt.

13. Überschreitet die Nietteilung achtmal Mantelblech- oder Laschendicke, so müssen die Laschenränder zickzackförmig aus-

---

[1]) S. Bestimmungen über Landkessel.

[2]) Ergänzung durch Bekanntmachung des Reichskanzlers vom 2. 3. 1912, Z. 1912, S. 161.

[3]) Für Landkessel ist hinzugefügt, daß das Bohren an den zum Kessel zusammengesetzten Blechen vorgenommen werden soll.

[4]) Die den Ziff. 9 bis 13 entsprechenden Vorschriften fehlen für Landkessel.

geschnitten werden, um ein zuverlässiges Verstemmen zu ermöglichen[1]).

IV. Berechnung der Blechdicken von Dampfkesselflammrohren mit äußerem Überdruck.

Glatte und versteifte Rohre.

1. Bezeichnet

s die Blechdicke in mm,

d den inneren Durchmesser zylindrischer Flammrohre, bei konischen Flammrohren den mittleren inneren Durchmesser in mm,

p den größten Betriebsüberdruck in at,

l die Länge des Flammrohrs in mm, zutreffendenfalls die größte Entfernung der wirksamen Versteifungen voneinander,

dann ist

$$s = 0{,}00375 \sqrt{p \cdot d \cdot l} \ \ldots \ 2.[2])$$

Wenn $\dfrac{p \cdot d}{l}$ größer als 5 ist, so wird die Dicke des Flammrohrs nach der folgenden Formel berechnet:

$$s = \frac{p \cdot d}{1000} + \frac{l}{300} \ \ldots \ 2a.[2])$$

Als wirksame Versteifungen[4]) gelten neben den Stirnplatten und den Rohrwänden vorzugsweise[3]) folgende Konstruktionen:

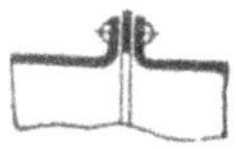

Fig. 1.    Fig. 2.    Fig. 3.

---

[1]) Diese Vorschrift gilt in gleicher Weise für See- und Flußschiffkessel (13. 3. 11, III 1714, Z. 1911, S. 160).

[2]) Diese Formel ist von Fairbairn vorgeschlagen worden. Sie unterscheidet sich von der für Landkessel vorgesehenen Formel, die den Einfluß der Länge des Flammrohres l besser berücksichtigt. Vgl. die dortigen Ausführungen (S. 70).

[3]) S. Bestimmungen über Landkessel.

[4]) Für Landkessel sind hier noch Angaben über die Versteifung von Flammrohren durch Quersieder angegeben.

9*

Fig. 4.

Fig. 5.

die letztere jedoch nur unter der Voraussetzung, daß die Abkröpfung nicht weniger als etwa 50 mm beträgt.

Wellrohre und gerippte Rohre nach Systemen:

Fig. 6.   *Fox*

Fig. 8.   *Purves*

Fig. 7.   *Morison*

Fig. 9.   *Deighton*

1. Bezeichnet

s die Blechdicke in mm,

d den kleinsten inneren Flammrohrdurchmesser in mm,

p den größten Betriebsüberdruck in at,

dann ist bei Flammrohren nach Fig. 6 bis 9

$$s = \frac{p \cdot d}{1200} + 2 \; \ldots \; 3.^1)$$

2. Die Dicke der Flammrohre nach dem Patent von Holmes berechnet sich nach der Formel:

$$s = \frac{p \cdot d}{1010} + 2 \; \ldots \; 3\,a,^2)$$

worin p und d dieselbe Bedeutung wie vorher haben.

3. Die Blechdicke darf nicht geringer als 7 mm genommen werden; nur bei kleinen Kesseln sind allenfalls dünnere Bleche zulässig[1]).

V. Berechnung der Blechdicken ebener Wandungen.

Ebene Platten.

1. Bezeichnet:

s die Blechdicke in mm,

p den größten Betriebsüberdruck in at,

---

[1]) S. Bestimmungen über Landkessel.

[2]) Eine entsprechende Vorschrift fehlt für Landkessel.

a den Abstand der Stehbolzen oder Anker innerhalb einer
Reihe voneinander in mm,

b den Abstand der Stehbolzen- oder Ankerreihen voneinander in mm.

c einen Zahlenwert,

dann ist

$$s = c \sqrt{p\,(a^2 + b^2)} \ldots \ldots 4.[1)}$$

Hierin ist zu wählen:

$c = 0,017$ bei Platten, in welche die Stehbolzen oder Anker
eingeschraubt und vernietet sind, und welche von den
Heizgasen und vom Wasser berührt werden,

$c = 0,015$, wenn solche Platten nicht von den Heizgasen berührt werden,

$c = 0,0155$ bei Platten, in welche die Stehbolzen oder Anker
eingeschraubt und außen mit Muttern oder gedrehten
Köpfen versehen sind, und welche von den Heizgasen und
vom Wasser berührt werden,

$c = 0,0135$, wenn solche Platten nicht von den Heizgasen
berührt werden,

$c = 0,014$ bei Platten, welche durch Ankerröhren versteift
sind.

2. Bei Platten, deren Anker mit Muttern und Verstärkungs-
scheiben versehen sind, ist in der Gl. 4

$c = 0,013$, sofern der Durchmesser der äußeren Verstärkungs-
scheibe $^2/_5$ der Ankerentfernung und die Scheibendicke
$^2/_3$ der Plattendicke,

$c = 0,012$, sofern der Durchmesser der äußeren Verstärkungs-
scheibe $^3/_5$ der Ankerentfernung und die Scheibendicke
$^5/_6$ der Plattendicke,

$c = 0,011$, sofern der Durchmesser der äußeren Verstärkungs-
scheibe $^4/_5$ der Ankerentfernung, auch diese mit der
Platte vernietet und die Scheibendicke gleich der Plattendicke ist,

und die Platten nicht vom Feuer berührt sind. Werden sie dagegen
auf der einen Seite von den Heizgasen, auf der anderen Seite vom
Dampf berührt, dann sind sie, falls sie nicht durch Flammbleche
geschützt werden, um $^1/_{10}$ stärker zu nehmen als die Rechnung
ergibt.

[1) S. Bestimmungen über Landkessel.

3.[1]) Bei Platten, die nicht durch Stehbolzen oder Längsanker, sondern durch Eckanker oder in anderer Weise ausreichend versteift sind, ist in der Gl. 4

$c = 0{,}013$, sofern die Platten nicht von den Heizgasen berührt,

$c = 0{,}014$, sofern sie einerseits von den Heizgasen, anderseits vom Dampf berührt werden.

4. Bei unregelmäßig verteilten Verankerungen, wie in Fig. 10,

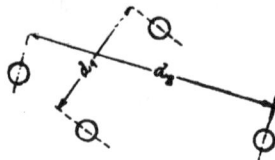

Fig. 10.

ist

$$s = c \cdot \tfrac{1}{2}\,(d_1 + d_2)\,\sqrt{p} \quad \ldots \ldots 5.[2])$$

Der Wert von c ist je nach der Art der Verankerung aus Ziff. 1 oder 2 dieses Abschnitts zu entnehmen.

5.[3]) Ist bei Feuerbüchsen die Decke nicht durch Anker oder in anderer Weise mit dem Kesselmantel verbunden, sondern durch Bügel- oder Deckenträger, welche auf den Rändern der Rohrplatten stehen, unterstützt, dann darf die Dicke der Rohrwand nicht geringer sein als

$$s = \frac{p \cdot w \cdot b}{1900\,(b-d)} \quad \ldots \ldots 6,$$

worin

w die Weite der Feuerkammer in mm,

b die Entfernung der Rohre voneinander, von Mitte zu Mitte gemessen, in mm,

d den inneren Durchmesser der glatten Rohre in mm bedeuten.

Wenn alle Rohre der obersten Reihe Ankerrohre sind, gilt als d das arithmetische Mittel aus dem inneren Durchmesser der glatten Heizrohre und demjenigen der Ankerrohre.

---

[1]) Für Landkessel ist für solche Platten in Ziff. V 6 eine besondere Berechnungsvorschrift vorgesehen (s. S. 76).

[2]) S. Bestimmungen über Landkessel.

[3]) Diese Vorschriften sind in den Bauvorschriften für Landkessel S. 81 enthalten. Anmerkungen s. dort.

5 a. Ebene unversteifte Feuerkammerdecken dürfen nur bei Binnenschiffskesseln zur Verwendung gelangen. Dabei darf die innere Weite der Feuerkammer 550 mm und die aus der nachstehenden Formel sich ergebende Wanddicke 30 mm nicht überschreiten:

$$s = 0{,}017 \, l \sqrt{p+5}.$$

Hierin ist für l in Millimeter zu setzen:
wenn die Feuerkammerdecke einerseits auf der Rohrwandkrempe, anderseits auf der Krempe der Feuerkammerrückwand aufgenietet ist, die Entfernung der beiden Nietreihen,
wenn die Feuerkammerdecke einerseits auf der Rohrwand- oder der Feuerkammerrückwandkrempe aufgenietet und auf der anderen Seite verschweißt ist, die Entfernung der Nietreihe von der andern Wand,
wenn die Feuerkammerdecke mit Rohrwand und Feuerkammerrückwand verschweißt ist, die Entfernung beider Wände[1]).

6. Für die Berechnung der Blechdicke *s* der **ebenen Wände zwischen den Heizrohrbündeln** gilt die Formel:

$$s = c_1 \cdot l \sqrt{p} \, \ldots \ldots 7,$$

worin

l den horizontalen Abstand der begrenzenden Rohrreihen voneinander, gemessen von Mittelpunkt zu Mittelpunkt, in mm,

$c_1 = 0{,}0215$, wenn in den begrenzenden Rohrreihen jedes dritte Rohr ein Ankerrohr ist,

$c_1 = 0{,}020$, wenn in den begrenzenden Rohrreihen jedes zweite Rohr ein Ankerrohr ist,

$c_1 = 0{,}0185$, wenn in den begrenzenden Rohrreihen jedes Rohr ein Ankerrohr ist,

bedeuten[2]).

7. Für Verstärkungen nicht dem ersten Feuer ausgesetzter ebener Platten durch Doppelungsplatten können 12½ vH von den für die ebenen Platten sich ergebenden Blechdicken in Abzug gebracht werden, wenn die Dicke der Doppelungsplatten mindestens $^2/_3$ der berechneten Blechdicke beträgt und die Doppelungen gut mit den Platten vernietet sind.

---

[1]) Ergänzung durch Bekanntmachung des Reichskanzlers vom 14. 12. 13, Z. 1414, S. 43. Eine entsprechende Vorschrift für Landkessel besteht nicht.

[2]) Für Landkessel bestehen andere Vorschriften, s. S. 78.

8. Vorstehende Ausführungen gelten nur für flußeiserne Wandungen.

Durch Stehbolzen oder Anker unterstützte Kupferplatten erhalten die folgenden Wanddicken, und zwar bei regelmäßig verteilten Verankerungen:

$$s = 5{,}83\ c\ \sqrt{\frac{p}{K}\ (a^2 + b^2)} \ .\ .\ .\ .\ 8,$$

bei unregelmäßig verteilten Verankerungen (wie in Fig. 10):

$$s = 5{,}83\ c\ {}^1/_2\ (d_1 + d_2)\ \sqrt{\frac{p}{K}} \ .\ .\ .\ .\ 9.$$

Die Werte von K (Zugfestigkeit des Kupfers) sind aus Abschnitt I, von c je nach der Art der Verankerung aus Ziff. 1 oder 2 dieses Abschnitts zu entnehmen.

Gekrempte ebene Böden.

Bezeichnet:

s die Blechdicke in mm,

p den größten Betriebsüberdruck in at,

r den Wölbungshalbmesser der Krempe in mm,

d den inneren Durchmesser des Bodens in mm,

K die Zugfestigkeit des Materials in kg/qmm,

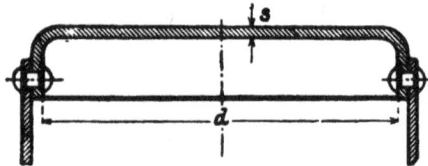

Fig. 11.

dann ist

$$s = \sqrt{\frac{3}{800}\ \frac{p}{K}\ \left[d - r\left(1 + \frac{2r}{d}\right)\right]} \ .\ .\ .\ .10.[1])$$

oder

$$p = \frac{800}{3}\ K\ \left[\frac{s}{d - r\left(1 + \frac{2r}{d}\right)} \right]^2 \ .\ .\ .\ .\ 11.[1])$$

[1]) Diese Gleichungen entsprechen den Gleichungen für Landkessel, wenn man $K = 36$ setzt.

VI. Berechnung der Blechdicken gewölbter voller Böden ohne Verankerung gegenüber innerem Überdrucke.

1. Bezeichnet:

s die Blechdicke in mm,

p den größten Betriebsüberdruck in at,

r den inneren Halbmesser in der Mitte der Wölbung in mm,

k die zulässige Belastung in kg/qmm,

so ist

$$s = \frac{p\,r}{200\,k} \text{ oder } p = \frac{200\,s\,k}{r} \dots 12.[1])$$

2. Unter der Voraussetzung, daß der Krempungshalbmesser ausreichend groß gewählt wird, damit ein allmählicher Übergang von dem zylindrischen Teile am Umfange des Bodens in den gewölbten mittleren Teil stattfindet, darf k gewählt werden

bis zu 5   kg/qmm für Schweißeisen,

» » 6,5   »   » Flußeisen,

» » 4   »   » Kupfer, sofern die Dampftemperatur 200° C nicht überschreitet.

VII. Anker und Stehbolzen.

1. Die Beanspruchung soll

bei geschweißten Ankern und Stehbolzen aus

Schweißeisen . . . . 3,5 kg/qmm

bei ungeschweißten Ankern und Stehbolzen

aus Schweißeisen 5   »

bei ungeschweißten Ankern und Stehbolzen

aus Flußeisen 6   »

bei Ankern und Stehbolzen aus Kupfer für

Dampftemperaturen bis 200° C . . . 4   » ·

nicht überschreiten.

2. Es empfiehlt sich, die mit Muttern versehenen Längsanker mit Gewinde in die Stirnplatten oder Rohrplatten einzuschrauben, außerdem nicht nur außen, sondern auch innen mit Unterlegscheiben und mit Muttern zu versehen. Die Ankerröhren sind mit Gewinde einzuziehen und aufzuwalzen.

---

[2]) S. Bestimmungen über Landkessel.

3. Die Länge der Eckanker soll so groß wie irgend möglich sein.

4. Es empfiehlt sich, in Dampfkesseln mit Flammrohren diejenigen Niete, welche die Eckanker mit der Stirnplatte verbinden, mindestens 200 mm vom Flammrohrumfang abstehen zu lassen.

5. Der Querschnitt der Eckanker soll im Verhältnis ihrer Neigung zur Kesselachse größer werden als derjenige der Längsanker.

6. Die zur Befestigung der Eckanker dienenden Bolzen und Niete sind den wirkenden Kräften entsprechend reichlich zu bemessen.

7. Werden ebene Stirnwände durch Aufnieten von I-Trägern u. dgl. versteift, so sollen diese ihre Belastung möglichst unmittelbar auf den Kesselmantel übertragen.

8. Bei der Versteifung feuerberührter ebener Flächen durch Stehbolzen sollte der Stehbolzenabstand im allgemeinen nicht größer als 200 mm sein.

VIII. Deckenträger der Feuerkammer.[1])

1. Die Träger für die flachen Feuerkammerdecken werden, wenn sie aus Flußeisen bestehen, nach der folgenden Formel bestimmt:

$$b = \frac{p \cdot c \cdot e \cdot l}{K \cdot h^2} \ \ldots \ 13,{}^2)$$

worin

    b die Gesamtdicke des Trägers in mm,
    p den größten Betriebsüberdruck in at,
    c die Entfernung der Träger voneinander in mm,
    e die Entfernung der Stehbolzen voneinander im Träger in mm,
    l die innere Weite der Feuerkammer, in der Längsrichtung der Träger gemessen, in mm,
    h die Höhe des Trägers in mm,
    $K = 480$ bei einem Stehbolzen in jedem Träger,
    » $= 360$ bei zwei   »   »   »   »
    » $= 240$ bei drei   »   »   »   »
    » $= 200$ bei vier   »   »   »   »

---

[1]) Für Landkessel gelten andere Vorschriften (vgl. S. 88).

[2]) Diese Gleichung folgt aus der Belastung eines Balkens durch Einzellasten.

$K = 160$ bei fünf Stehbolzen in jedem Träger,

» $= 140$ bei sechs » » » »

bedeuten.

Die Stehbolzen werden hierbei als über die ganze Länge l gleichmäßig verteilt angenommen.

Die Randträger sind möglichst nahe dem Krümmungsmittelpunkte des Randes anzuordnen.

Werden die Deckenträger aus Schweißeisen hergestellt, so sind die nach obiger Formel berechneten Blechdicken b um 10 vH zu vergrößern.

Die Träger sind mit ihren Enden auf die vertikalen Wandungen der Feuerkammer aufzupassen und müssen etwa 40 mm über der Decke frei liegen.

2. Werden die Deckenträger aufgehängt, so sind sie den veränderten Belastungsverhältnissen entsprechend zu berechnen.

IX. Mannlöcher und sonstige Ausschnitte.

1. Im allgemeinen sollen die ovalen Mannlöcher mindestens 300×400 mm weit sein; hiervon ist nur dann abzuweichen, wenn die Anbringung derart[1]) bemessener Mannlöcher mit Schwierigkeiten verknüpft ist. Die geringste zulässige Weite ist in diesem Ausnahmefalle 280×380 mm.

2. Die in den Dampfdom führenden Öffnungen sind stets so zu bemessen, daß das Innere des Domes sowie dessen Decken- und Randkrempen der Untersuchung zugänglich bleiben.

3. Verschlußdeckel oder Mannlocheinfassungen (Rahmen) dürfen nicht aus Gußeisen oder Temperguß hergestellt werden. Sie müssen so gestaltet sein, daß die Packung nicht herausgedrückt werden kann.

4. Es empfiehlt sich, die Schraubenbolzen der Mannlochdeckel bei Kesseln für hohe Dampfspannung mit Gewinde einzusetzen und zu vernieten.

5. Die Ränder der Mannloch- und der sonstigen Ausschnitte sind stets dann wirksam zu versteifen, wenn durch das Einschneiden der Löcher eine unzulässige Verschwächung des Bleches gegenüber dem beabsichtigten Drucke eintritt, oder wenn zu befürchten steht, daß das Blech durch das Anziehen der Bügel u. dgl. durchgespannt wird.

---

[1]) Berichtigung durch Bekanntmachung des Reichskanzlers vom 2. 3. 1912, Z. 1912, S. 161.

X. Allgemeines.[1])

Kesselarbeit kann nur dann als beste angesehen und die Sicherheitskoeffizienten für die Festigkeit der Mantelbleche können nur dann nach Abschnitt III gewählt werden, wenn den folgenden Anforderungen entsprochen ist:

a) Das Zurichten und Bearbeiten des Materials, wie Biegen und Bördeln der Bleche, das Bohren der Löcher usw. ist mit möglichster Vorsicht und in sachgemäßer Weise auszuführen. Nicht genau übereinander liegende Nietlöcher sind durch Aufreiben nachzuarbeiten. Die Vernietung sowohl wie das Abstemmen der Nähte ist möglichst sorgfältig vorzunehmen.

b) Bleche mit eingerissenen Kanten sowie fehlerhafter Niete sind zu entfernen und durch fehlerfreie zu ersetzen.

c) Alle Nähte sind, wenn möglich, von innen und außen zu verstemmen[2]).

d) Die Mantelbleche von zylindrischen Kesseln müssen mit der Längsfaser[3]) gebogen sein. Die Laschen müssen von Blechen gleicher Qualität wie die der Mantelbleche geschnitten sein und ihre Längsfaser soll mit derjenigen der letzteren gleichlaufen.

XI. Schlußbemerkung.

Ist es gegebenenfalls nicht möglich, auf dem Wege der Rechnung die Widerstandsfähigkeit eines Kessels oder einzelner Teile desselben festzustellen, so ist der Weg des Versuchs zu beschreiten.

Die Druckprobe wird in solchen Fällen zur Festigkeitsprobe und ist dann mit dem zweifachen Betrage des beabsichtigten Betriebsüberdrucks auszuführen[4]).

---

[1]) Für Landkessel sind entsprechende Bestimmungen erst später eingeführt worden.

[2]) Eine entsprechende Vorschrift ist für Landkessel nicht vorgesehen. Durch unsachgemäßes Verstemmen können leicht schwere Unfälle entstehen, weil dadurch eine starke Kaltreckung des Materials in der Umgebung der Nietköpfe und Nähte hervorgerufen wird. Näheres s. 20. 10. 17, III 6500, Z. 1917, S. 365.

[3]) Für Landkessel gilt diese Bestimmung nur für Schweißeisen.

[4]) S. Bestimmungen über Landkessel.

8. Anweisung, betr. die Genehmigung und Untersuchung der Dampfkessel[1]) vom 16. Dez. 1909.

In Ausführung der §§ 24 und 25[2]) der Reichs-G.O. sowie auf Grund des § 3 des Gesetzes vom 3. Mai 1872, den Betrieb der Dampfkessel betreffend (G.S. S. 515)[3]), bestimme ich was folgt:

I. Allgemeine Bestimmungen.

§ 1. Begrenzung des Geltungskreises der Anweisung.

I. Der gegenwärtigen Anweisung unterliegen Dampfkessel aller Art (feststehende, bewegliche Dampfkessel, Schiffsdampf-

---

[1]) Diese Anweisung wird allgemein, auch im amtlichen Verkehr, abgekürzt als »Kesselanweisung« bezeichnet.

[2]) Vgl. A. p. B. S. 13.

[3]) Das Gesetz vom 3. Mai 1872 enthält folgende Bestimmungen:

§ 1. Die Besitzer von Dampfkesselanlagen oder die an ihrer Statt zur Leitung des Betriebes bestellten Vertreter, sowie die mit der Bewartung von Dampfkesseln beauftragten Arbeiter sind verpflichtet, dafür Sorge zu tragen, daß während des Betriebes die bei Genehmigung der Anlage oder allgemein vorgeschriebenen Sicherheitsvorrichtungen bestimmungsmäßig benutzt und Kessel, die sich nicht in gefahrlosem Zustande befinden, nicht im Betriebe erhalten werden.

§ 2. Wer den ihm nach § 1 obliegenden Verpflichtungen zuwiderhandelt, verfällt in eine Geldstrafe bis zu 200 Talern oder in eine Gefängnisstrafe bis zu drei Monaten.

§ 3. Die Besitzer von Dampfkesselanlagen sind verpflichtet, eine amtliche Revision des Betriebes durch Sachverständige zu gestatten, die zur Untersuchung der Kessel benötigten Arbeitskräfte und Vorrichtungen bereitzustellen und die Kosten der Revision zu tragen.

Die näheren Bestimmungen über die Ausführung dieser Vorschrift hat der Minister für Handel, Gewerbe und öffentliche Arbeiten zu erlassen.

§ 4. Alle mit diesem Gesetze nicht im Einklange stehenden Bestimmungen, insbesondere das Gesetz, den Betrieb der Dampfkessel betreffend, vom 7. Mai 1856 (G.S. S. 295) werden aufgehoben.

kessel)[1]), auch wenn sie weder zum Maschinenbetriebe noch zu gewerbsmäßiger Verwendung bestimmt sind.

II. Die im § 1 Abs. 3 der allgemeinen polizeilichen Bestimmungen über die Anlegung von Land- und Schiffsdampfkesseln (Bekanntmachung des Reichskanzlers vom 17. Dezember 1908, RGBl. 1909 S. 3 ff.) bezeichneten Dampfüberhitzer, Niederdruck- und Zwergkessel gelten nicht als Dampfkessel im Sinne dieser Anweisung[2]).

III.[3]) Zur Genehmigung, Inbetriebsetzung und ständigen Überwachung der Kessel von Lokomotiven auf Haupt- und Nebeneisenbahnen, Kleinbahnen (§ 1 des Gesetzes über Kleinbahnen und Privatanschlußbahnen vom 28. Juli 1892) sowie solcher Privatanschlußbahnen (§§ 43 und 51 des Kleinbahnengesetzes), deren Lokomotiven auch auf den Geleisen der Haupt-, Neben- oder Kleinbahn, an die der Anschluß stattfindet, verkehren sollen, sind die zur eisenbahntechnischen Aufsicht über die genannten Bahnen berufenen Eisenbahnbehörden zuständig. Die gegenwärtige Anweisung findet auf diese Lokomotiven keine Anwendung, soweit nicht durch den Min. d. ö. A. die Geltung gleicher Bestimmungen angeordnet wird.

IV.[3]) Auf die Kessel solcher Lokomotiven von Privatanschlußbahnen (§ 43 des Kleinbahnengesetzes), die ausschließlich auf

---

[1]) Über den Begriff Dampfkessel vgl. A. p. B. § 1, S. 13 u. f. Ausnahmen s. § 20, S. 38 u. f. — Feststehende Kessel sind solche, die für eine bestimmte Betriebsstätte, bewegliche Kessel solche, die ohne Beziehung zu einer Betriebsstätte genehmigt sind (vgl. Kesselanweisung § 7, S. 151). Schiffskessel sind dauernd auf schwimmenden Bauten aufgestellte Kessel (vgl. Anm. 6, S. 14).

[2]) Vgl. S. 15 und 94.

[3]) a) Die Ziff. III und IV beziehen sich nur auf Lokomotiven in den bezeichneten Eisenbahnbetrieben, nicht jedoch auf andere Kessel (auch bewegliche), für die § 2 I, Ziff. 3 bis 5 maßgebend sind.

b) Die Lokomotivkessel der in Ziff. III bezeichneten Eisenbahnbetriebe unterstehen nach der Eisenbahn-Bau- und -Betriebsordnung und dem Kleinbahnengesetz in allen Beziehungen den Eisenbahnbehörden. Für die Genehmigung der in Ziff. IV bezeichneten Lokomotivkessel sind jedoch die nach § 9 der Kesselanweisung vorgesehenen Behörden zuständig, während die regelmäßige Überwachung den Eisenbahnbehörden übertragen ist, die für diese Überwachung besondere Bestimmungen getroffen haben.

c) Solche Lokomotivkessel, die von der Eisenbahnverwaltung genehmigt worden sind und mit der Genehmigungsurkunde in Privatbesitz übergehen, bedürfen keiner Neugenehmigung (1. 5. 11, III 2813, I 2993, Z. 1911, S. 235).

deren Geleisen verkehren, findet nur der Abschnitt II der gegenwärtigen Anweisung »Anlegung der Dampfkessel« Anwendung.
Zur Inbetriebsetzung und ständigen Überwachung dieser Kessel
ist die zur eisenbahntechnischen Aufsicht über die Privatanschluß-
bahn berufene Behörde[1]) zuständig (§§ 20 und 47 des Kleinbahnengesetzes). Hierbei gilt wegen Einführung von Bestimmungen, die
der vorliegenden Anweisung entsprechen, das unter Abs. III
(letzter Satz) Gesagte.

V. Die übrigen Lokomotiven, insbesondere die ausschließlich
auf Anschlußgleisen von Betrieben, die der Aufsicht der Bergbehörden unterstehen (§ 51 des Kleinbahnengesetzes), verkehrenden
Lokomotiven sowie Lokomotiven derjenigen nicht dem öffentlichen
Verkehre dienenden Bahnen, die keinen Anschluß an Eisenbahnen
im Sinne des Gesetzes vom 3. November 1838 oder an Kleinbahnen
haben, unterliegen der Anweisung in vollem Umfange. Das gleiche
gilt von Lokomotiven der Privatunternehmer, die beim Bau von
Haupt-, Neben-, Klein- und Privatanschlußbahnen verwendet werden.

VI. Insoweit die Anweisung hiernach auf Lokomotivkessel Anwendung findet, werden diese den beweglichen Dampfkesseln gleich
geachtet.

§ 2. Prüfung der Kessel durch staatliche Beamte und im staatlichen Auftrage.

I. Die Ausführung der auf Grund der nachstehenden Vorschriften vorzunehmenden Prüfungen der feststehenden, beweglichen[2]) und Schiffsdampfkessel erfolgt:

1. bei Dampfkesseln auf den der Aufsicht der Bergbehörden
   unterstehenden privaten Betrieben, soweit diese nicht
   Mitglieder von Dampfkesselüberwachungsvereinen sind
   oder von solchen im staatlichen Auftrag überwacht
   werden, durch die Königlichen Bergrevierbeamten[3]);

2. bei Dampfkesseln auf Bergwerken, Aufbereitungsanstalten und anderen der Aufsicht der Bergbehörden unter-

---

[1]) Diese hat auch die Genehmigungsgesuche vorzuprüfen und die Abnahmen dieser Lokomotiven durchzuführen.

[2]) Hierunter fallen Lokomotiven nur dann, wenn sie § 1 Ziff. V, entsprechen, nicht jedoch die in § 1 Ziff. III und IV, den Eisenbahnbehörden
vorbehaltenen Lokomotiven.

[3]) Vgl. Berggesetz vom 24. Juni 1865 G. S. S. 705.

stehenden Anlagen des Staates, soweit nicht besondere
Beamte dafür bestellt sind[1]), durch die Königlichen Berg-
revierbeamten, bei Dampfkesseln auf Hüttenwerken des
Staates durch die Leiter dieser Werke oder ihre Stell-
vertreter; in beiden Fällen kann mit Genehmigung des
Ministers für Handel und Gewerbe eine andere Form der
Überwachung zugelassen werden[2]);

3. bei Dampfkesseln der preußischen Staatseisenbahnen[3])
   durch die zuständigen technischen Beamten der Staats-
   eisenbahnverwaltung;

4. bei Dampfkesseln der dem Gesetze vom 3. November 1838
   (GS. S. 505) unterliegenden Privateisenbahnen[3]) durch
   die von dem zuständigen Eisenbahn-Direktions-
   Präsidenten damit beauftragten Sachverständigen;

5. bei Dampfkesseln der Kleinbahnen[3]), soweit sie ausschließlich[4]) Bahnzwecken dienen, durch die von dem
   Präsidenten der zuständigen Eisenbahn-Direktion damit
   beauftragten Sachverständigen, andernfalls durch die
   Dampfkesselüberwachungsvereine in einer der zugelassenen Formen (§ 2 Ziff. 9 oder § 3), unbeschadet des
   Rechts der kleinbahngesetzlichen Aufsichtsbehörden,
   durch Besichtigung der Anlagen festzustellen, ob ihr
   Zustand und ihre Leistungsfähigkeit die Regelmäßigkeit
   und Sicherheit des Kleinbahnbetriebs gewährleisten, und
   Verbesserungen zu fordern, die im Interesse der Betriebssicherheit auf den Kleinbahnen und zur Wahrung der Interessen des öffentlichen Verkehrs notwendig erscheinen;

---

[1]) Dies ist nur noch im Bezirk der Bergwerksdirektion Saarbrücken
der Fall.

[2]) In den oberschlesischen Hütten- und Bergwerken, sowie in den
westfälischen Kohlengruben des Staates sind demgemäß die Dampfkessel-Überwachungsvereine mit den Untersuchungen betraut worden.

[3]) Diese Bestimmungen gelten nicht für die Lokomotiven dieser
Eisenbahnbetriebe, für die § 1, Ziff. III und IV maßgebend sind. Für die
Genehmigung der hier genannten Kessel sind die Eisenbahnbehörden
nicht zuständig.

[4]) Demnach unterliegen z. B. dem Bahnbetrieb dienende elektrische
Kraftwerke, wenn sie nur im geringen Umfange elektrische Energie für
andere Zwecke abgeben, nicht der Aufsicht durch die von der Eisenbahn-
direktion beauftragten Sachverständigen.

6. bei Dampfkesseln der Staats-Bauverwaltung, soweit bei ihr besondere, für das Maschinenbaufach vorgebildete höhere Beamte bestellt sind, durch diese, andernfalls durch die Gewerbeaufsichtsbeamten[1]);

7. bei den übrigen preußischen fiskalischen Dampfkesseln durch die Gewerbeaufsichtsbeamten[1]), vorbehaltlich besonderer Ausnahmen durch den Minister für Handel und Gewerbe;

8. bei den Dampfkesseln der Kaiserlichen Marine, der Postverwaltung, der Heeresverwaltung[2]), der Verwaltung des Kaiser-Wilhelm-Kanals[3]), soweit bei diesen Verwaltungen besondere, für das Maschinenbaufach vorgebildete höhere Beamte bestellt sind, durch diese, andernfalls durch die Dampfkesselüberwachungsvereine im staatlichen Auftrage, sofern die genannten Verwaltungen nicht Mitglieder eines solchen Vereins sind;

---

[1]) Die Gewerbeaufsichtsbeamten waren seit 1892 in erster Linie für die Überwachung aller Dampfkessel zuständig (s. Einleitung S. 7.), die seit 1897 bzw. 1900 im wesentlichen den Dampfkessel-Überwachungsvereinen übertragen wurde. Trotzdem soll nach wie vor *der gesamte Kesselbetrieb als integrierender Bestandteil des gewerblichen Unternehmens, zu dem er gehört, der verantwortlichen Aufsicht der Gewerbeaufsichtsbeamten unterstellt bleiben* (vgl. z. B. 7. 5. 10, III 3740, Z. 1910, S. 222). Sie sind demgemäß auch berechtigt, Anordnungen hinsichtlich des Kesselbetriebes auf Grund der Gewerbeordnung zu treffen (vgl. z. B. 19. 1. 11, III 291, Z. 1911, S. 106). Um die dazu erforderliche Sachkunde dieser Beamten zu gewährleisten, sollen sie bei den Überwachungsvereinen einige Zeit praktisch mitarbeiten (6. 6. 10, III 1394, Z. 1910, S. 273); die Überwachungsvereine sollen ferner einige ihrer Überwachung unterstellten Kessel zur Untersuchung durch Gewerbeassessoren zur Verfügung stellen (3. 4. 11, III 661, Z. 1911, S. 200). Vgl dazu § 30, I. S. 179. Über die Gebühren vgl. S. 192 Anm. 1e.

[2]) Über die während des Krieges von der Heeresverwaltung betriebenen Lokomotivkessel, die nunmehr in Privatbesitz übergehen, vgl. Anm. 1 n. zu § 20 A. p. B. S. 40.

[3]) Andere Reichsbehörden müssen ihre Kessel durch die Überwachungsvereine im staatlichen Auftrage oder als Mitglieder prüfen lassen. — Ein Recht, ihre Anlagen selbst zu genehmigen, (vgl. § 7 S. 151), besitzen die Reichsbehörden nicht, sie müssen sich deshalb vielmehr an die dafür zuständigen Behörden wenden; die Marineverwaltung hat dies bisher nicht getan.

9. im übrigen, vorbehaltlich besonderer Ausnahmen durch den Minister für Handel und Gewerbe (§§ 3 und 5), durch staatlich hierzu ermächtigte Ingenieure der preußischen oder in Preußen anerkannten Dampfkesselüberwachungsvereine im staatlichen Auftrage[1]). Zur Ausführung erster Druckproben und Bauprüfungen und der Druckproben nach Hauptausbesserungen in den Kesselfabriken sind die Vereinsingenieure innerhalb ihrer Vereinsbezirke (§ 3 Abs. V) stets zuständig[2]), wenn die sonst befugten Dienststellen keinen Vorbehalt zugunsten der von ihnen bestellten Sachverständigen machen.

II. Die vom Staate beauftragten Dampfkesselüberwachungsvereine haben die nach Maßgabe der nachstehenden Vorschriften vorzunehmenden Prüfungen zn den durch die Gebührenordnung festgelegten Sätzen auszuführen[3]). Für den Übergang der von ihnen im staatlichen Auftrage beaufsichtigten Dampfkessel zu einem Überwachungsvereine gelten die Bestimmungen des § 41.

§ 3.   Dampfkesselüberwachungsvereine.[4])

I. Vereinen von Dampfkesselbesitzern, welche eine regelmäßige und sorgfältige Überwachung der Kessel vornehmen lassen, kann durch den Minister für Handel und Gewerbe die Vergünstigung erteilt werden, daß bei den Mitgliedern die Vereinsüberwachung an die Stelle der amtlichen Prüfung (§ 2 Abs. I Ziff. 9) tritt.

---

[1]) Diese Tätigkeit im staatlichen Auftrage erfolgt unter Aufsicht des zuständigen Regierungspräsidenten, der auch über Beschwerden zu entscheiden und etwaige Nachprüfungen, zu denen jedoch die Überwachungsvereine hinzugezogen werden sollen, zu veranlassen hat (10. 5. 1898, B 2320, Min.Bl. i. V. S. 181). Aus dieser Überwachung im staatlichen Auftrage folgt für die Kesselbesitzer keine Verpflichtung, Vereinsmitglieder zu werden (22. 3. 00, Min.Bl. i. V., S. 181).

[2]) Auch an Kesseln, die nach I, Ziff. 1 bis 8 nicht ihrer Überwachung unterliegen, während die andern der dort bezeichneten Sachverständigen nicht berechtigt sind, diese Prüfung an Kesseln, die sie nicht selbst überwachen, vorzunehmen. Die von den Überwachungsvereinen ausgestellten Bescheinigungen sind anzuerkennen (vgl. K.A. § 6 II).

[3]) Die Überwachungsvereine erhalten nur die aufkommenden Gebühren. Den Ausfall bei Zahlungsunfähigkeit des Kesselbesitzers deckt der Staat nicht (11. 12. 05, Z. 1906, S. 13).

[4]) Vgl. Einleitung S. 3 u. f.

II. Die vorgeschriebenen Prüfungen werden alsdann von den Ingenieuren der Kesselüberwachungsvereine nach Maßgabe der ihnen von dem Minister für Handel und Gewerbe verliehenen Berechtigungen ausgeführt.

III. Die Erteilung der in Abs. 1 gedachten Vergünstigung an die Vereine und die Verleihung der im Abs. II erwähnten Berechtigungen an die Vereinsingenieure ist jederzeit widerruflich.

IV. Die Erteilung der Vergünstigung an die Vereine und die Entziehung derselben durch Widerruf ist in den Amtsblättern der beteiligten Regierungen öffentlich bekannt[1]) zu machen.

V. Die Vereine sind, vorbehaltlich besonderer Ausnahmen[2]), nicht befugt, ihre amtliche Tätigkeit außerhalb ihrer vom Minister für Handel und Gewerbe festgesetzten Aufsichtsbezirke, deren Abgrenzung[3]) öffentlich bekannt gemacht wird, auszuüben. Wegen der Ausnahmen vgl. §§ 24 Abs. IV und 30 Abs. IV[4]). Außerdem kann den Vereinen durch die zu ihrer Beaufsichtigung berufenen Behörden (§ 4) bei Schiffskesselbestellungen im Auslande gestattet werden, die erste Druckprobe und andere Prüfungen im Auslande vorzunehmen, sofern dadurch die Interessen der Schiffseigner gefördert werden.

§ 4.

I. Die im § 3 bezeichneten Vereine haben dem zu ihrer Beaufsichtigung[5]) vom Minister für Handel und Gewerbe berufenen Regierungspräsidenten — im Landespolizeibezirke Berlin dem Polizeipräsidenten zu Berlin — oder Oberbergamte bis zum 1. Juli jedes Jahres zur Übermittelung an den Minister für Handel und Gewerbe einen Bericht über ihre Tätigkeit während des abgelaufenen Etatsjahrs nach den hierüber ergangenen besonderen Vorschriften[6])

---

[1]) Diese Veröffentlichung erfolgt von Amts wegen und kostenlos (Min. d. I. 14. 6. 02, Ia 869).

[2]) Für die in den Materialvorschriften zu den A. p. B. vorgesehenen Materialprüfungen sind die Ingenieure der Überwachungsvereine ohne Beschränkung auf das Vereinsgebiet zuständig (vgl. S. 42, Anm. 3) (10. 12. 09, III 9669, Z. 1910, S. 8, vgl. auch Anm. 4 S. 147).

[3]) Die Abgrenzung gilt auch für Druckproben neuer oder ausgebesserter Kessel in Kesselschmieden (25. 5. 02, Z. 1902, S. 412).

[4]) Diese Ausnahmen betreffen bewegliche und Schiffskessel, die vorübergehend in anderen Vereinsgebieten betrieben werden.

[5]) Die Aufsicht erstreckt sich nur auf die amtliche Tätigkeit, jedoch nicht auf andere Vereinsangelegenheiten.

[6]) Vgl. z. B. Anm. 1, S. 191.

zu erstatten sowie außerdem den für ihren Bezirk örtlich zuständigen Regierungspräsidenten (im Landespolizeibezirke Berlin dem Polizeipräsidenten zu Berlin) oder Oberbergämtern bis zu demselben Zeitpunkte nachstehende Übersichten einzureichen:

1. ein Hauptverzeichnis der bei Vereinsmitgliedern überwachten Dampfkessel, getrennt nach Gewerbeaufsichtsbezirken oder Bergrevieren, welches in der Weise gebildet wird, daß für jeden Dampfkessel ein auswechselbares Blatt nach dem anliegenden Vordruck H (s. S. 210) zur Sammlung genommen wird. Die Blätter sind durch Eintragung aller an dem Dampfkessel ausgeführten Prüfungen ständig auf dem Laufenden zu erhalten;

2. ein gleiches Verzeichnis der von den Vereinen im staatlichen Auftrage überwachten Dampfkessel (§ 2 Abs. 1 Ziff. 9).

Die Verzeichnisse sind durch Vermittlung der zuständigen Gewerbeinspektoren oder Bergrevierbeamten vorzulegen und von diesen mit einem kurzen Hinweis über etwa erforderliche Aufklärungen den zuständigen Dienststellen weiterzugeben. Die Rückgabe an die Vereine hat spätestens innerhalb 4 Wochen zu erfolgen.

II. Die Vereine haben ferner von jedem Ausscheiden eines Mitglieds unter Angabe, durch wen die Überwachung seiner Kessel in der Folge bewirkt werden wird, der zuständigen staatlichen Aufsichtsbehörde unverzüglich Nachricht zu geben.

§ 5. Befreiung einzelner Dampfkesselbesitzer von den amtlichen Prüfungen.

I. Eine gleiche Vergünstigung, wie den im § 3 Abs. I bezeichneten Dampfkesselüberwachungsvereinen, kann ausnahmsweise auch einzelnen Dampfkesselbesitzern[1] sowie den Privateisenbahnen[2],

---

[1] a) Diese Vergünstigung besitzen: Dortmunder Union in Dortmund, Gewerkschaftlich Mansfeldsche Ober- Berg- und Hüttendirektion in Eisleben, Fried. Krupp A.-G. in Essen.

b) Diese Ausnahmen werden nur bei einer größeren Zahl von Kesseln, etwa 300 bis 400, gewährt. Im übrigen gelten sinngemäß ähnliche Vorschriften wie für die Überwachungsvereine (14. 6. 00, B 4075, I 4167, Z. 1900, S. 421).

[2] Diese Vorschrift bezieht sich nur auf feststehende, bewegliche und Schiffskessel (vgl. § 2, Anm. 2, S. 143 und Anm. 3, S. 144), nicht jedoch auf Lokomotiven, für die § 1 IV maßgebend ist (vgl. Anm., 3 S. 142).

welche für eine sachgemäße Ausführung der Prüfungen und Druckproben und für eine regelmäßige Überwachung ihrer Dampfkessel
entsprechende Einrichtungen getroffen haben, zuteil werden mit
der Maßgabe, daß bei den von den amtlichen Prüfungen befreiten
einzelnen Dampfkesselbesitzern mindestens die Vorprüfung (§ 11)
und die Abnahme (§ 24) den mit Kesselprüfungen beauftragten
Staatsbeamten[1]) verbleibt.

II. Die im Genusse der Vergünstigung befindlichen Dampf-
kesselbesitzer haben den im § 4 Abs. I bezeichneten örtlich zuständigen Behörden innerhalb acht Wochen nach Ablauf des Etatsjahrs die Zahl der von ihnen im Laufe des Etatsjahrs betriebenen
Dampfkessel und die unter Ziff. 1 daselbst vorgeschriebene Über-
sicht einzureichen.

§ 6. Freizügigkeit der Kessel.[2])

I. Bewegliche[3]) und Schiffsdampfkessel, deren Inbetriebnahme
in einem anderen Bundesstaat auf Grund des § 24 der G.O. und
der allgemeinen polizeilichen Bestimmungen über die Anlegung von
Land- oder Schiffsdampfkesseln genehmigt worden ist, können in
Preußen ohne nochmalige vorgängige Untersuchung betrieben
werden, sofern die Bescheinigungen über die gemäß § 12 der vorbe-
zeichneten allgemeinen polizeilichen Bestimmungen vorzunehmenden Prüfungen[4]) sowie über die etwa ausgeführten regelmäßigen
Prüfungen vorgelegt werden und seit der letzten Untersuchung
(Abnahme oder regelmäßige Prüfung) nicht mehr als ein Jahr verflossen ist. Unter derselben Voraussetzung sollen solche Kessel
bei vorübergehendem Aufenthalt in Preußen nicht früher zu regelmäßigen Untersuchungen herangezogen werden, als solche in dem
Heimatsstaate fällig werden.

---

[1]) Solche sind in erster Linie die Bergrevierbeamten und die Gewerbeaufsichtsbeamten. Diese haben auch nachträgliche Richtigstel-
lungen der Sicherheitsventile vorzunehmen, weil dies als ein Teil der
Abnahme angesehen wird (vgl. z. B. 20. 2. 02, III a 1140, I 1106).

[2]) Diese Bestimmungen entsprechen zum Teil wörtlich der Vereinbarung der verbündeten Regierungen vom 17. 12. 08, s. S. 222.

[3]) Über bewegliche Kessel s. S. 142, Anm. 1 und K.A. § 7, S. 151.
Als bewegliche Kessel im Sinne dieser Vorschriften gelten auch Kleinkessel gemäß § 18 A. p. B., vgl. S. 36.

[4]) Die Prüfungen sind Bauprüfung, Druckprobe und Abnahme (s.
S. 29).

II. Dampfkessel, die am Verfertigungsort eines anderen Bundesstaats oder innerhalb Preußens von einem hierfür zuständigen Beamten oder staatlich ermächtigten Sachverständigen nach § 12 Abs. 2 und 3 und § 14 der allgemeinen polizeilichen Bestimmungen[1]) über die Anlegung von Land- oder Schiffsdampfkesseln, oder nach Vornahme einer Ausbesserung gemäß § 13 a. a. O. geprüft und den Vorschriften unter § 12 Abs. 5 daselbst entsprechend abgestempelt worden sind, unterliegen, sobald sie im ganzen nach ihrem Aufstellungsorte verschickt werden und die Bescheinigung des Sachverständigen über die Prüfung vorgelegt wird, einer weiteren Bauprüfung oder Wasserdruckprobe vor ihrer Einmauerung oder Wiederinbetriebsetzung nur dann, wenn sie durch den Versand oder aus anderer Veranlassung Beschädigungen erlitten haben, welche die Wiederholung der Prüfung geboten erscheinen lassen.

III. Zur Ausführung der fälligen regelmäßigen Prüfungen von beweglichen und Schiffsdampfkesseln bei vorübergehendem Aufenthalt in Preußen werden die zuständigen Sachverständigen des Heimatsorts ohne besonderen Antrag zugelassen. Dem Besitzer solcher Kessel steht es jedoch frei, sich an den Dampfkesselüberwachungsverein desjenigen Ortes zu wenden, an welchem sich der Kessel zur Zeit der Fälligkeit der Untersuchung befindet. Der Verein ist verpflichtet, die Untersuchungen auf Antrag auszuführen und Abschrift der darüber in das Revisionsbuch einzutragenden Bescheinigung der für die regelmäßige Prüfung zuständigen Stelle zu übersenden. Die in solchen Fällen von den Vereinen zu erhebenden Untersuchungsgebühren dürfen den Betrag nicht überschreiten, der von ihnen für außerordentliche Prüfungen der im staatlichen Auftrag überwachten Kessel erhoben wird.

IV. Die Bescheinigungen der in anderen Bundesstaaten mit der regelmäßigen Prüfung der beweglichen und Schiffsdampfkessel ermächtigten Beamten oder Sachverständigen über die Vornahme regelmäßiger Untersuchungen solcher Kessel werden in Preußen anerkannt.

V. Die Bescheinigungen der in anderen Bundesstaaten nach § 2 Abs. 1 der allgemeinen polizeilichen Bestimmungen über die Anlegung von Land- oder Schiffsdampfkesseln zur Prüfung des Baustoffs der Dampfkessel ermächtigten Sachverständigen werden in Preußen anerkannt.

---

[1]) Die Prüfungen sind Bauprüfungen, Druckprobe und Abnahme (s. S. 29).

VI. Dampfkessel aus dem Auslande müssen nach den Vorschriften des § 12 der allgemeinen polizeilichen Bestimmungen über die Anlegung von Land- oder Schiffsdampfkesseln durch einen in Preußen zuständigen Sachverständigen geprüft werden. Dabei muß die Ummantelung der Kessel entfernt werden. Der Nachweis, daß der Baustoff solcher Kessel den anerkannten Regeln der Technik entspricht und erforderlichenfalls geprüft worden ist, hat, soweit nicht § 3 Abs. V letzter Satz[1]) zutrifft oder die Bestimmungen für alte Kessel (§ 21 Abs. 2 oder § 18 Abs. 2 der allgemeinen polizeilichen Bestimmungen über die Anlegung von Land- oder Schiffsdampfkesseln) Platz greifen, durch Vorlegung der Zeugnisse von Sachverständigen[2]) zu geschehen, deren Anerkennung durch den Minister für Handel und Gewerbe erfolgt ist.

II. Anlegung der Dampfkessel.
Fälle der Genehmigung.
§ 7. Neugenehmigung.[3])

Zur Anlegung neuer Dampfkessel oder zur Wiederinbetriebnahme alter Kessel, deren Genehmigung nach § 49 der G.O. oder aus anderen Gründen erloschen ist, bedarf es nach Maßgabe des § 24 der G.O. einer gewerbepolizeilichen Genehmigung. Diese wird bei feststehenden Dampfkesseln für eine bestimmte Betriebsstätte[4]),

---

[1]) Dieser Satz betrifft Prüfungen durch die Vereinsingenieure im Ausland, wenn dadurch die Interessen der Schiffseigner gefördert werden.

[2]) Werksbescheinigungen genügen für Auslandsmaterial nicht; es sind vielmehr Bescheinigungen anerkannter, vom Blechwalzwerk unabhängiger Sachverständiger erforderlich.

[3]) Vgl. hierzu § 12 A. p. B., S. 29. — Die Bestimmungen des § 7 gelten, wenn eine neue Kesselanlage noch keine Genehmigung besitzt oder eine alte Kesselanlage eine früher bestandene Genehmigung verloren hat, während § 8 anzuwenden ist, wenn eine vorhandene und genehmigte Kesselanlage so geändert wird, daß davon Bedingungen der Genehmigung betroffen werden.

[4]) Als Betriebsstätte gilt das Kesselhaus; demnach ist bei Verlegung eines Kessels in ein andres Kesselhaus eine Neugenehmigung nach § 7 erforderlich, während bei der Umstellung eines Kessels innerhalb desselben Kesselhauses nur eine erneute Genehmigung nach § 8 vorzunehmen ist. Im ersteren Falle ist nötigenfalls der Druck des Kes-

bei Schiffsdampfkesseln für ein bestimmtes Schiff, bei beweglichen
Dampfkesseln ohne Beziehung zu einer Betriebsstätte erteilt. Daher bedürfen feststehend genehmigte Dampfkessel, die an einer
neuen Betriebsstätte oder künftig als bewegliche an verschiedenen
Betriebsstätten, oder Schiffsdampfkessel, die außerhalb des Schiffes,
auf das die Genehmigung lautet — sei es in Verbindung mit einem
anderen Schiffe, sei es auf dem Festlande[1]) —, oder bewegliche
Dampfkessel, die feststehend betrieben werden sollen[2]), einer neuen
Genehmigung im Sinne des § 24 der G.O. Ein neuer, an die Stelle
eines alten tretender Dampfkessel bedarf stets der gewerbepolizeilichen Genehmigung, auch wenn er von derselben Bauart wie der alte
Kessel ist. Reserveschiffskessel[3]), welche mit den Kesseln, zu
deren Ersatz sie dienen sollen, in der Bauart, Größe und Spannung übereinstimmen, können gleichzeitig für mehrere gleich-
gebaute Schiffe genehmigt werden. Ersatzteile, die in der Bauart
mit denen übereinstimmen, zu deren Ersatz sie bestimmt sind
und hinsichtlich ihres Baustoffes den geltenden Bestimmungen
entsprechen, bedürfen keiner Genehmigung (z. B. die ausziehbaren Teile von Feuerbüchskesseln)[4]).

---

sels auf Grund des § 21, 2 A. p. B. (s. S. 40) herabzusetzen, während bei
einer erneuten Genehmigung diese Bestimmungen nicht anzuwenden sind
(vgl. 24. 5. 09, III 4116, Z. 1909, S. 266). Für eine erneute Genehmigung
sind ferner weitere Erleichterungen in § 10 VI und § 19 K. A. vorgesehen.

[1]) Vgl. hierzu Anm. 2d zu § 20 A. p. B. S. 39, betreffend Ausnahme
wegen der höheren Festigkeit der Schiffskesselbleche.

[2]) Eine solche Betriebsweise beweglicher Kessel als feststehende ist anzunehmen, wenn die Möglichkeit oder Wahrscheinlichkeit, daß der Kessel in
absehbarer Zeit an anderer Stelle betrieben wird, nicht vorliegt. Ein Schutz-
haus für den beweglichen Kessel macht ihn noch nicht zu einem feststehenden.

[3]) Reserveschiffskessel sind solche, die in eines der Schiffe, für die
sie genehmigt sind, vorübergehend eingebaut werden, wenn der Kessel,
an dessen Stelle sie treten, zur Ausbesserung aus dem Schiffe zeitweilig
entfernt wird. Der ausgebesserte Kessel ist wieder in das Schiff, für das
er genehmigt ist, einzubauen und darf nicht etwa als Reservekessel für
andere Schiffe dienen (25. 6. 00, Min. Bl. i. V. S. 220).

[4]) Beim ersten Einbau von Reserverohrsystemen ist eine Druckprobe
nach Hauptausbesserung vorzunehmen. Beide Rohrsysteme können dann
wechselweise benutzt werden, wenn sie regelmäßigen inneren Untersuchungen und Wasserdruckproben (gegebenenfalls auch Druckproben
nach Hauptausbesserung) unterworfen werden und dies im Revisionsbuch vermerkt wird (12. 7. 04, Z. 1904, S. 297).

§ 8. Erneute Genehmigung.[1])

I. Zu wesentlichen Änderungen[2]) einer genehmigten Dampfkesselanlage bedarf es der erneuten Genehmigung[3]) nach Maßgabe des § 25 der G.O. Als solche Änderungen gelten:

1. wesentliche Änderungen in der Bauart der Dampfkessel,
2. wesentliche Änderungen in bezug auf Lage oder Beschaffen-

---

[1]) Siehe Anm. 3, Seite 151.

[2]) Eine Änderung setzt voraus, daß der Charakter der Anlage erhalten bleibt; ist dies nicht der Fall, so ist die Anlage als eine neue anzusehen. Was eine wesentliche Änderung ist, kann strittig sein. Bei weitgehender Auslegung wird man alle Änderungen, die Teile der Anlage in einem solchen Umfange beeinflussen, daß die in der Genehmigungsurkunde durch Zeichnung oder Beschreibung angegebenen Kennzeichen nicht mehr auf sie passen, als wesentlich bezeichnen können. Um aber der Industrie die Erschwernisse einer erneuten Genehmigung zu ersparen, ist sorgfältig zu prüfen, ob die Änderung auf die Rücksichten einwirken kann, die nach § 16 der G.O. die Anlage genehmigungspflichtig machen, daß nämlich die Anlage durch die Beschaffenheit der Betriebsstätte für die Besitzer oder Bewohner der benachbarten Grundstücke oder für das Publikum überhaupt erhebliche Nachteile, Gefahren oder Belästigungen hervorrufen kann (19. 7. 11, III 10705/10 II, Z. 1911, S. 338). In Einzelfällen sind als wesentliche Änderung angesehen worden:

Zu 1. Umbau eines Einflammrohrkessels in einen solchen mit zwei Flammrohren; Einbau von Gallowayrohren; Auswechseln kupferner Feuerbüchsen gegen eiserne (28. 1. 16, III 150, Z. 1916, S. 59). (Dabei kann von der Bauprüfung, aber nicht von der Druckprobe und Abnahme abgesehen werden.)

Zu 2. Umlegung von Kesseln innerhalb desselben Kesselhauses (vgl. Anm. 4, S. 151), Erhöhung der Schornsteine, Aufstellung neuer Schornsteine, Rauchgasvorwärmer, Bunkeranlagen, Überhitzer (vgl. Anm. 2a, S. 15) (für Überhitzer bei Schiffskesseln vgl. Anm. 1, S. 94).

Zu 3. Auswechslung einer Speisepumpe gegen einen Injektor; Einbau von Einrichtungen zur Erhöhung des Wasserumlaufes (12. 6. 11, III 4111, Z. 191,1 S. 313); Anordnung von Unterwindgebläsen soweit sie einen höheren Druck als 30 mm W.-S. erzeugen (vgl. § 3 A. p. B. S. 19).

[3]) Bei einer erneuten Genehmigung sind die Vorschriften der A. p. B. nicht in vollem Umfange zu fordern (vgl. § 20, S. 38 und § 21 A. p. B., S. 40). Eine Prüfung hinsichtlich der Höhe des zulässigen Druckes ist jedoch erforderlich (23. 3. 00, B 2083) wenn der Kessel durch den Betrieb gelitten hat. — Für die erneute Genehmigung genügen Beschreibungen und Zeichnungen der Änderung.

heit der Betriebsstätte[1]) von feststehenden und Schiffsdampfkesseln,

3. wesentliche Änderungen im Betriebe der Dampfkessel, z. B.
eine aus sicherheitspolizeilichen Gründen erforderliche,
dauernde Herabsetzung, oder eine vom Unternehmer beantragte Erhöhung[2]) der in der Genehmigungsurkunde festgesetzten höchsten zulässigen Dampfspannung.

II. Einer Genehmigung durch die Beschlußbehörde bedarf es
ferner, wenn eine wesentliche Änderung der in der Genehmigungsurkunde aufgeführten Bedingungen stattfinden soll oder eine
wesentliche Änderung der durch die allgemeinen polizeilichen Bestimmungen über die Anlegung von Land- oder Schiffsdampfkesseln
vorgeschriebenen Sicherheitsvorrichtungen beabsichtigt wird.

§ 9. Zuständigkeit.

I. Über die nach den §§ 7 und 8 vorgeschriebenen Genehmi-
gungen[3]) beschließt hinsichtlich der Dampfkessel in den der Aufsicht der Bergbehörden unterstellten Betrieben[4]) das Oberbergamt, im übrigen der Kreisausschuß (in den Hohenzollernschen
Landen der Amtsausschuß), in Stadtkreisen der Stadtausschuß,
in den einem Landkreis angehörigen Städten mit mehr als 10000
Einwohnern und in denjenigen Städten der Provinz Hannover, für
welche die revidierte Städteordnung vom 24. Juni 1858 gilt —
mit Ausnahme der im § 27 Abs. 2 der Kreisordnung für diese Provinz vom 6. Mai 1884 bezeichneten Städte — der Magistrat (kolle-
gialische Gemeindevorstand).

II. Die örtliche Zuständigkeit bestimmt sich:

1. bei feststehenden Dampfkesseln nach dem Orte der Errichtung, ausgenommen Kleinkessel, für welche die Genehmigung von ihren Erbauern am Fabrikationsorte ohne Beziehung zu einer Betriebsstätte nachgesucht werden kann,
selbst wenn die Kessel von Mauerwerk umgeben sind und

---

[1]) Siehe Anm. 4, Seite 151.

[2]) Eine Erhöhung des einmal genehmigten Druckes war früher verboten.

[3]) Dieses Genehmigungsverfahren ist unabhängig von einer etwa
sonst noch erforderlichen Genehmigung des Gewerbebetriebes (§ 16 G. O.).

[4]) Solche sind Bergwerke und Aufbereitungsanstalten sowie Anlagen zur Gewinnung und Aufsuchung von Erdöl, Kali und Steinsalz
in der Provinz Hannover (Gesetze vom 24. Juni 1864, 6. Juni 1904,
26. Juni 1904).

später an einem Betriebsorte zu dauernder Benutzung aufgestellt werden sollen (siehe § 18 der allgemeinen polizeilichen Bestimmungen über die Anlegung von Landdampfkesseln). Die Art ihrer Einmauerung ist in solchen Fällen
durch Zeichnung festzulegen und darf davon bei ihrer
Aufstellung als feststehende Kessel nicht abgewichen werden;
2. bei beweglichen Dampfkesseln nach dem Wohnsitze des
   Antragstellers;
3. bei Schiffsdampfkesseln in erster Linie nach dem Heimatshafen[1]), den das Schiff nach der Erklärung des Erbauers
   des Schiffes erhalten soll, oder wenn dieser Hafen noch
   nicht feststeht, nach dem Wohnsitze des Bestellers (Schiffseigners), oder wenn der Bau des Schiffes ohne Auftrag erfolgt, nach dem Wohnsitze des Erbauers des Schiffes.
III. Zur baupolizeilichen Genehmigung und Dispenserteilung
des zu einer Kesselanlage gehörigen baulichen Zubehörs (Kesselhaus, Schornstein usw.) sind nicht die örtlich zuständigen Bau-
polizeibehörden, sondern ausschließlich die im Abs. I bezeichneten
Beschlußbehörden zuständig.

§ 10. Form und Unterlagen des Antrags.

I. Anträge auf Erteilung der in den §§ 7 und 8 gedachten Ge-
nehmigungen sind als schleunige Angelegenheiten zu behandeln.

II. Der Antrag an die Beschlußbehörde ist, entsprechend den
durch § 1 Abs. IV und V und §§ 2 und 3 geregelten Zuständig-
keitsverhältnissen, zur Beschleunigung des Verfahrens unmittelbar
dem für die regelmäßige Überwachung des Kessels zuständigen
Beamten oder Dampfkesselüberwachungsvereine vorzulegen. Kesselbesitzer, deren Kessel gemäß § 5 von den amtlichen Prüfungen
befreit sind, haben den Antrag bei dem für den Bezirk zuständigen
Gewerbeinspektor oder Bergrevierbeamten anzubringen.

III. Aus dem Gesuche muß der vollständige Name, Stand und
Wohnort des Besitzers[2]) ersichtlich sein. Demselben sind, abge-

---

[1]) S. 223, Z. 14 der Vereinbarungen. Es soll dadurch erreicht werden, daß die Behörden, deren Aufsicht der Kessel nach Inbetriebnahme
unterliegt, Einfluß auf das Genehmigungsverfahren haben.

[2]) Hierunter ist derjenige zu verstehen, der die Anlage künftig be-
treiben will, nicht der Eigentümer im juristischen Sinne. Bei beweglichen Kesseln ist häufig der künftige Unternehmer noch nicht bekannt;
an seine Stelle tritt dann der Erbauer des Kessels.

sehen von den Anträgen auf Genehmigung fiskalischer und solcher
Anlagen, deren Untersuchung durch Königliche Bergrevierbeamte
oder deren Abnahme gemäß § 5 durch Staatsbeamte bewirkt wird,
für welche je zwei Ausfertigungen genügen, in je drei Ausfertigungen[1]) beizufügen:

1. eine Beschreibung, welche nach dem dieser Anweisung anliegenden Muster J (s. S. 211) für feststehende, bewegliche
   Kessel und Schiffsdampfkessel[2]) anzufertigen ist;

2. eine maßstäbliche Zeichnung, aus welcher die für die Berechnung der Wandstärken und der Heizfläche des Kessels[3])
   erforderlichen Maße, die etwa vorhandenen Verstärkungen
   sowie die Höhe des niedrigsten zulässigen Wasserstandes
   über den Feuerzügen[4]) zu ersehen sind; bei Schiffsdampf-
   kesselanlagen muß die maßstäbliche Zeichnung wenigstens
   den Schiffsteil, der zum Einbau des Kessels dient, mit den
   benachbarten Räumen sowie die Art der Befestigung und
   Lagerung des Kessels und seine Armaturen umfassen.
   Ferner ist anzugeben, ob es sich um einen Fluß- oder Seeschiffskessel handelt[5]).

IV. Wenn die Anlegung eines feststehenden Kessels beabsichtigt wird, so sind ferner in der dem Abs. III entsprechenden Zahl
von Ausfertigungen einzureichen:

---

[1]) Diese werden mit der Genehmigungsurkunde zusammengeheftet;
ein Stück erhält der Besitzer, das zweite die Ortspolizeibehörde und
das dritte der zuständige Überwachungsverein. Für die den Bergrevierbeamten unterstellten Kessel ist ein drittes Stück nicht erforderlich,
weil diese Beamten gleichzeitig als Ortspolizeibehörde für die Anlage
gelten. Bei fiskalischen Kesseln erhält die für die Überwachung zuständige Stelle keine vollständige Urkunde, weil »hier eine Gewähr für den
konzessionsgemäßen Zustand der Anlage und sorgfältige Aufbewahrung
der Urkunde gegeben ist« (9. 3. 00, Z. 1900, S. 191).

[2]) Für Überhitzer auf Seeschiffen sind besondere Unterlagen erforderlich (vgl. A. p. B. S. 94, Anm. 1).

[3]) Die Berechnung der Heizfläche erfolgt bei Landkesseln auf der
Feuerseite, dagegen bei Schiffskesseln auf der Wasserseite (vgl. A. p. B.
§ 3, 3).

[4]) Nach § 3, 1 A. p. B. sind 100 bzw. 150 mm wenigstens erforderlich. Betriebsrücksichten können größere Höhen nötig machen.

[5]) Dies ist zu beachten, weil in den A. p. B. § 3, § 7, § 10 und § 13
für beide Kesselarten besondere Vorschriften bestehen.

3. ein Lageplan, welcher die Lage der Betriebsstätte auf dem Grundstück und des letzteren zu den angrenzenden Straßen und Grundstücken erkennen läßt[1]);

4. eine maßstäbliche Zeichnung des Aufstellungsraumes des Kessels, aus der auch der Standort des Kessels und des Schornsteins, sowie die Lage der Feuer- und Rauchröhren gegen die benachbarten Grundstücke, der Zu- und Ausgänge des Kesselraumes und die Abmessungen der zur Beleuchtung und Lüftung[2]) angebrachten Fenster, Dachaufsätze u. dgl. deutlich zu erkennen sind;

5. die statischen Berechnungen und Zeichnungen für neu zu errichtende, freistehende Schornsteine[3]) sowie für größere Dachkonstruktionen.

V. Außerdem ist der Antragsteller verpflichtet, dem Kesselprüfer auf Ersuchen alle zweckdienlichen Angaben zu machen, um diesen in den Stand zu setzen, das von ihm geforderte Gutachten (§ 11 Abs. I) über die voraussichtliche Einwirkung der Anlage auf die Nachbarschaft durch Rauch, Ruß oder Flugasche, insbesondere bei feststehenden und Schiffsdampfkesseln, zu erstatten[4]).

VI. Bei bestehenden Dampfkesselanlagen, die einer erneuten Genehmigung bedürfen (§8), genügt es, wenn mit dem Antrag und der nach § 19 etwa erforderlichen Bescheinigung über die Bauprüfung die frühere Genehmigungsurkunde mit ihren Anlagen sowie die Beschreibung und Zeichnung der beabsichtigten Veränderungen[5]) in der nach

---

[1]) Dieser ist auf Übereinstimmung mit örtlichen Baubeschränkungen zu prüfen (vgl. § 13 I K.A. S. 163).

[2]) Über die in dieser Richtung zu stellenden Anforderungen vgl. § 11 III. Hinsichtlich der sonstigen Vorschriften des Kesselraumes s. A. p. B. § 15, S. 33.

[3]) Über die Berechnungsweise von Schornsteinen und die dafür geltenden Vorschriften s. z. B. Jahr, Anleitung zum Entwerfen und zur Berechnung der Standfestigkeit von Fabrikschornsteinen, 6. Aufl. Hagen 1910. Der Kesselprüfer kann übrigens die Prüfung umfangreicher statischer Berechnungen nach § 11 I K.A. ablehnen.

[4]) Werden diese Angaben nicht in der gewünschten Weise gemacht, so ist trotzdem das Gesuch mit einem entsprechenden Vermerk weiterzugeben (vgl. § 11 I K.A.).

[5]) Nur diese Zeichnungen und Beschreibungen sind in der angegebenen Zahl der Ausfertigungen einzureichen; die Genehmigungsurkunde ist nur in einer Ausfertigung vorzulegen.

Abs. III und § 16 Abs. I erforderlichen Zahl der Ausfertigungen vorgelegt werden.

VII. Für die erforderlichen Zeichnungen ist ein auf ihnen einzuzeichnender Maßstab zu wählen, welcher eine deutliche Anschauung gewährt. Die Blattgröße der Zeichnungen muß in ein-, zwei- oder vierfacher Größe des Reichsformats für Papier (21 × 33 cm) hergestellt werden[1]). Zeichnungen, welche nicht auf Pausleinwand hergestellt sind, sind auf Leinwand aufzuziehen[2]). Zeichnungen, welche im Blauverfahren vervielfältigt sind, dürfen nicht verwendet werden.

VIII. Beschreibungen und Kesselzeichnungen sind bei neuen Kesseln von dem Verfertiger der Kessel[3]) und dem Besitzer[4]), bei erneut zu genehmigenden alten Kesseln mindestens vom Besitzer unter Angabe des Wohnortes und Datums zu unterschreiben. Der Lageplan und die übrigen Bauvorlagen bedürfen der entsprechenden Unterschrift des Besitzers und des verantwortlichen Bauleiters[3]) (Unternehmers).

§ 11. Verfahren bei der technischen Vorprüfung des Antrags.[5])

I. Die Stelle, bei der die Vorlagen nach § 10 Abs. II einzureichen sind, hat diese nach den bestehenden baupolizeilichen Vor-

---

[1]) Die Blattgrößen sind vorgeschrieben, damit die Zeichnungen auf das Reichsformat gefaltet und passend in das Revisionsbuch eingeheftet werden können. Als zulässige Formate sind anzusehen: 33 × 21; 33 × 42; 33 × 84; 66 × 42 (15. 8. 00, B 5400, Z. 1900, S. 503).

[2]) Während des Krieges können auch nicht aufgezogene Weißpausen verwendet werden; diese sind nach dem Kriege durch vorschriftsmäßige zu ersetzen (28. 3. 17, III 1936).

[3]) Dieser übernimmt dadurch die Verantwortung für eine sorgfältige, der Zeichnung entsprechende Ausführung, auch wenn diese nach Angaben des Bestellers erfolgt (14. 8. 03, Z. 1903, S. 703).

[4]) Vgl. dazu § 10 III, Anm. 2 K.A. S. 155.

[5]) Das Verfahren ist gegenüber anderen gewerblichen Anlagen (§§ 16 bis 19 G.O.) insofern abgekürzt, daß die öffentliche Bekanntmachung fortfällt; die Beschlußfassung kann somit unmittelbar nach Prüfung der Unterlagen stattfinden. Die Prüfung ist möglichst zu beschleunigen (19. 7. 11, III 10705, Z. 1911, S. 337) (vgl. auch § 10 I K. A.).

schriften[1]) sowie nach den zur Wahrung des Nachbarschutzes
maßgebenden Gesichtspunkten (§ 10 Abs. V)[2]) und nach den allgemeinen polizeilichen Bestimmungen über die Anlegung von
Land- oder Schiffsdampfkesseln zu prüfen[3]). Die in den §§ 21
bzw. 18 der letzteren enthaltenen Vorschriften über das Material
alter Kessel sind nur in den Fällen der Genehmigung alter Kessel
nach Erlöschen der ihnen früher erteilten Genehmigung (d. h.
gemäß § 7) anzuwenden. Die erfolgte Prüfung ist auf den Vorlagen
zu bescheinigen. Wegen der nach § 10 etwa notwendigen Ergänzungen der Vorlagen tritt die Stelle, bei der der Antrag einge-
bracht ist, mit dem Antragsteller unmittelbar in Verbindung[4]).
Sie ist zur Weitergabe des Gesuches an die Beschlußbehörde auch
dann verpflichtet, wenn es den bestehenden Bestimmungen nicht
entspricht. In solchen Fällen ist auf die Mängel hinzuweisen, die
für die Versagung der Genehmigung geltend zu machen sind, oder

---

[1]) a) Aus dieser Prüfung in baupolizeilicher Hinsicht folgt für die
Vorprüfer nicht die Verpflichtung zur baupolizeilichen Abnahme; die
Wahrung der baupolizeilichen Bestimmungen ist vielmehr in erster
Linie der Ortspolizeibehörde übertragen, die nach § 16 IV durch Über-
sendung einer Ausfertigung der Genehmigungsurkunde Kenntnis von
der durch die Genehmigung der Anlage erteilten Bauerlaubnis erhält.
Den Überwachungsvereinen kann allerdings die baupolizeiliche Abnahme
nach § 24 I übertragen werden (7. 11. 10, III 2996, Z. 1910, S. 504).

b) Für diese Prüfung sind die Baupolizeiordnungen maßgebend;
einige in Betracht kommende Vorschriften enthalten auch §§ 15 und 16
A. p. B. S. 33.

[2]) Diese Vorschrift bezieht sich auf die Verhinderung von Rauch,
Ruß und Flugasche. Zu diesem Zwecke können besondere Feuerungen
und Einrichtungen (z. B. zum Beobachten der Schornsteinmündung vom
Heizerstand) vorgeschrieben werden.

[3]) Die Vereine haben diese Prüfung kostenlos vorzunehmen (21. 8.
1902, Min.Bl. 1902, S. 344). Vorschläge gewerbepolizeilicher Art dürfen
die Vereine dabei nicht machen (12. 2. 02, Z. 1902, S. 151).

[4]) Diese Ergänzungen sollen nur formaler Art sein. Die Vereine
sollen jedoch nicht den Antragsteller zur Vornahme von Änderungen
veranlassen, sondern sollen ihre Bedenken als Gutachten der zuständigen Beschlußbehörde übermitteln (15. 2. 02, Z. 1902, S. 167). Wenn
noch während der Herstellung solche Bedenken leicht behoben werden
können, so können die Vereine diese dem Antragsteller mitteilen, im
übrigen aber den Antragsteller auf Verhandlung mit der Beschlußbehörde
(§ 13 III K.A.) verweisen (5. 3. 02, III a 2045, Z. 1902, S. 250).

es sind die Einschränkungen zu bezeichnen, unter denen die Genehmigung bedingt erfolgen kann. — Glaubt der Kesselprüfer, daß seine Sachkunde für einzelne Teile der baupolizeilichen Prüfung nicht ausreicht, so hat er der Beschlußbehörde entsprechende Mitteilung zur Veranlassung des Weiteren zu machen[1]). Sofern die Vorprüfung von einem Vereinsingenieur ausgeführt wird, hat die Weitergabe der Vorlagen (mit Ausnahme solcher für bewegliche Dampfkessel in landwirtschäftlichen Betrieben) an die Beschlußbehörden durch die Hand des zuständigen Gewerbeinspektors oder Bergrevierbeamten zur Prüfung[2]) und Bescheinigung der Vorlagen zu erfolgen.

II. In denjenigen Städten, in denen die Baupolizei einer Königlichen Behörde zusteht, ist bei feststehenden Dampfkesseln das nach Abs. I *(in baupolizeilicher Hinsicht jedoch nur auf Vollständigkeit hin)*[3]) begutachtete Genehmigungsgesuch vor der Beschlußfassung dieser Behörde zur Prüfung zu übersenden. Diese Bestimmung findet auf die für Bergwerke, Aufbereitungsanstalten oder Salinen und andere zugehörige Anlagen bestimmten Kessel[4]) sowie dann keine Anwendung, wenn aus dem Antrage hervorgeht, daß weder die Errichtung noch die Veränderung von baulichen Anlagen beabsichtigt wird. Die Stellen, bei welchen der Antrag eingeht, haben zutreffendenfalls die Beschlußbehörden auf diese Umstände hinzuweisen.

III. Die Sachverständigen haben sich der Eintragung von Abänderungsvermerken, die sie für die Ausführung der Anlage für geboten erachten, in den Zeichnungen zu enthalten, ihre An-

---

[1]) Dies gilt besonders für umfangreiche statische Berechnungen (vgl. S. 157, Anm. 3).

[2]) Der Umfang dieser Prüfung ist nicht begrenzt. Sie soll sich auch auf die von den Vereinen vorgeprüften Teile erstrecken, jedoch nicht den Charakter einer Superrevision annehmen. Bei Meinungsverschiedenheiten soll vor der Weitergabe an die Beschlußbehörde eine Verständigung herbeigeführt werden (9. 3. 00, Z. 1900, S. 191). Einige der für diese Prüfung maßgebenden Erlasse sind in den A. p. B. berücksichtigt (§ 2; § 7; § 15).

[3]) Ergänzung durch Bekanntmachung vom 30. 1. 14, III 8698, Z. 1914, S. 125 .

[4]) Für diese Anlagen nimmt die die Kesselanlage genehmigende Bergbehörde auch die baupolizeilichen Befugnisse wahr. Über die baupolizeiliche Abnahme vgl. 24 I K.A. S. 172.

forderungen vielmehr in der Form von Vorschlägen zu Bedingungen
der Beschlußbehörde mitzuteilen[1]). Dabei ist in der Regel davon
abzusehen, Forderungen zu stellen, die vom Unternehmer bereits
nach Maßgabe der Zeichnungen oder der Beschreibung zu erfüllen
sind[2]). Die Bedingungen sind, mit Ausnahme des Vorbehalts bezüg-
lich der zur Verminderung von Rauch, Ruß und Flugasche von
der Beschlußbehörde auf Antrag nachträglich zu beschließenden
Vorschriften, derart zu fassen, daß sie dem Unternehmer keinen
Zweifel über die Art ihrer Ausführung lassen und ihre Erfüllung
von dem Kesselprüfer bei der Abnahme nachgeprüft werden kann,
ohne daß sein subjektives Ermessen, wie bei allgemeinen Forderungen etwa der Art »es ist für hinreichende Lüftung oder ausreichende Beleuchtung des Kesselhauses Sorge zu tragen«, in Frage
kommt. Der zuständige Gewerbeinspektor oder Bergrevierbeamte
hat anzugeben, ob und inwieweit die von ihm zum Schutze der
Arbeiter etwa vorzuschlagenden Vorschriften als Bedingungen in
die Genehmigungsurkunde aufzunehmen oder dem Unternehmer
bei Übersendung der Urkunde mit dem Hinweise mitzuteilen sind,
daß ihre Durchführung im Wege polizeilicher Verfügung stattfindet,
sofern sie nicht schon bei der Errichtung der Anlage berücksichtigt
werden. Der letztere Weg erscheint insbesondere den unter.die
Gewerbeordnung oder das allgemeine Berggesetz fallenden gewerblichen Anlagen gegenüber dann angebracht, wenn die Forderung
keine Abänderung der baulichen Anlage des Kesselhauses bedingt.

§ 12. Genehmigung alt angekaufter Kessel.

I. Den Gesuchen um Genehmigung alt angekaufter, bereits
anderweit im Betriebe gewesener Kessel ist ein vollständiger Nachweis über den Erbauer des Kessels, über die früheren Betriebsstätten, über die Zeit, während welcher der Kessel überhaupt
schon betrieben worden ist, und über die Gründe beizufügen,
welche dazu geführt haben, den Kessel außer Betrieb zu setzen.

---

[1]) Die Festsetzung der Bedingungen erfolgt erst durch die Beschlußbehörde, für die die vom Sachverständigen bezeichneten Änderungen nur Vorschläge sind (7. 4. 09, III 2898).

[2]) Die Genehmigungsurkunden sollen nicht mit Bedingungen über-
lastet werden; z. B. sind alle in den dafür in Frage kommenden Ge-
setzen und Verordnungen angegebenen Bedingungen entbehrlich (7. 11.
1905, Z. 1905, S. 467).

II. Vor der Entscheidung über den Genehmigungsantrag ist eine Bauprüfung (§ 20) des Kessels mit genauer Ermittelung der Beschaffenheit des verwendeten Baustoffes und der in den einzelnen Kesselteilen vorhandenen Blechstärken (durch Anbohren u. dgl.)[1]) vorzunehmen. Auf Grund dieser Ermittelungen wird, falls danach die Genehmigung überhaupt erteilt werden kann, die höchste zulässige Dampfspannung festgesetzt. Bei denjenigen alten Kesseln, die nicht befahrbar sind, kann nach dem Ermessen des Kesselprüfers zur Ermittelung ihrer Beschaffenheit mit der sonstigen Untersuchung eine Wasserdruckprobe verbunden werden, die alsdann als erste Wasserdruckprobe (§ 21) anzusehen ist. Die Gültigkeitsdauer der hiernach auszustellenden Bescheinigungen wird auf ein Jahr beschränkt[2]), unbeschadet der Bestimmungen im § 6 Abs. II[3]), die sinngemäß anzuwenden sind, sofern sich die Bescheinigungen auch auf Wasserdruckproben erstrecken.

III. Bei denjenigen alt angekauften Dampfkesseln, deren frühere Dampfspannung und Herkunft nicht nachgewiesen werden kann, darf die Wiedergenehmigung nur ausnahmsweise auf Grund einer nach obiger Anleitung besonders sorgfältig ausgeführten Untersuchung der gesamten Beschaffenheit des Kessels und überdies nur dann erfolgen, wenn der Antragsteller selbst die Aufstellung und Benutzung des Kessels beabsichtigt.

IV. Vorstehende Bestimmungen finden auch auf solche alt angekaufte Kessel Anwendung, welche aus Teilen alter Kessel unter Hinzufügung neuen Baustoffes hergestellt sind.

§ 13. Beschlußfassung.

I. Die Beschlußfassung[4]) über das Genehmigungsgesuch erfolgt durch das Kollegium der Beschlußbehörde. Die Zulässigkeit der Anlage ist nach den bestehenden bau-, feuer- und gesundheits-

---

[1]) Für die Bauprüfung neuer Kessel (s. § 20 K.A.) ist diese verschärfte Bestimmung über die Ermittelung der Wandstärken nicht vorgesehen.

[2]) Hierdurch soll verhindert werden, daß Kessel, die jahrelang Witterungseinflüssen ausgesetzt waren, auf Grund alter, nicht mehr zutreffender Bauprüfungsbescheinigungen genehmigt werden (9. 3. 00, Z. 1900, S. 191).

[3]) Hiernach kann die Wasserdruckprobe wiederholt werden, wenn der Kessel auf dem Transport Beschädigungen erlitten hat (s. S. 150).

[4]) Die Beschlußfassung erfolgt auf Grund der Akten ohne mündliche Verhandlung.

polizeilichen Vorschriften sowie nach den allgemeinen polizeilichen Bestimmungen über die Anlegung von Land- oder Schiffsdampfkesseln zu prüfen. Die Vorsitzenden der Beschlußbehörden haben vor der Erteilung der Genehmigung festzustellen, daß keine Verstöße gegen örtliche Baubeschränkungen vorliegen, oder §§ 1 und 6 des Gesetzes gegen die Verunstaltung der Ortschaften usw. vom 15. Juli 1907 (G.S. S. 260) nicht zur Anwendung kommen.

II. Wird die Genehmigung nach dem Antrage des Unternehmers ohne Bedingungen, oder unter Bedingungen, mit denen er sich ausdrücklich einverstanden erklärt hat, erteilt[1]), so bedarf es eines besonderen Bescheids nicht, sondern die Behörde fertigt alsbald die Genehmigungsurkunde (§ 16) aus. Wird die Genehmigung versagt, oder unter Bedingungen erteilt, mit denen sich der Unternehmer nicht ausdrücklich einverstanden erklärt hat, so erläßt die Beschlußbehörde einen schriftlichen, mit Gründen versehenen Bescheid an[2]) ihn.

III. Der Unternehmer kann innerhalb zweier Wochen nach Zustellung des Bescheids entweder Beschwerde[3]) an den Minister für Handel und Gewerbe einlegen oder auf mündliche Verhandlung der Sache durch die Beschlußbehörde antragen. Der in letzterem Falle ergehende Bescheid kann innerhalb zweier Wochen nach der Zustellung durch Beschwerde an den Minister für Handel und Gewerbe angefochten werden.

§ 14. Vorbescheid.

I. In Fällen, welche keinen Aufschub zulassen oder klarliegen, ist der Vorsitzende des Kreis- (Amts-, Stadt-) Ausschusses befugt, namens dieser Behörde über das Genehmigungsgesuch zu entscheiden[4]). Der § 13 Abs. II findet dabei entsprechende Anwendung.

II. Wird schriftlicher Bescheid erteilt, so ist dem Unternehmer darin zu eröffnen, daß ihm gegen den Bescheid[2]) innerhalb zweier Wochen von der Zustellung an der Antrag auf Beschlußfassung durch das Kollegium (§ 13) zustehe.

---

[1]) Damit ist auch die Bauerlaubnis erteilt (vgl. Anm. 1a, S. 159).

[2]) Diese Bescheide sind stempelpflichtig (4. 12. 08, Z. 1909, S. 31). In dem Bescheid ist auf die zulässigen Rechtsmittel hinzuweisen.

[3]) Über das Beschwerdeverfahren vgl. § 15 K.A.

[4]) Dieses Recht hat jedoch nicht der Vorsitzende der Magistrate.

III. Für die Berechnung der in diesem und dem vorigen Paragraphen vorgeschriebenen Fristen sind die Vorschriften der Zivilprozeßordnung maßgebend[1]).

§ 15. Beschwerdeverfahren.

I. Auf die Einlegung der Beschwerde (§ 13 Abs. III) und das weitere Verfahren findet der § 122 des Gesetzes über die allgemeine Landesverwaltung vom 30. Juli 1883 Anwendung[2]). In besonderen Fällen kann zur Begründung der Beschwerde eine Nachfrist bewilligt werden.

II. Der auf die Beschwerde ergehende Bescheid[3]) wird der Beschlußbehörde erster Instanz zugefertigt, welche ihn in Ausfertigung[4]) dem Unternehmer mitteilt.

§ 16. Genehmigungsurkunde.

I. Für die Ausstellung der Genehmigungsurkunde[5]) ist der anliegende Vordruck A zu benutzen. Für jeden genehmigten Kessel ist eine besondere Urkunde anzufertigen. Werden mehrere Kessel gleicher Größe, Form, Ausrüstung und Dampfspannung gleichzeitig für eine und dieselbe Betriebsstätte oder solche Veränderungen einer bestehenden Kesselanlage genehmigt, welche auf mehrere oder alle Kessel der Anlage einwirken (z. B. Errichtung eines neuen Schornsteins für eine Kesselbatterie, Veränderung eines gemeinschaftlichen Kesselhauses oder Zusammenarbeiten von Kesseln verschiedener Spannung), so bedarf es zur Ausfertigung der Urkunden nicht der Beifügung der in § 10 und im Vordruck A verlangten Anlagen zu jeder einzelnen Urkunde; es genügt vielmehr ein Hinweis auf diejenige Urkunde, welche die Anlagen enthält. Auf Antrag des Unternehmers kann auch die Genehmigung

---

[1]) Vgl. § 200 Z.P.O.

[2]) Danach ist die Beschwerde innerhalb der festgesetzten Frist bei der Behörde, gegen deren Beschluß sie gerichtet ist, oder beim Minister für Handel und Gewerbe unmittelbar anzubringen.

[3]) Dieser Bescheid kann nicht weiter angefochten werden.

[4]) Solche Ausfertigungen sind stempelpflichtig (3 M.).

[5]) Die Hauptausfertigung der Genehmigungsurkunde ist stempelpflichtig (5 M.); die Nebenausfertigungen sind stempelfrei, da sie für den Dienstverkehr bestimmt sind.

aller Kessel durch eine Urkunde erfolgen[1]). In den durch § 8, insbesondere im Abs. II bezeichneten Fällen der erneuten Genehmigung kann nach dem Ermessen der Beschlußbehörde an Stelle der Ausfertigung einer neuen Genehmigungsurkunde nach Vordruck A die Ergänzung der etwa eingereichten älteren Urkunden durch Nachtragsvermerke erfolgen.

II. In denjenigen Fällen, in denen nach den §§ 13 und 14 dem Unternehmer schriftlicher Bescheid zu erteilen ist, erfolgt die Ausfertigung der Genehmigungsurkunde durch die Beschlußbehörde erster Instanz nach Abschluß des Verfahrens.

III. In der Urkunde sind alle Bedingungen[2]), unter welchen die Kesselanlage genehmigt worden ist, aufzuführen. Die Benutzung vorgedruckter Normalbedingungen, die im einzelnen Falle eine Streichung des Vordrucks oder dessen Abänderung erfordern, ist für die dem Unternehmer zu behändigende Ausfertigung zu vermeiden. Die zur Genehmigungsurkunde gehörigen Beschreibungen, Zeichnungen und Pläne sind mit ihr durch Schnur und Siegel zu verbinden. In den Bedingungen ist allgemein zu fordern, daß die Wartung des Kessels nur zuverlässigen, gut ausgebildeten oder gut unterwiesenen männlichen Personen über 18 Jahre übertragen werden darf, die mit der bestimmungsgemäßen Benutzung der allgemein vorgeschriebenen Sicherheitsvorrichtungen am Kessel vertraut und verpflichtet sind, bei der Bedienung des Feuers Rauch, Ruß oder Flugasche möglichst einzuschränken[3]).

---

[1]) Diese Erleichterung entspricht § 19, 1a A. p. B. S. 37. Es empfiehlt sich aber nicht davon Gebrauch zu machen, weil dann bei erneuter Genehmigung eines Kessels die Urkunden wieder getrennt werden müssen; Erleichterungen in der Beschaffung der Unterlagen sind auch, wie im vorhergehenden Satze des § 16 I angegeben, bei getrennten Urkunden für jeden Kessel vorgesehen.

[2]) In dem vorgeschriebenen Vordruck für die Genehmigungsurkunde sind schon drei Bedingungen über das Kesselschild, die Inbetriebnahme und die Bedienung des Kessels allgemein vorgesehen (s. S. 202).

[3]) Diese Bestimmungen beruhen im wesentlichen auf dem Gesetz vom 3. 5. 1872 (s. S. 141). Danach ist der Unternehmer verpflichtet, nur geeignete und genügend unterrichtete Heizer einzustellen. Die Heizer sind zur ordnungsgemäßen Benutzung der Sicherheitsvorrichtungen verpflichtet. — Die während des Krieges vorübergehend erteilte Erlaubnis zur Anstellung weiblicher Kesselwärter (27. 9. 16, III 5303, I 6103) ist wieder aufgehoben. (14. 6. 19, III 4889, I 5999).

In Kesselräumen müssen die Dienstvorschriften für Kesselwärter
in der vom Minister für Handel und Gewerbe anerkannten Fassung
ausgehängt werden[1]). In allen geeigneten Fällen, namentlich bei
dem Betriebe von Kesselanlagen in der Nähe menschlicher Woh-
nungen, ist ferner zu fordern, daß der Unternehmer verpflichtet
sei, durch zweckdienliche Einrichtung der Feuerungsanlage sowie
durch Anwendung geeigneten Brennstoffs und sorgsame Wartung
des Kessels auf möglichst vollständige Vermeidung von Rauch,
Ruß oder Flugasche hinzuwirken, auch, falls sich ergeben sollte,
daß diese Mittel nicht genügen, um Gefahren oder Belästigungen
für die Nachbarn oder das Publikum überhaupt durch Rauch,
Ruß oder Flugasche zu verhüten, auf Antrag der Polizeibehörde,
der Gewerbeaufsichts- oder Bergrevierbeamten in dem für die Beschlußfassung über das Genehmigungsgesuch vorgeschriebenen
Verfahren solche Abänderungen in der Feuerungsanlage sowie in
der Wahl des Brennstoffes vorzunehmen, welche zur Beseitigung
der Übelstände geeignet sind. Erstreckt sich die Genehmigung
auch auf bauliche Anlagen, so empfiehlt es sich, in den Bedingungen darauf hinzuweisen, daß die Bestimmungen der Baupolizei-
ordnung und insbesondere auch diejenigen über Anmeldung des
Baues, Rohbau- und Gebrauchsabnahme bei den mit dem Dampfkessel genehmigten baulichen Anlagen (Kesselhaus, Schornstein)
zu beachten sind. Bei Übersendung der Genehmigungsurkunde sind
dem Unternehmer endlich in einem besonderen Anschreiben diejenigen
gewerbepolizeilichen Forderungen mitzuteilen, deren Durchführung
im Wege polizeilicher Verfügung stattfinden wird, sofern ihre Berücksichtigung nicht schon bei Errichtung der Anlage erfolgt (§ 11 Abs. III).

IV. Eine Ausfertigung der Genehmigungsurkunde ist dem Besitzer, eine zweite der zuständigen Ortspolizeibehörde[2]) zu übersenden, an deren Stelle bei den den Bergbehörden unterstellten
Dampfkesseln der Bergrevierbeamte tritt. Die Ortspolizeibehörde
hat daraufhin rechtzeitig die Rohbau- und Gebrauchsabnahme zu

---

[1]) Für die Dienstvorschriften gilt jetzt die Fassung vom 12. 5. 14,
III 1559, Z. 1914, S. 295; Abdruck s. S. 230. Die noch in den Betrieben
aushängenden älteren Vorschriften können bis zu einer notwendig werdenden Erneuerung weiter benutzt werden.

[2]) Diese soll dadurch Kenntnis von der durch die Genehmigung der
Kesselanlage erteilten Bauerlaubnis (§ 9 III K.A.) erhalten und die
nötigen baupolizeilichen Anordnungen treffen.

veranlassen. Soweit nach § 10 Abs. III drei Ausfertigungen der
Unterlagen des Antrags vorzulegen sind, ist die dritte Ausfertigung
der Genehmigungsurkunde dem zuständigen Dampfkesselüberwachungsverein[1]) zuzustellen, der daraufhin mit dem Antragsteller
wegen der Abnahme (§ 24) das Erforderliche zu vereinbaren hat.
Bei feststehenden Kesselanlagen solcher Betriebe, die der Gewerbeaufsicht unterliegen, ist eine Abschrift der Urkunde (ohne deren
Anlagen) dem zuständigen Gewerbeinspektor zu übersenden.

V. Vor Erteilung der Genehmigungsurkunde ist die bauliche
Ausführung der Kesselanlage nicht gestattet. Die in die gewerbe-
polizeiliche Genehmigung eingeschlossene Bauerlaubnis[2]) darf sich
über den Aufstellungsraum des Kessels, den Schornstein und den
notwendigen Zubehör zum Kesselhaus hinaus nicht ausdehnen.
In der Genehmigungsurkunde ist zum Ausdrucke zu bringen, auf
welche baulichen Anlagen sich die Genehmigung erstreckt.

§ 17. Genehmigung mehrerer beweglicher Dampfkessel durch eine Urkunde.

I. Die Genehmigung kann für mehrere bewegliche Kessel von
übereinstimmender Bauart, Ausrüstung und Größe, welche in einer
Fabrik im Laufe eines Kalenderjahres hergestellt werden, gemeinsam
im voraus beantragt und durch eine Urkunde erteilt werden.[3])

II[4]). *Für jeden auf Grund dieser Genehmigungsurkunde hergestellten beweglichen Kessel ist von dem Inhaber der Jahresgenehmi-
gung eine mit der Fabriknummer zu versehende, durch den zuständigen Kesselprüfer zu beglaubigende stempelpflichtige[5]) Abschrift, die als
Genehmigungsurkunde für den Kessel gilt, dessen Fabriknummer sie trägt,
mit allem Zubehör sowie eine Nebenausfertiguug dieser Papiere für die
Akten des zuständigen Dampfkesselüberwachungsvereins anzufertigen.*

---

[1]) Bei Übergang von beweglichen oder Schiffskesseln aus dem Be-
zirk einer Überwachungsstelle in den einer anderen sind dieser die
Ausfertigung der Genehmigungsurkunde und die zur Beurteilung des
Kessels wichtigen Akten zu überweisen (5. 4. 13, III 2772, I 2571, Z. 1913,
S. 219) (vgl. Ziff. 8 der Vereinbarungen S. 222).

[2]) Vgl. § 9 III K.A. S. 155.

[3]) Für feststehende und Schiffskessel ist diese Erleichterung nicht
möglich, weil die Genehmigung stets nur für eine bestimmte Betriebsstätte erteilt werden kann.

[4]) Änderung durch Erlaß vom 7. 5. 13, III 3850, Z. 1913, S. 287.

[5]) Der Stempel beträgt 5 M. (29. 11. 10, III 8547, Z. 1911, S. 72).

§ 18. Erlöschen und Fristung der Genehmigung.[1])

I. Bei Erteilung der Genehmigung zur Anlegung eines Dampfkessels kann von der genehmigenden Behörde eine Frist gesetzt
werden, binnen welcher die Anlage bei Vermeidung des Erlöschens
der Genehmigung begonnen und ausgeführt und der Betrieb an-
gefangen[2]) werden muß. Ist eine solche Frist nicht bestimmt, so
erlischt[3]) die erteilte Genehmigung, wenn der Unternehmer nach
Empfang derselben ein Jahr verstreichen läßt, ohne davon Gebrauch zu machen[4]).

II. Eine Verlängerung der Frist kann von der Behörde bewilligt werden, wenn erhebliche Gründe nicht entgegenstehen.

III. Ist ein Dampfkessel während eines Zeitraumes von drei
Jahren[5]) außer Betrieb[6]) gewesen, ohne daß Fristung nachgesucht
und bewilligt worden ist, so erlischt[3]) die für ihn erteilte Genehmigung. Das Verfahren für die Fristung richtet sich nach den
§§ 11 ff. Dem Antrag auf Fristung ist die Genehmigungsurkunde
zwecks Eintragung des Fristungsvermerks beizufügen. Der Ortspolizeibehörde bzw. dem Bergrevierbeamten und dem zuständigen
Kesselprüfer ist von bewilligten Fristungen seitens der Beschlußbehörde Mitteilung zu machen.

III. Inbetriebsetzung der Dampfkessel.

§ 19.

Dampfkessel sind, bevor sie in Betrieb gesetzt[7]) werden
dürfen, in den Fällen der §§ 7 und 8 Abs. I durch die zuständigen

---

[1]) Diese Bestimmungen entsprechen beinahe wörtlich § 49 G.O.

[2]) Als Betriebsanfang kann auch eine probeweise Inbetriebnahme
gelten (12. 8. 05, Z. 1905, S. 335).

[3]) Die Genehmigung erlischt ohne weiteres. Ein Beschluß der
genehmigenden Behörde ist nicht erforderlich.

[4]) D. h. die Herstellung der Anlage begonnen hat.

[5]) Die Kriegsjahre zählen hierbei nicht mit (5. 10. 17, III 6445)
(Reichsgesetzblatt 1917, S. 680).

[6]) Untersuchungen an außer Betrieb befindlichen Kesseln halten
die Verjährung der Genehmigung nicht auf (vgl. § 31 VII K.A.).

[7]) Ein Kessel gilt als in Betrieb gesetzt, wenn in ihm zum Zwecke
der Benutzung Dampf erzeugt wird. Für das Anheizen des Kessels zum
Zwecke der Abnahme (§ 24 III K.A.) gilt dies selbstverständlich nicht
(4. 12. 05, III 8474, Z. 1905, S. 487).

Kesselprüfer einer Bauprüfung, einer Wasserdruckprobe und einer Abnahmeprüfung zu unterwerfen, in den Fällen des § 8 Abs. II nur der letzteren Prüfung. In den Fällen des § 8 Abs. I muß die Bauprüfung vor der Entscheidung über den Genehmigungsantrag ausgeführt werden[1]). Der Kesselprüfer kann jedoch in letzteren Fällen nach pflichtgemäßem Ermessen von der Ausführung der Bauprüfung und Wasserdruckprobe überhaupt absehen, sofern seit der letzten inneren Untersuchung noch nicht zwei Jahre verflossen und keine wesentlichen Veränderungen am Kesselkörper vorgenommen worden sind, oder der Kessel nicht schon aus Anlaß der beabsichtigten Änderung freigelegt werden muß. Bezieht sich die erneute Genehmigung nur auf bauliche Veränderungen des Kesselhauses oder den Ersatz alter durch neue Kessel[2]), so ist von der Bauprüfung und Druckprobe der bestehenden Kesselanlage überhaupt abzusehen. Betrifft eine wesentliche Veränderung nur einzelne von mehreren in derselben Anlage vereinigten Kesseln, so hat sich die Bauprüfung und Druckprobe auf diejenigen Kessel zu beschränken, deren Veränderung die erneute Genehmigung bedingt, vorausgesetzt, daß sie nach vorstehenden Bestimmungen überhaupt erforderlich ist.

§ 20. Bauprüfung.[3])

Die Bauprüfung erstreckt sich auf die planmäßige Ausführung der Abmessungen, den Baustoff und die Beschaffenheit des Kessel-

---

[1]) Bei neuen Kesseln kann die Bauprüfung auch nach der Genehmigung stattfinden. Wenn dabei erhebliche Abweichungen von der genehmigten Zeichnung festgestellt werden, so ist der Kessel zu beanstanden.

[2]) Diese Fassung kann zu Mißverständnissen führen. Neue Kessel, die an die Stelle alter treten, bedürfen immer einer Neugenehmigung nach § 7 I. Eine erneute Genehmigung nach § 8 könnte in einem solchen Falle nur für die nicht ausgewechselten Kessel in Frage kommen. Man darf aber wohl annehmen, daß durch die Neugenehmigung des neuen Kessels gleichzeitig die erneute Genehmigung der verbleibenden alten Kessel, deren Anlage durch die Aufstellung des neuen Kessels eine wesentliche Änderung erfahren hat, erteilt ist, so daß eine besondere erneute Genehmigung der alten Kessel unterbleiben kann.

[3]) a) Vgl. hierzu § 12 A. p. B.; über die Zuständigkeit der Sachverständigen vgl. § 2, I, 9. K. A. Die Gültigkeit der Bescheinigung ist für neue Kessel nicht beschränkt; für alte Kessel vgl. § 12 II K. A.

b) Bauprüfungsbescheinigungen sind, wenn sie als Vorzeugnisse für

körpers[1]). Sie ist bei neu zu genehmigenden Dampfkesseln (§ 7) vor der Einmauerung oder Ummantelung des Kessels auszuführen und kann auf Antrag des Fabrikanten auch während der Herstellung des Dampfkessels vorgenommen werden. Bei erneut zu genehmigenden Dampfkesseln (§ 8) bleibt es dem pflichtmäßigen Ermessen des Kesselprüfers überlassen, inwieweit das Kesselmauerwerk entfernt werden muß. Bei Ausführung der Bauprüfung ist der Dampfkessel äußerlich und, soweit es seine Bauart gestattet, auch innerlich zu untersuchen. Vor Ausführung der Prüfung ist dem Kesselprüfer bei neuen Dampfkesseln ein Nachweis darüber zu erbringen, daß der zu den Wandungen des Kessels verwendete Baustoff nach Maßgabe der allgemeinen polizeilichen Bestimmungen über die Anlegung von Land- oder Schiffsdampfkesseln geprüft worden ist[2]).

§ 21. Wasserdruckprobe.[3])

I. Die Wasserdruckprobe bezweckt die Feststellung etwa eintretender bleibender Formveränderungen und der Dichtigkeit des Kessels. Sie erfolgt bei Dampfkesseln bis zu 10 at Überdruck mit dem anderthalbfachen Betrage des beabsichtigten Über-

---

eine beabsichtigte Genehmigung gelten, nicht stempelpflichtig; werden sie jedoch z. B. von einem Alteisenhändler zur Begutachtung über die Brauchbarkeit des Kessels und Wahrscheinlichkeit der Genehmigung beantragt, so sind sie stempelpflichtig.

c) Wenn der Kessel von der vorgelegten oder der genehmigten Zeichnung wesentliche Abweichungen zeigt, die der Erbauer nicht beseitigen will, so sind diese in der Bescheinigung zu vermerken. Die Ausstellung der Bescheinigung darf in einem solchen Falle nicht verweigert werden, da die Bauprüfung auf tatsächliche Feststellungen beschränkt ist. Aus diesem Grunde können auch Bedenken auf Grund rechnerischer Prüfungen nicht erhoben werden; rechnerische Nachprüfungen dürften vielmehr für die Bauprüfung nicht erforderlich sein.

[1]) Hierin ist eine Prüfung der Bauausführung, z. B. Herstellung der Nietlöcher, Bearbeitung der Blechkanten usw. einbegriffen.

[2]) Die durch die Feststellung der Übereinstimmung der Kesselbleche mit den Materialnachweisen auftretenden Erschwerungen sollen möglichst gemildert werden (13. 6. 10, III 4847, Z. 1910, S. 297).

[3]) Vgl. hierzu § 12 A. p. B.; über die Zuständigkeit der Sachverständigen vgl. § 2, I, 9 K.A. Die Gültigkeitsdauer der Bescheinigung ist für neue Kessel nicht beschränkt, für alte Kessel vgl. § 12 II.

drucks, mindestens aber mit 1 at Mehrdruck, bei Dampfkesseln über 10 at Überdruck mit einem Drucke, welcher den beabsichtigten Überdruck um 5 at übersteigt.

II. Unter Atmosphärendruck wird ein Druck von einem Kilogramm auf den Quadratzentimeter verstanden.

III. Für die Ausführung der Druckprobe muß der Kessel vollkommen mit Wasser gefüllt sein[1]), in seinem höchsten Punkte muß eine Öffnung angebracht sein, durch welche beim Füllen die atmosphärische Luft entweichen kann. Die Kesselwandungen müssen während der ganzen Dauer der Untersuchung dem Probedrucke widerstehen, ohne eine bleibende Veränderung ihrer Form zu zeigen und ohne das Wasser bei dem höchsten Drucke in anderer Form als der von feinen Perlen durch die Fugen dringen zu lassen.

§ 22.

Die Wasserdruckprobe neu zu genehmigender Dampfkessel (§ 7), welche womöglich mit der Bauprüfung zu verbinden ist, erfolgt nach der letzten Zusammensetzung, jedoch vor der Einmauerung oder Ummantelung des Kessels. Sie kann vor der Genehmigung der Kesselanlage (in der Kesselfabrik) ausgeführt werden. Bei erneut zu genehmigenden Dampfkesseln (§ 8) bleibt es dem pflichtmäßigen Ermessen des Kesselprüfers überlassen, inwieweit das Mauerwerk oder die Ummantelung entfernt werden muß.

§ 23. Nietstempelung.

Nach Ausführung der Druckprobe hat der Kesselprüfer — vorausgesetzt, daß sie zur Beanstandung des Kessels keinen Anlaß gegeben hat — die vernieteten kupfernen Stiftschrauben, mit welchen das Fabrikschild (§ 11 der Allgemeinen polizeilichen Bestimmungen über die Anlegung von Land- und Schiffsdampfkesseln) an dem Kessel befestigt ist, mit seinem Stempel zu versehen. Dieser ist in dem Prüfungszeugnis abzudrucken. Einer Erneuerung des Stempels bedarf es bei alt angekauften oder bei erneut zu genehmigenden Dampfkesseln nicht, wenn der alte Stempel noch gut erhalten ist und mit dem amtlichen Stempel des Kesselprüfers übereinstimmt.

---

[1]) Die Vorbereitungen sind sinngemäß wie für die regelmäßigen Wasserdruckproben nach § 34 K.A. zu treffen. Vgl. S. 228.

§ 24. Abnahmeprüfung.[1])

I. Die Abnahmeprüfung hat festzustellen, ob die Ausführung
der Kesselanlage den Bestimmungen der erteilten Genehmigung
entspricht[2]). Die baupolizeiliche Prüfung[3]) liegt der örtlich zuständigen Baupolizeibehörde mit der Maßgabe ob, daß Dampfkessel-
überwachungsvereine, die einen geeigneten Bausachverständigen
anstellen[4]), auf ihren Antrag durch die Minister für Handel und
Gewerbe und der öffentlichen Arbeiten auch mit der baupolizeilichen Abnahme betraut werden können. Bei den der Aufsicht
der Bergbehörden unterstellten Anlagen hat die zur Ausführung
der baupolizeilichen Abnahme zuständige Stelle dem Bergrevierbeamten Gelegenheit zu geben, sich an der Prüfung zu beteiligen.
Im übrigen erfolgt die Prüfung durch die ordentlichen Kesselprüfer
nach Maßgabe der in den §§ 2, 3 und 5 geregelten Zuständigkeit.

II. Anträge auf Abnahme von Dampfkesselanlagen sind von
den beteiligten Dienststellen als schleunige Angelegenheiten zu
behandeln.

III. Die endgültige Abnahme der Dampfkesselanlage muß
unter Dampf erfolgen[5]). Insoweit einzelne Feststellungen nur am
kalten Kessel vorgenommen werden können und nicht schon durch
die Bauprüfung erledigt sind, muß der Dampfabnahme eine solche
am kalten Kessel voraufgehen. Zur Ersparung doppelter Abnahme-
kosten empfiehlt es sich, in allen geeigneten Fällen darauf einzu-
wirken, daß die erste Wasserdruckprobe und die Dampfabnahme
von einer und derselben zuständigen Stelle und zwar bei fest-

---

[1]) Über die Vorbereitungen zur Abnahmeprüfung vgl. S. 225.

[2]) Dabei ist besonders die Erfüllung der in den A. p. B. enthaltenen Vorschriften zu berücksichtigen. Die Erfüllung aller Vorschriften
ist die Voraussetzung für die Eröffnung des Betriebes.

[3]) Werden bei der baupolizeilichen Abnahme Mängel unbedeutender
Art, die die Sicherheit des Kesselbetriebes nicht beeinflussen, festgestellt,
so ist zunächst eine Zwischenbescheinigung auszustellen, an deren Stelle
nach Beseitigung der Mängel die endgültige Bescheinigung tritt (23. 1.
1914, III 13 C A, Z. 1914, S. 125) (vgl. auch § 12 A. p. B., Anm. 1, S. 32).

[4]) Vgl. dazu 7. 11. 10, III 2996, Z. 1910, S. 504 über die Bedingungen für diese Mitwirkung der Überwachungsvereine bei der baupolizeilichen Abnahme (vgl. auch § 12 A. p. B., Anm. 4, S. 31 und § 11
K.A., Anm. 1a, S. 159).

[5]) Vgl. A. p. B. § 12, 6. S. 31.

stehenden und Schiffsdampfkesseln an der Betriebsstätte[1]), bei
beweglichen Dampfkesseln in der Kesselfabrik vorgenommen
werden, um bei Gelegenheit der Ausführung der Wasserdruckprobe
die erforderlichen Feststellungen zu bewirken.

IV. Die technische Untersuchung einer Schiffsdampfkesselanlage[2]) soll in der Regel am Erbauungsorte des Schiffes durch den
daselbst zuständigen Kesselprüfer erfolgen. Liegt dieser Ort in
einem anderen Bundesstaat als der Heimatshafen des Schiffes,
so ist bei der Abnahme gleichzeitig festzustellen, ob denjenigen
Genehmigungsbedingungen, welche nach Maßgabe der im Staate
des Heimatshafens etwa geltenden besonderen polizeilichen Bestimmungen vorgeschrieben wurden, entsprochen worden ist. —
Schiffskessel, die im Ausland eingebaut werden, sind in dem Heimatshafen des Schiffes oder in dem ersten deutschen Anlaufshafen ab-
zunehmen, sofern nicht der Schiffseigner den Antrag stellt, die Abnahme durch die regelmäßige Beaufsichtigung der Anlage
zuständigen Kesselprüfer auf seine Kosten an dem Orte, an welchem
der Kessel in das Schiff eingebaut oder mit demselben verbunden
werden soll, vorzunehmen[3]).

§ 25. Wirkungen der Abnahmeprüfung.

I. Auf Grund der durch den Kesselprüfer ordnungsmäßig
bescheinigten (§ 26) Abnahmeprüfung oder einer Zwischenbescheinigung[4]) darf der Kessel ohne weiteres in Betrieb gesetzt werden[5]).

II. Von der Inbetriebnahme beweglicher Kessel, deren Genehmigung und Abnahme in einem anderen Bundesstaate bewirkt
worden ist (§ 6 Abs. I), hat der Besitzer dem für die regelmäßige
Überwachung zuständigen Kesselprüfer zur Vermeidung der in der
Polizeiverordnung, betreffend Aufstellung, Beschaffenheit und

---

[1]) Hierauf sollen die Kesselbesitzer bei der Bestellung neuer Kessel
hingewiesen werden (16. 12. 09, III 10693, Z. 1910, S. 18).

[2]) Vgl. Vereinbarungen Ziff. 15. S. 223.

[3]) Vgl. § 3, V K.A. S. 147.

[4]) a) Zwischenbescheinigungen können auch ausgefertigt werden,
wenn unwesentliche Mängel bei der Abnahme festgestellt worden sind.

b) Zwischenbescheinigungen sind nicht stempelpflichtig (20. 1. 12,
III 292, Z. 1912, S. 77) (vgl. auch § 12 A. p. B.).

[5]) Die baupolizeiliche Abnahme muß vorher stattgefunden haben
(vgl. auch Anm. 3 zu § 24 K.A.).

Betrieb der beweglichen Kraftmaschinen[1]), angedrohten Strafen unverzüglich Anzeige zu erstatten (s. auch § 42). Die gleiche Verpflichtung liegt den Eignern von Schiffsdampfkesseln ob, die in einem anderen Bundesstaate genehmigt und abgenommen sind.

III. Bevor ein beweglicher Kessel in dem Bezirk einer Ortspolizeibehörde in Betrieb genommen wird, ist der letzteren von dem Betriebsunternehmer oder dessen Stellvertreter unter Angabe der Stelle, an welcher der Betrieb stattfinden soll, Anzeige zu erstatten. Ist der Kessel für einen der Aufsicht der Bergbehörden unterstellten Betrieb bestimmt, so ist die Anzeige dem im § 2 Abs. I Ziff. 1 bezeichneten Beamten zu erstatten. Auf die Dampfkessel von Kraftfahrzeugen und Feuerspritzen findet diese Bestimmung keine Anwendung, wenn ihr Betrieb der Polizeibehörde und dem zuständigen Kesselprüfer ihres Heimatsorts angemeldet ist.

§ 26. Bescheinigungen.[2]) Revisionsbuch.

I. Die Kesselprüfer haben über die von ihnen ausgeführten Bauprüfungen, Untersuchungen gemäß § 12 Abs. II Druckproben und Abnahmeprüfungen schriftliche Bescheinigungen[3]) auszustellen. Die Aushändigung der Bescheinigungen muß spätestens binnen sieben Tagen, bei Abnahmebescheinigungen auf Verlangen des Kesselbesitzers binnen drei Tagen erfolgen. Die Aushändigung der Abnahmebescheinigung ist jedoch so lange zu verweigern, als

---

[1]) Aus dieser Polizeiverordnung sind noch folgende Bestimmungen hervorzuheben: Bei der Aufstellung in oder bei Gebäuden ist auf Feuersicherheit Rücksicht zu nehmen. Die Kessel müssen zu diesem Zwecke auch mit einem zugelassenen Funkenfänger und einen verschließbaren Aschenkasten versehen sein. Der Betrieb kann untersagt werden, wenn im letzten Jahre keine Untersuchung des Kessels stattgefunden hat (vgl. Vereinbarungen Ziff. 10).

[2]) Außer den hier angegebenen Bescheinigungen sind gleichzeitig mit der Abnahmebescheinigung statistische Katasterblätter auszufüllen und durch die vorgesetzte Behörde dem Preuß. Statistischen Landesamt Berlin einzusenden (23. 2. 98, Z. 1898, S. 143).

[3]) a) Vordrucke s. S. 202 u. f.

b) Nur die Genehmigungsurkunden, die Abnahmebescheinigungen sowie Bescheinigungen über Untersuchungen, die in der Kesselanweisung nicht vorgesehen sind, aber auf Antrag ausgeführt werden, sind stempelpflichtig. Die anderen Bescheinigungen sind stempelfrei, weil sie überwiegend aus Gründen des öffentlichen Interesses ausgestellt werden (5. 12. 96, Z. 1897, S. 1).

nicht alle wesentlichen Bedingungen erfüllt sind und durch Vorlegung der Bescheinigung *oder einer Zwischenbescheinigung*[1]) über die baupolizeiliche Abnahme nachgewiesen wird, daß *diese* statt gefunden und zu keinen *wesentlichen*[1]) Bedenken Anlaß gegeben hat. Die Kesselprüfer haben sich bei ihren Bescheinigungen der anliegenden Vordrucke B, C, F und G zu bedienen, der Vordrucke B und F jedoch nur in dem Falle, daß die Wasserdruckprobe nicht in Verbindung mit der Bauprüfung bewirkt worden ist. Die Bescheinigungen sind von dem Kesselprüfer mit der Genehmigungsurkunde (§ 16) und sämtliche Papiere mit dem Revisionsbuche zu verbinden.

II. Mit der Bescheinigung über die Bauprüfung hat der Kesselprüfer bei neuen Dampfkesseln einen Nachweis über die Prüfung des Materials und — falls nicht eine bereits genehmigte Zeichnung vorgelegt werden kann, auf die Bezug zu nehmen ist, — die den Abmessungen des Dampfkessels zugrunde liegende Zeichnung zu verbinden. Von dem Lieferer sind in letzterem Falle zwei Zeichnungen des Dampfkessels zur Verfügung des Kesselprüfers zu halten. Bei der Bauprüfung von Kesseln infolge erneuter Genehmigung (§ 8) bestehender Anlagen kann von der Beifügung der Zeichnung abgesehen werden, es sei denn, daß wesentliche Änderungen am Kesselkörper Anlaß zu der erneuten Genehmigung geben. Bei erneut zu genehmigenden Kesseln (§ 8) hat der Kesselprüfer in der Bescheinigung über die Bauprüfung ein Gutachten darüber abzugeben, mit welcher Dampfspannung der Kessel noch zum Betriebe geeignet erscheint.

III. Abschrift der Bescheinigung über die Abnahmeprüfung ist der Ortspolizeibehörde oder der an ihre Stelle tretenden Bergbehörde und bei feststehenden Kesseln in Gewerbebetrieben, die der Aufsicht der Gewerbeinspektion unterstehen, auch der letzteren zu übersenden.

IV. Derjenige Kesselprüfer, welcher die Abnahmebescheinigung ausstellt, hat gleichzeitig das Titelblatt für das zu dem Kessel gehörige Revisionsbuch unter Benutzung des anliegenden Vordrucks D auszufertigen. Als Einlagebogen des Revisionsbuchs ist der anliegende Vordruck E zu verwenden. Dem neuen Revisionsbuch ist das bisherige Kesselbuch vorzuheften, oder es sind Abschriften der letzten in dem alten Kesselbuch enthaltenen Bescheinigungen

---

[1]) Änderungen durch Erlaß vom 9. 2. 14, III 816, Z. 1914, S. 125.

über äußere, innere Untersuchungen und Druckproben in das neue
Revisionsbuch zu übertragen und die Abschriften durch den
Kesselprüfer zu beglaubigen. Die Beschaffung der Revisionsbücher
(Vordruck D und E) ist Sache der Kesselbesitzer und hat auf deren
Kosten zu erfolgen[1]).

V. Revisionsbücher für bewegliche Dampfkessel und Schiffsdampfkessel, welche in einem anderen Bundesstaat ausgefertigt
sind, werden in Preußen zur Weiterbenutzung zugelassen, auch
wenn die Einlagebogen dem Vordruck E nicht entsprechen.

VI. Die Genehmigungsurkunde nebst den zugehörigen Anlagen
oder beglaubigte Abschriften dieser Papiere sowie das Revisionsbuch sind an der Betriebsstätte des Kessels aufzubewahren und
jedem zur Aufsicht zuständigen Beamten oder Sachverständigen
auf Verlangen vorzulegen. Auf die Dampfkessel von Kraftfahrzeugen und Feuerspritzen findet diese Bestimmung keine Anwendung, wenn ihr Betrieb der Polizeibehörde und dem zuständigen
Kesselprüfer ihres Heimatsorts angemeldet ist.

IV. Prüfung nach einer Hauptausbesserung.

§ 27.

I. Dampfkessel, die eine Hauptausbesserung erfahren haben
oder durch Wassermangel oder Brandschaden überhitzt oder plötzlich im Betrieb unter Wasser gesetzt und abgekühlt worden sind,
müssen vor der Wiederinbetriebnahme von einem zuständigen
Kesselprüfer einer Prüfung mit Wasserdruck in gleicher Höhe wie bei
neu aufzustellenden Dampfkesseln unterzogen werden. Der völligen
Bloßlegung des Kessels bedarf es in solchem Falle in der Regel nicht[2]).

---

[1]) Die anderen Vordrucke haben die ausfertigenden Stellen zu
beschaffen.

[2]) a) Vgl. § 13, 1 A. p. B.

b) Nach § 31 VI K.A. werden die regelmäßigen Untersuchungsfristen der Kessel durch eine Wasserdruckprobe nach Hauptausbesserung nicht unterbrochen. Diese können vielmehr nur dann als regelmäßige gelten, wenn eine regelmäßige Wasserdruckprobe in demselben
Etatsjahre fällig ist, oder wenn gleichzeitig eine innere Untersuchung
vorgenommen wurde, wobei dann von diesen Untersuchungen an die
Fristen neu berechnet werden.

c) Bei Einbau neuer Rohrsysteme in ausziehbare Kessel ist eine Druckprobe nach Hauptausbesserung vorzunehmen (vgl. Anm. 4, S. 152).

II. Von der Außerbetriebsetzung eines Dampfkessels zum Zwecke einer Hauptausbesserung des Kesselkörpers hat der Kesselbesitzer oder sein Stellvertreter der zur regelmäßigen Prüfung des Dampfkessels zuständigen Stelle Anzeige zu erstatten. Die gleiche Pflicht liegt dem Kesselbesitzer oder seinem Vertreter in den übrigen im Abs. I bezeichneten Fällen ob[1]).

III. Auf Seeschiffskessel finden diese Bestimmungen mit der Maßgabe Anwendung, daß der leitende Maschinist bei Hauptausbesserungen oder Beschädigungen der im Abs. I genannten Art während der Fahrt oder bei dem Aufenthalte des Schiffes außerhalb des Deutschen Reichs zur Ausführung der Druckprobe verpflichtet ist und ungesäumt entsprechende Anzeige an die zur regelmäßigen Beaufsichtigung des Schiffskessels zuständige Stelle zu erstatten hat. Diese hat zu entscheiden, ob die Druckprobe nach Rückkehr des Schiffes in einen deutschen Hafen amtlich zu wiederholen ist[2]).

IV. Die Ausführung der Druckproben erfolgt nach den Vorschriften der §§ 21 und 22.

V. Über die Druckprobe ist unter Benutzung des Vordrucks B eine Bescheinigung auszustellen, die mit der Genehmigungsurkunde des Kessels zu verbinden ist. In der Bescheinigung ist anzugeben, worin die ausgeführte Ausbesserung bestanden hat und von wem sie bewirkt worden ist.

VI. Eine erneute Stempelung der das Fabrikschild mit dem Kessel verbindenden Niete findet bei Druckproben nach Hauptausbesserungen nicht statt; es genügt vielmehr, in der Bescheinigung auf die frühere Stempelung hinzuweisen.

VII. Bei feststehenden Kesseln, deren Fabrikschilder nach den vor Erlaß der allgemeinen polizeilichen Bestimmungen des Bundesrats über die Anlegung von Dampfkesseln vom 5. August 1890 bestehenden Vorschriften bisher nicht mit Kupfernieten mit dem Kessel verbunden sind, kann diese Verbindung und die Stempelung der Niete nur bei erneuter Genehmigung (§ 8) gefordert werden. Diese Vorschrift erstreckt sich nicht auf bewegliche Kessel und Schiffsdampfkessel (vgl. § 20 der allgemeinen polizeilichen Bestimmungen vom 5. August 1890).

---

[1]) Vgl. § 13, 2 A. p. B.
[2]) Vgl. § 13, 3 A. p. B. für Schiffskessel.

V. Regelmäßige technische Untersuchungen.

§ 28.

I. Jeder zum Betrieb aufgestellte Dampfkessel[1]), er mag unausgesetzt oder nur in bestimmten Zeitabschnitten oder unter gewissen Voraussetzungen (z. B. als Reservekessel) betrieben werden, ist von Zeit zu Zeit einer technischen Untersuchung zu unterziehen. Das gleiche gilt von Reserveteilen (§ 7)[2]).

II. Dieser Vorschrift unterliegen Dampfkessel dann nicht mehr, wenn ihre Genehmigung durch dreijährigen Nichtgebrauch (§ 18) oder durch ausdrücklichen der Polizeibehörde und dem zuständigen Kesselprüfer erklärten Verzicht erloschen ist. Endlich ruhen die Untersuchungen in dem durch § 31 Abs. VII vorgesehenen Falle[3]).

III. Eine Entbindung von den wiederkehrenden Untersuchungen die dauernde Verlängerung der Prüfungsfristen oder die Genehmigung zu einmaligen Fristüberschreitungen über sechs Monate hinaus (§ 31 Abs. VI) kann nur durch Verfügung des Ministers für Handel und Gewerbe erfolgen.

§ 29.

Die technische Untersuchung bezweckt die Prüfung:

1. der fortdauernden Übereinstimmung der Kesselanlage mit den bestehenden gesetzlichen und polizeilichen Vorschriften und mit dem Inhalte der Genehmigungsurkunde;
2. ihres betriebsfähigen Zustandes;
3. ihrer sachgemäßen Wartung.

---

[1]) a) Saftkocher und Dampferzeuger von Verdampferanlagen, die nach § 1 A. p. B. (vgl. Anm. 2 1, S. 39 zu § 20 A. p. B.) als Dampfkessel anzusehen sind, sind hinsichtlich der Untersuchungen als Dampffässer zu behandeln; es sind also nur innere Untersuchungen alle vier Jahre und Wasserdruckproben alle 8 Jahre vorzunehmen (22. 10. 10, III 8766, Z. 1910, S. 473; 19. 5. 11, III 1828, Z. 1911, S. 249).

b) Über regelmäßige Untersuchungen an Überhitzern auf Seeschiffen vgl. § 1 A. p. B., S. 94.

[2]) S. Anm. 4, S. 152.

[3]) Diese Bestimmung betrifft Betriebsunterbrechungen, die länger als ein Jahr dauern (s. S. 183).

§ 30.

I. Die Untersuchung erfolgt, soweit nicht gemäß §§ 2, 5 und 6 Abs. III andere Kesselprüfer zuständig sind, durch die Ingenieure der Dampfkesselüberwachungsvereine, unbeschadet des Rechtes der Polizeibehörden (auch Gewerbeaufsichts-[1]) und Revierbeamten), aus sicherheitspolizeilichen[2]) Gründen erforderlichenfalls besondere amtliche Untersuchungen auszuführen. Bei beabsichtigten inneren Untersuchungen und Druckproben ist in Fällen dieser Art, falls nicht Gefahr im Verzug ist, der zuständige Kesselprüfer mit dem Anheimgeben der Teilnahme rechtzeitig zu benachrichtigen. Die Ergebnisse solcher aus sicherheitspolizeilichen Gründen auszuführenden, außerordentlichen amtlichen Untersuchungen, für welche Gebühren nicht erhoben werden, sind in das Kesselbuch einzutragen. Abschrift ist, falls der zuständige Kesselprüfer an der Untersuchung nicht beteiligt wurde, diesem zur weiteren Verfolgung etwa vorgefundener Mängel zu übersenden.

II. Bewegliche Kessel gehören zu demjenigen Bezirk, in welchem ihr Besitzer wohnt oder ein von demselben zu bezeichnender ständiger, mit Vollmacht ausgerüsteter Vertreter seinen dauernden Wohnsitz hat. Schiffsdampfkessel gehören zu demjenigen Bezirk, in welchem ihr Heimatshafen liegt, in Ermanglung eines solchen, in welchem sich der Wohnsitz des Schiffseigners oder eines von ihm zu bezeichnenden ständigen, mit Vollmacht ausgestatteten Vertreters befindet.

III. Auf Ersuchen des hiernach zuständigen Kesselprüfers[3]) oder auf Antrag des Kesselbesitzers müssen die technischen Untersuchungen von solchen beweglichen und Schiffsdampfkesseln, die im staatlichen Auftrage zu untersuchen sind, von dem zuständigen Kesselprüfer ausgeführt werden, in dessen Bezirk sich der Kessel zur Zeit der Fälligkeit der Untersuchung befindet. Das gleiche gilt von beweglichen und Schiffsdampfkesseln von Vereinsmitgliedern. Der die Untersuchung ausführende Kesselprüfer hat in diesen Fällen Abschrift des Prüfungsbefundes dem nach Abs. II zuständigen Dampfkesselüberwachungsverein mitzuteilen.

---

[1]) Vgl. dazu Anm. 1, S. 145.

[2]) Solche außerordentlichen Untersuchungen sind im allgemeinen von den Gewerbeaufsichtsbeamten auszuführen. Den Ingenieuren der Überwachungsvereine stehen polizeiliche Befugnisse nicht zu (vgl. z. B. 12. 10. 01, Z. 1901, S. 821).

[3]) Vgl. hierzu § 3 V und § 24 IV K.A.

IV. Auf Antrag des Kesselbesitzers kann ausnahmsweise von dieser gegenseitigen Vertretung abgesehen werden bei eiligen Revisionen von Schiffskesseln, die gelegentlich der fälligen Revision in einem außerhalb des Vereinsbezirkes gelegenen Hafen liegen, sowie bei beweglichen Dampfkesseln, wenn durch die Benachrichtigung des sonst zuständigen Vereins für den Kesselbetrieb störende Verzögerungen eintreten, oder wenn es bei rasch wechselndem Aufenthalte des beweglichen Dampfkessels fraglich erscheint, ob eine Aufforderung zur vertretungsweisen Ausführung der Untersuchung rechtzeitig an die zuständige Stelle gelangt, oder endlich, wenn die fortlaufende Beobachtung eines Kesselschadens geboten ist.

V. Die Untersuchung von beweglichen Dampfkesseln, die auf solchen Bergwerken, Aufbereitungsanstalten oder Salinen und anderen zugehörigen Anlagen vorübergehend verwendet werden, deren Kessel der Überwachung durch Bergrevierbeamte unterliegen, sind während der Dauer dieser Verwendung den letzteren vorbehalten. Der Beamte hat für solche Fälle der für die regelmäßige Beaufsichtigung zuständigen Stelle Abschriften der Prüfungsbefunde und zu Beginn des Etatsjahres ein Verzeichnis der ihm vorübergehend unterstehenden Kessel mitzuteilen.

§ 31.

I. Die amtliche Untersuchung der Dampfkessel ist eine äußere oder eine innere oder eine Prüfung durch Wasserdruck. Für die nachgenannten Untersuchungsfristen[1]) sind die Etatsjahre, d. h. der Zeitraum zwischen dem ersten April des einen und des folgenden Jahres maßgebend.

II. Die regelmäßige äußere Untersuchung findet bei feststehenden Dampfkesseln alle zwei Jahre, bei beweglichen und

---

[1]) Die hier angegebenen Fristen beziehen sich nur auf die Überwachung der Kessel durch staatliche Beamte oder durch die Überwachungsvereine im staatlichen Auftrage. Die für die Überwachung der Mitgliederkessel von den Vereinen festgesetzten Fristen sollen in der Regel kürzer sein. Vom Vorstande des Zentralverbandes sind 1886 als Minimalfristen für äußere Untersuchungen 1 Jahr, für innere Untersuchungen 3 Jahre und für Wasserdruckproben 6 Jahre festgesetzt worden. Viele Vereine nehmen zwei äußere Untersuchungen jährlich, innere Untersuchungen alle 3 Jahre und Wasserdruckproben alle 8 Jahre vor, soweit nicht in § 31 K. A. für bewegliche und Schiffskessel kürzere Fristen vorgeschrieben sind.

Schiffsdampfkesseln alle Jahre statt. Bei letzteren muß der Kessel im Betriebe[1]) sein, bei feststehenden und beweglichen Dampfkesseln ist der Zeitpunkt der Untersuchung so zu wählen, daß der Kessel voraussichtlich im Betrieb angetroffen wird. Die regelmäßige äußere Untersuchung kommt bei den feststehenden und den beweglichen Kesseln in denjenigen Jahren, in denen eine regelmäßige innere Untersuchung oder Wasserdruckprobe vorgenommen wird, als selbständige Untersuchung in Fortfall[2]).

III. Die regelmäßige innere Untersuchung ist bei feststehenden Kesseln alle vier Jahre, bei beweglichen alle drei Jahre[3]) und bei Schiffsdampfkesseln alle zwei Jahre[4]) vorzunehmen.

IV. Die regelmäßige Wasserdruckprobe findet bei feststehenden Kesseln mindestens alle acht Jahre, bei beweglichen[3]) und Schiffsdampfkesseln[4]) mindestens alle sechs Jahre statt und ist mit der in demselben Jahre fälligen inneren Untersuchung möglichst zu verbinden. Müssen die Revisionstermine aus besonderen Gründen einmal in verschiedene Jahre gelegt werden, so sind sie bei der nächsten Gelegenheit wieder zu vereinigen. Ausnahmen von letzterer Regel sind bei Kesseln von Mitgliedern solcher Dampfkesselüberwachungsvereine zulässig, welche für die inneren Untersuchungen Fristen einhalten, die mit der nach dem vorstehenden Abs. III vorgeschriebenen Frist für die innere Untersuchung nicht im Einklange stehen.

V. Die innere Untersuchung kann nach dem Ermessen des Prüfers durch eine Wasserdruckprobe ergänzt werden. Sie ist stets durch eine Wasserdruckprobe zu ergänzen bei Kesselkörpern, welche ihrer Bauart halber nicht genügend besichtigt werden können[5]).

---

[1]) Vgl. Ziff. 16 der Vereinbarungen.

[2]) Die bei den äußeren Untersuchungen erforderlichen Prüfungen der Sicherheitsvorrichtungen sind soweit möglich auch bei den inneren Untersuchungen und Wasserdruckproben vorzunehmen und im Revisionsbuch (unter dem für äußere Untersuchungen vorgesehenen Abschnitt) zu bescheinigen. Eine weitere an einem besonderen Termine vorzunehmende äußere Untersuchung findet, abgesehen von Schiffskesseln, nicht statt (3. 11. 04, Z. 1904, S. 457).

[3]) Vgl. Ziff. 11 der Vereinbarungen. S. 222.

[4]) Vgl. Ziff. 16 der Vereinbarungen. S. 224.

[5]) Untersuchungen von Feuerbüchskesseln durch Befahren und Abklopfen der Feuerbüchse und Ableuchten aller zugänglichen Teile durch Mann- und Schlammlöcher gelten als innere Untersuchungen, ohne daß es der Ergänzungsdruckprobe bedarf (16. 12. 09, III 10693, I 10388, Z. 1910, S.18).

VI. Die äußeren Untersuchungen führt der Kesselprüfer im Laufe des Etatsjahrs, in dem sie fällig werden, zu einem ihm genehmen, geeigneten (s. Abs. II) Zeitpunkt aus. Die Prüfungsfristen für die inneren Untersuchungen und Wasserdruckproben laufen bei neu angelegten Dampfkesseln vom Tage der technisch-polizeilichen Abnahme an; sie können vom Tage der letzten gleichartigen Untersuchung ab gerechnet werden, wenn dadurch die Gesamtzahl der Revisionen von der Abnahme an gerechnet nicht vermindert wird, jedoch unbeschadet der im § 36 Abs. IV zugelassenen Ausnahme[1]). Die Überschreitung der Fristen für die inneren Untersuchungen und Druckproben ist unter Berücksichtigung der vorstehenden Bestimmungen nur ausnahmsweise über zwei Monate und ohne Genehmigung (§ 28 Abs. III) nicht über einen Zeitraum von sechs Monaten zulässig[2]). Die Überschreitungen um mehr als zwei Monate sind in den Nachweisungen des Kesselprüfers (§ 4 Abs. I Ziff. 1 und 2) zu begründen. Durch Druckproben nach Hauptausbesserungen werden die regelmäßigen Untersuchungsfristen der Kessel (§§ 28ff.) nicht unterbrochen, jedoch kann eine solche Druckprobe an Stelle einer in demselben Etatsjahre fälligen regelmäßigen Wasserdruckprobe treten. Wird auf Antrag des Kesselbesitzers oder seines mit der Leitung des Betriebes beauftragten Stellvertreters mit der Druckprobe nach einer Hauptausbesserung eine innere Untersuchung verbunden, so können die Fristen der regelmäßigen Untersuchungen von diesem Zeitpunkt an neu berechnet werden. Das gleiche gilt, wenn infolge einer inneren Untersuchung eine Druckprobe nach einer Hauptausbesserung erforder-

---

[1]) a) Anlagen, deren Betrieb nur zu gewisser Zeit im Jahre unterbrochen werden kann (Saisonbetriebe), sind in der Zeit des Stillstandes zu untersuchen. (S. S. 190.)

b) Wenn Lokomotivkessel, für deren Untersuchungen von dem M. d. ö. A. längere Fristen festgesetzt und eingehalten worden sind, in eine nach der Kesselanweisung durchzuführende Überwachung vorübergehend übertreten, so brauchen die nach der Kesselanweisung schon fälligen Untersuchungen nicht nachgeholt zu werden; es genügt vielmehr, wenn diese Kessel nach den für sie geltenden Vorschriften geprüft werden (24. 10. 07, Min. Bl. S. 377).

[2]) Die Überschreitung der Fristen um mehr als 2 Monate ist in dem Jahresbericht der Überwachungsstelle an die Aufsichtsbehörde zu begründen; eine Fristüberschreitung um mehr als 6 Monate bedarf der Genehmigung durch den Handelsminister (vgl. § 28 III K.A. S. 178).

lich wird oder wenn mit außerordentlichen inneren Untersuchungen Druckproben verbunden werden.

VII. Wenn ein Kessel auf die Dauer mindestens eines Jahres vollständig außer Betrieb gesetzt und dem zuständigen Kesselprüfer entsprechende Anzeige gemacht wird, so ist die Zeit des angemeldeten Stillstandes bis zur Dauer von zwei Jahren bei Berechnung der Prüfungsfristen außer Ansatz zu bringen. Von der Erhebung der Jahresbeiträge ist nur dann Abstand zu nehmen, wenn der angemeldete Stillstand sich über ein ganzes Etatsjahr erstreckt. Nach einer Betriebsunterbrechung von mehr als zweijähriger Dauer darf der Betrieb erst nach Vornahme einer inneren, mit Wasserdruckprobe verbundenen amtlichen Untersuchung wieder eröffnet werden. Die Verjährung der Genehmigung (§ 18) wird durch die angemeldete Außerbetriebstellung nicht unterbrochen und kann auch nicht durch Untersuchungen an nicht im Betriebe befindlichen Kesseln aufgehalten werden.

VIII. Bei Bemessung der Fristen werden Untersuchungen, welche in einem anderen Bundesstaate von den daselbst zuständigen Sachverständigen vorgenommen worden sind, den in Preußen vorgenommenen gleich geachtet.

IX. Können bei Seedampfschiffen und solchen See-Segel- sowie See-Motorschiffen, welche mit Hilfskesseln ausgerüstet sind, die vorgeschriebenen Kesselrevisionen nicht innerhalb der vorgeschriebenen Fristen unter Berücksichtigung der dafür zugelassenen Überschreitungen durch den zuständigen amtlichen Kesselprüfer erledigt werden, weil sich das Schiff im Auslande befindet, so ist der leitende Maschinist, soweit er im Besitze mindestens des Patents für Seemaschinisten II. Klasse ist, verpflichtet, spätestens beim Anlaufen des nächsten Auslandshafens die Kessel einer entsprechenden nichtamtlichen Dampf- oder inneren Untersuchung oder Wasserdruckprobe zu unterziehen und hiervon unter Benutzung der vorgeschriebenen Vordrucke[1]) ungesäumt an die zur regelmäßigen amtlichen Revision der Schiffskessel zuständigen Stelle Bericht zu erstatten. Es bleibt den Reedereien überlassen, die leitenden Maschinisten auf dem Wege der Dienstanweisung zu verpflichten, gegebenenfalls einen Maschineninspektor oder Beauftragten der Reederei zu den Untersuchungen zuzuziehen. Der leitende Maschinist hat eine Abschrift des Untersuchungsberichts den an Bord befindlichen Kessel-

---

[1]) Abdruck s. Z. 1913, S. 309.

papieren anzufügen, ein drittes Exemplar der Reederei zu über-
senden.

Der leitende Maschinist ist bei gutem Zustand des Kessels befugt, die innere Revision oder Druckprobe um zwei Monate über
den Fälligkeitstermin hinauszuschieben. Die Fristverlängerung darf
bei gutem Zustande des Kessels bis zu sechs Monaten betragen, wenn
das Schiff voraussichtlich innerhalb dieser Zeit einen in einem deutschen
Bundesstaate gelegenen Hafen erreicht.

Sofort nach Wiedereintreffen des Schiffes in einem zu einem
deutschen Bundesstaate gehörigen Hafen hat der Betriebsunternehmer
oder dessen Vertreter bei der für die amtlichen Revisionen der Schiffskessel
zuständigen Stelle des Heimathafens die ordnungsmäßige Erledigung
der Kesselrevisionen zu beantragen. Es steht ihm jedoch frei, sich an
die für die amtlichen Kesselrevisionen zuständige Stelle des Anlauf-
hafens zu wenden. Diese hat Abschrift des Befundes der zuständigen
Stelle des Heimathafens zu übersenden. Die Revisionsfristen werden
von dem Zeitpunkte der amtlichen Revisionen an neu berechnet.

Der leitende Maschinist hat sich bei den von ihm auszuführenden
nichtamtlichen Revisionen der Kessel unter Dampf sowie bei den
Wasserdruckproben eines Kontrollmanometers zu bedienen[1]).

§ 32.

I. Die äußere Untersuchung besteht vornehmlich in einer
Prüfung der ganzen Betriebsweise des Kessels; eine Unterbrechung
des Betriebs darf dabei nur verlangt werden, wenn Anzeichen
gefahrbringender Mängel, deren Vorhandensein und Umfang nicht
anders festgestellt werden kann, sich ergeben haben.

II. Die Untersuchung ist zu richten[2]):

    auf die Ausführung und den Zustand der Speisevor-
    richtungen, der Wasserstandsvorrichtungen (wobei zu
    bemerken ist, daß die Hähne und Ventile der Wasser-
    standsvorrichtungen während des Betriebs in gerader
    Richtung durchstoßbar sein müssen), der Sicherheits-
    ventile und anderer etwa vorhandener Sicherheitsvor-
    richtungen (z. B. Dampfdruckverminderungs- und Rück-
    schlagventile), der Feuerungsanlage und der Mittel zur

---

[1]) Einfügung durch Erlaß vom 7. 5. 13, III 3850, Z. 1913, S. 287.
[2]) Bei beweglichen Kesseln ist auch nach der Polizeiverordnung betr.
bewegliche Kraftmaschinen der Funkenfänger zu prüfen.

Regelung und Absperrung des Zutritts der Luft und zur
tunlichst schnellen Beseitigung des Feuers;
auf alle ohne Unterbrechung oder Schädigung des Betriebs
zugänglichen Kesselteile, namentlich die Feuerplatten,
soweit sie zur Besichtigung frei liegen;
auf die Anordnung und den Zustand der Absperr- und Entleerungsvorrichtungen, die Vorkehrungen zur Reinigung
des Kesselinnern oder des Speisewassers und der Feuerzüge sowie darauf, ob die Betriebsweise des Kessels zu
keinen erheblichen Nachteilen, Gefahren oder Belästigungen für die Besitzer oder Bewohner der benachbarten
Grundstücke oder für das Publikum überhaupt Anlaß
gibt.

III. Die Betriebseinrichtungen sind in der Regel durch Ingang-
setzen zu prüfen.

IV. Ebenso ist bei der äußeren Untersuchung zu prüfen, ob
der namentlich zu bezeichnende Kesselwärter die zur Sicherheit
des Betriebs erforderlichen Vorrichtungen anzuwenden und die im
Augenblicke der Gefahr notwendigen Maßnahmen zu ergreifen ver-
steht, und ob er mit der sachgemäßen Behandlung der Feuerung
und aller Betriebseinrichtungen sowie mit den anerkannten Dienstvorschriften vertraut ist[1]).

§ 33.

I. Die innere Untersuchung[2]) bezweckt die Prüfung der Beschaffenheit des Kesselkörpers, welcher dabei, soweit dies ausführ-
bar ist, von innen und außen durch den Kesselprüfer[3]) genau zu
besichtigen ist.

---

[1]) Nicht genügend unterrichtete Kesselwärter hat der Unternehmer
durch Teilnahme an Heizerkursen usw. ausbilden zu lassen. Andernfalls
hat der Kesselprüfer ihre Entlassung herbeizuführen (6. 5. 07, II b B 1321,
Z. 1907, S. 225). Über Heizerkurse vgl. auch 5. 8. 09, III 4777, Z. 1909,
S. 350.

[2]) Zur Ersparnis an Dichtungsmaterial kann zur Zeit bei ausziehbaren Kesseln die innere Untersuchung durch eine Wasserdruckprobe
ersetzt werden (28. 2. 17, III 1333, I 1669).

[3]) Der Kesselprüfer soll sich persönlich von dem Zustand des Kessels überzeugen; er darf sich bei der Besichtigung nicht vertreten lassen.

II. Zu ihrer Ausführung[1]) ist der Betrieb des Kessels so frühzeitig einzustellen, daß der Kessel und die Züge gründlich gereinigt[2]) werden können und genügend abgekühlt sind. Auch ist die Einmauerung oder Ummantelung[3]), soweit wie nötig, zu entfernen, wenn die Untersuchung sich nicht zur Genüge durch Befahrung der Züge oder auf andere Weise bewirken läßt. Ferner kann in besonderen Fällen gefordert werden, daß Heizrohre, die nach der bei Lokomotiven gebräuchlichen Art eingesetzt sind, herausgenommen werden. Wo zwei oder mehr Dampfkessel mit einer gemeinsamen Dampf- oder Speise- oder Wasserablaß-Rohrleitung verbunden sind, ist der der inneren Untersuchung zu unterwerfende Dampfkessel zum Schutze der untersuchenden Personen von jeder der gemeinsamen Rohrleitungen in augenfälliger und wirksamer Weise durch geeignete Vorrichtungen zu trennen.

III. Die innere Untersuchung ist vornehmlich zu richten:
    auf die Beschaffenheit der Kesselwandungen, Niete, Anker,
    Heiz-Wasserrohre, wobei zu ermitteln ist, ob die Widerstandsfähigkeit dieser Teile durch den Gebrauch gefährdet ist;
    auf das Vorhandensein und die Natur des Kesselsteins,
    seine genügende Beseitigung und die Mittel dazu;

---

[1]) Über die Vorbereitungen s. S. 227.

[2]) a) Die Beschäftigung von Kindern bei der Reinigung von Dampfkesseln ist verboten. Bekanntmachung des Reichskanzlers vom 1. 7. 07, R.G.Bl. S. 404.

b) Werden zur Reinigung des Kessels elektrische Kabellampen benutzt, so müssen diese sorgfältig isoliert oder geerdet sein (14. 4. 07, III 3007, Z. 1907, S. 206).

c) Bei Verwendung von Chromaten zur Wasserreinigung bildet sich bei Entfernung des Kesselsteins ein gesundheitsschädlicher Staub. Solche Stoffe sollen deshalb zur Wasserreinigung nicht benutzt werden (4. 3. 02, Z. 1902, S. 231).

d) Kesselanstrichmittel, die explosible oder betäubend wirkende Dämpfe entwickeln, sollen nicht verwendet werden (17. 1. 06, III 9923, Z. 1906, S. 132; 7. 8. 07, III 6334, Z. 1907, S. 378; 29. 12. 13. III 11 160, Z. 1914, S. 68).

[3]) Von der Entfernung der Ummantelung kann bei beweglichen und Schiffskesseln abgesehen werden, falls nicht besondere Gründe für die Prüfung der verdeckten Teile vorliegen (Vereinbarungen Ziff. 4, Abs. 1).

auf den Zustand der Wasserzuleitungsrohre und der
Reinigungsöffnungen;
auf den Zustand der Speise- und Dampfventile;
auf den Zustand der Verbindungsrohre zwischen Kessel
und Manometer bzw. Wasserstandszeiger sowie der
übrigen Sicherheitsvorrichtungen;
auf den Zustand der ganzen Feuerungseinrichtung sowie
der Feuerzüge außerhalb wie innerhalb des Kessels.

§ 34.

I. Die Wasserdruckprobe[1]) bezweckt die Feststellung bleibender Formveränderungen und der Dichtigkeit des Kessels. Sie erfolgt bei Kesseln, welche für eine Dampfspannung von nicht mehr
als 10 at Überdruck bestimmt sind, mit dem anderthalbfachen
Betrage des genehmigten Überdrucks, mindestens aber mit 1 at
Mehrdruck, bei Dampfkesseln über 10 at Überdruck mit einem
Drucke, welcher den genehmigten Überdruck um 5 at übersteigt.

II. Die Bestimmungen des § 21 Abs. II und III[2]) finden entsprechende Anwendung.

III. Bei der Probe ist, soweit dies vom Kesselprüfer verlangt
wird, die Ummauerung oder Ummantelung[3]) des Kessels zu beseitigen. Mit der Wasserdruckprobe ist eine Prüfung der Sicherheitsventile auf die Richtigkeit ihrer Belastung zu verbinden.

§ 35.

I. Werden bei einer Untersuchung erhebliche Unregelmäßigkeiten in dem Betriebe des Kessels ermittelt oder erscheint die Beobachtung eines zurzeit noch unbedenklichen Schadens geboten, so
kann nach dem Ermessen des Kesselprüfers in kürzerer Frist, als
im § 31 festgesetzt ist, eine außerordentliche Untersuchung[4]) vorgenommen werden.

---

[1]) Über die Vorbereitungen s. S. 228.

[2]) In § 21 II K.A. ist der Begriff Atmosphärendruck erklärt; in
§ 21 III K.A. werden Vorschriften für das Füllen des Kessels und die
erforderliche Dichtigkeit gegeben.

[3]) Siehe Anm. 3, S. 186.

[4]) a) Die darüber auszustellenden Bescheinigungen sind nicht
stempelpflichtig, weil sie überwiegend aus Gründen des öffentlichen
Interesses ausgestellt werden (5. 12. 96, Z. 1897, S. 1). Dagegen sind

II. Hat eine Untersuchung Mängel ergeben, welche Gefahr[1])
herbeiführen können, und wird diesen nicht sofort abgeholfen, so
muß nach Ablauf der zur Herstellung des vorschriftsmäßigen Zustandes im Revisionsbuche festzusetzenden Frist die Untersuchung
von neuem vorgenommen werden.

III. Ergibt sich bei der Untersuchung des Kessels ein Zustand,
der eine unmittelbare Gefahr[2]) einschließt, so hat der Kesselprüfer
die Fortsetzung des Betriebs bis zur Beseitigung der Gefahr zunächst mündlich und durch Aufnahme eines Vermerks in das
Revisionsbuch unter Hinweis auf die sich aus § 1 des Gesetzes vom
3. Mai 1872, den Betrieb des Kessels betreffend, bei unerlaubtem
Weiterbetrieb ergebenden Folgen zu untersagen. Soweit es sich
um Sachverständige handelt, die nicht im Besitze polizeilicher
Befugnisse sind[3]), ist sodann unverzüglich eine polizeiliche Verfügung durch die zuständige Ortspolizeibehörde zu erwirken.
Diese hat dem Ersuchen sofort zu entsprechen und darüber zu
wachen, daß der Kessel nicht wieder in Betrieb gesetzt wird, bis
durch eine nochmalige Untersuchung der vorschriftsmäßige Zustand

---

Bescheinigungen über Untersuchungen, die nicht in der K.A. vorgesehen sind, sondern auf Antrag des Kesselbesitzers vorgenommen werden, stempelpflichtig.

b) Bescheinigungen über außerordentliche Untersuchungen durch
die Gewerbeaufsichtsbeamten sind dem zuständigen Kesselverein mitzuteilen (26. 5. 09, III 3339, Z. 1909, S. 278).

[1]) Gefahrdrohende Mängel bestehen bei Rohrböden älterer Kessel,
die nicht nach den Bauvorschriften verankert sind. Diese sind durch
Bördeln der Rohre oder durch Anker bzw. Ankerrohre zu versteifen
(16. 6. 08, III 4953, Z. 1908, S. 271; 19. 6. 09, III 1536, Z. 1909,
S. 301).

[2]) Als gefährlich sind z. B. größere Abrostungen anzusehen, durch
die das Material höher, als durch die Bauvorschriften zugelassen ist,
beansprucht wird. Dies ist bei zylindrischen Kesselmänteln im allgemeinen erst dann der Fall, wenn die Wandstärke sich auf $z \cdot s$ mm
(Bezeichnungen s. S. 65) vermindert hat, weil erst dann das Blech auf
die in Rechnung gestellte Festigkeit der Nietnaht geschwächt ist. In
solchem Falle sind die beschädigten Teile auszuwechseln.

[3]) Dies sind die Ingenieure der Dampfkessel-Überwachungsvereine,
auch wenn sie die betreffende Anlage im staatlichen Auftrage prüfen.
Dagegen haben die Bergrevierbeamten und die Gewerbeaufsichtsbeamten
polizeiliche Befugnisse.

der Anlage festgestellt ist. Von der Untersagung[1]) eines der Gewerbeaufsicht oder der Aufsicht der Bergbehörden unterstehenden Kesselanlage ist dem zuständigen Gewerbeinspektor oder Bergrevierbeamten von dem Kesselprüfer Mitteilung zu machen.

IV. Bei Dampfkesseln, die einer Königlichen Behörde oder einer solchen Eisenbahnverwaltung gehören, welche den Bestimmungen des Gesetzes vom 3. November 1838 unterliegt, tritt an die Stelle der Ortspolizeibehörde der die Aufsicht über den Kesselbetrieb führende Beamte bzw. die zuständige staatliche Aufsichtsbehörde, bei den den Bergbehörden unterstellten Dampfkesseln der zuständige Bergrevierbeamte. Diese Behörden können, sobald sie nicht am Betriebsort oder in dessen unmittelbarer Nähe ihren Sitz haben, die Polizeibehörde des Ortes zur Überwachung der angeordneten Außerbetriebsetzung eines Dampfkessels unter Mitteilung des Sachverhalts zuziehen.

§ 36.

I. Die äußere Untersuchung erfolgt ohne vorherige Benachrichtigung des Kesselbesitzers. Ausnahmsweise kann bei denjenigen beweglichen und Schiffsdampfkesseln, welche ihren Betriebsort häufig wechseln, der Zeitpunkt für diese Untersuchung mit dem Kesselbesitzer vereinbart werden.

II. Von einer bevorstehenden inneren Untersuchung oder Wasserdruckprobe ist der Besitzer tunlichst frühzeitig, spätestens jedoch vier Wochen vorher zu unterrichten. Die Kessel sind von dem Besitzer zu der vereinbarten oder mangels Zustandekommens einer solchen vom Kesselprüfer festzusetzenden Frist ordnungsmäßig vorbereitet für diese Untersuchungen bereitzustellen.

III. Der Zeitpunkt für diese letzteren Untersuchungen ist unter Berücksichtigung der Bestimmungen im § 31 Abs.VI nach Anhörung des Besitzers so zu wählen, daß der Betrieb der Anlage so wenig wie möglich beeinträchtigt wird. *Bei beweglichen und Flußschiffskesseln ist der Besitzer verpflichtet, dem Kesselprüfer zu der Zeit, zu welcher die Kessel zur inneren Untersuchung oder Druckprobe gestellt werden müssen, rechtzeitig mitzuteilen, wann und wo die Kessel zur Untersuchung bereit sind, bei See-Dampfschiffen und solchen See-Segelschiffen*

---

[1]) Nach der Geschäftsanweisung für die Dampfkessel-Überwachungsvereine ist eine entsprechende Mitteilung auch von jedem Antrag auf Untersagung des Kesselbetriebes zu machen.

sowie See-Motorschiffen, welche mit Hilfskesseln ausgerüstet sind, wann und in welchem zu einem deutschen Bundesstaate gehörigen Hafen die Kessel zur Untersuchung bereitgestellt werden können[1]).

IV. Bei Anlagen, deren Betrieb nur zu gewisser Zeit im Jahre unterbrochen werden kann, ist diese, unbeschadet einer dadurch beim ersten Male bedingten Hinausschiebung der Untersuchung zu wählen. Bewegliche Dampfkessel können von den Besitzern oder ihren Vertretern an einem beliebigen Orte innerhalb des Amtsbezirkes des zuständigen Kesselprüfers für die Untersuchung bereitgestellt werden.

V. Bewegliche Kessel auf Bergwerken, Aufbereitungsanstalten und anderen zugehörigen Anlagen oder Salinen sowie auf den unter Aufsicht der Bergbehörden betriebenen Steinbrüchen und Bohrbetrieben sind auf der Betriebsstelle zu untersuchen, soweit sie der Überwachung durch Bergrevierbeamte unterliegen.

VI. Durch die Untersuchung der Schiffsdampfkessel dürfen die Fahrten der Schiffe nicht gestört werden; die innere Untersuchung und Wasserdruckprobe von Schiffsdampfkesseln ist vor dem Beginne der Fahrten des betreffenden Jahres zu bewirken.

VII. Falls ein Kesselbesitzer der Aufforderung des zur Untersuchung berufenen Kesselprüfers, den Kessel für die innere Untersuchung oder Wasserdruckprobe bereitzustellen, nicht entspricht, so ist der Besitzer des Kessels auf Ersuchen des Kesselprüfers durch die zuständige Ortspolizeibehörde mittels polizeilicher Verfügung unter Strafandrohung (Titel IV und V des Landesverwaltungsgesetzes) anzuhalten, den Kessel an einem vom Kesselprüfer erneut festzusetzenden Tage bereitzustellen oder, wenn Gefahr im Verzuge erscheint, den Betrieb bis auf weiteres einzustellen.

VIII. Die zur Ausführung der Untersuchung erforderlichen Arbeitskräfte und Vorrichtungen hat der Besitzer des Kessels dem Kesselprüfer unentgeltlich zur Verfügung zu stellen.

§ 37.

I. Der Befund der Untersuchungen ist in das Revisionsbuch einzutragen. Änderungen der genehmigten Anlage, die nach dem pflichtmäßigen Ermessen des Kesselprüfers nicht als wesentlich[2])

---

[1]) Änderung durch Bekanntmachung vom 7. 5.1 3, III 3850, Z. 1913 S. 287. Diese Bestimmung entspricht der Ziff. 12 der Vereinbarungen (s. S. 223).

[2]) Vgl. hierzu § 8 K.A., S. 153.

anzusehen sind, so daß von ihrer Genehmigung abgesehen werden
kann, sind mindestens durch Aufnahme eines Hinweises in dem
Revisionsbuche festzulegen.

II. Zur Abstellung der bei den Untersuchungen vorge-
fundenen Mängel und Unregelmäßigkeiten kann der Kesselprüfer unter Mitteilung einer Abschrift des Vermerks über das
Ergebnis der Untersuchung die Unterstützung der Polizeibehörde
des Ortes, an welchem sich der Kessel befindet, in Anspruch
nehmen.

III. Der § 35 Abs. IV findet entsprechende Anwendung.

§ 38.

I. Bis zum 1. Juni jedes Jahres haben die Gewerbeinspektoren
dem Regierungspräsidenten des Bezirks — im Landespolizeibezirke
Berlin dem Polizeipräsidenten in Berlin —

1. die Zahl der ihrer Aufsicht unterliegenden fiskalischen
   Kessel und eine Nachweisung sämtlicher an denselben
   im Laufe des verflossenen Etatsjahrs ausgeführten,
   wiederkehrenden, außerordentlichen Untersuchungen, der
   auf Antrag erfolgten Prüfungen sowie der ersten Wasserdruckproben und Abnahmen nebst deren Ergebnis nach
   dem Vordrucke H mitzuteilen,

2. eine Angabe über die Zahl derjenigen Untersuchungen zu
   machen, welche den staatlichen Beamten gemäß § 5
   vorbehalten sind oder auf Grund besonderer Anordnung
   erfolgt.

II. Seitens der im Abs. I genannten Behörden ist hiernach
bis zum 1. Juli jedes Jahres dem Minister für Handel und Gewerbe
die Zahl der von den einzelnen Gewerbeinspektionen überwachten
Kessel und der von ihnen bewirkten Untersuchungen gemäß vorstehenden Ziff. 1 und 2 anzugeben[1]). Das gleiche gilt hinsichtlich
der im § 5 bezeichneten Kessel.

---

[1]) In diesem Bericht sollen auch die Schäden mitgeteilt werden,
die zu einer Unterbrechung des Betriebes geführt haben, aber nicht als
Explosionen nach § 43 II K.A. anzusehen sind. Für die Berichterstat-
tung sind besondere Vordrucke vorgesehen (14. 3. 03, Min.Bl. 1903,
S. 90).

VI. Gebühren.

§ 39.

I. Die Gebühren[1]) für die von Beamten des Staates oder von
staatlich beauftragten Vereinsingenieuren (§ 2 Abs. I Ziff. 9) ausgeführten Dampfkesseluntersuchungen werden auf diejenigen Beträge
festgesetzt, welche sich aus Ziff. I—III der beiliegenden Gebührenordnung[2]) ergeben. Bei der Gebührenberechnung sind die Heiz-

---

[1]) a) Neben den Gebühren dürfen Reisekosten usw. nicht in Rech-
nung gestellt werden. Vereinbarungen zwischen Kesselbesitzer und
Kesselprüfer über eine Erstattung der Reisekosten zwecks bevorzugter
Erledigung der Untersuchungen sind unzulässig (12. 4. 01, III a 2828,
Min. Bl. 1901, S. 44).

b) Außer den Gebühren können die Vereine den Kesselbesitzern,
deren Kessel sie im staatlichen Auftrage überwachen, die entstandenen
Portokosten in Rechnung stellen (29. 12. 02, Min. Bl. 1903, S. 2). Solche
Sendungen können jedoch auch als »portopflichtige Dienstsache« ver-
sandt werden (5. 6. 01, Min. Bl. 1901, S. 101).

c) Den Überwachungsvereinen werden nur die eingehenden Gebüh-
ren überwiesen. Ersatz für nicht beizutreibende Gebühren aus der
Staatskasse steht ihnen nicht zu (2. 1. 01, Z. 1901, S. 71) (vgl. auch
S. 146, Anm. 3).

d) Die Gebühren sind nach § 3 des Gesetzes vom 3. Mai 1872 (s.
S. 141) vom Besitzer zu erheben. Bei Leihkesseln, bei denen Besitzer
und Eigentümer verschiedene Personen sind, wird man vorteilhaft den
Eigentümer und nur bei längerer Leihdauer den Besitzer (Mieter
des Kessels) zur Zahlung der Gebühren heranziehen (18. 1. 06,
III 295).

e) Die Gebühren für Kesseluntersuchungen, die Gewerbeaufsichts-
beamte zu ihrer Ausbildung an Kesseln der Vereine vornehmen (vgl.
S. 145, Anm. 1), bleiben den Vereinen auch bei Wiederholung vergeb-
licher Untersuchungen (22. 3. 00, Z. 1900, S. 305; 14. 8. 03, Z. 1903,
S. 703).

f) Die Gebühren unterliegen als Forderungen der Staatskasse ohne
weiteres der Zwangsvollstreckung.

g) In Konkursfällen gelten die Gebühren nicht, etwa wie öffentliche
Abgaben, als bevorrechtigte Forderungen der Staatskasse, sondern sind
nur gleichberechtigt mit anderen Forderungen, weil sie eine Vergütung
für eine besondere Tätigkeit des Staates darstellen und keine den Steuern
gleichzuachtende Abgabe sind (9. 2. 03, Z. 1903, S. 175).

[2]) S. S. 197 u. f.

flächen der Dampfkessel[1]) nur bis zur ersten Dezimalstelle ohne Rücksicht auf die zweite Dezimalstelle einzusetzen. Die Festsetzung und Einziehung der Gebühren und Kosten erfolgt durch die Regierungspräsidenten, im Landespolizeibezirke Berlin durch den Polizeipräsidenten in Berlin, bei Kesseluntersuchungen auf Bergwerken, Aufbereitungsanstalten oder Salinen und anderen zugehörigen Anlagen durch die Oberbergämter.

II. Die Kesselprüfer haben diesen Behörden die Berechnung der Jahresbeiträge nach dem anliegenden Vordruck K. P. 4 mit einem Gebührennachweise nach dem ebenfalls anliegenden Vordruck K. P. 3, nach Kreiskassen geordnet, in einfacher Ausfertigung bis zum 1. Mai jedes Jahres einzureichen. Anderweite Gebührenberechnungen (nach Vordruck K. P. 5, vgl. Abschnitt I und III der Gebührenordnung) sind in derselben Weise den zuständigen Behörden bis zum 10. jedes Monats vorzulegen. Etwa nachträglich einzuziehende Jahresgebühren und solche für im Laufe des Etatsjahrs neu hinzutretende Kessel[2]) sind in vorstehenden Terminen zu berechnen.

§ 40.

I. Die Gebühren für die den Gewerbeinspektionen vorbehaltenen Untersuchungen an nicht fiskalischen Kesseln (§ 5) fließen zur Staatskasse[3]). Die eingehenden Gebühren[4]) für die im staatlichen Auftrag (§ 2 Abs. I Ziff. 9) ausgeführten Untersuchungen sind den betreffenden Dampfkesselüberwachungsvereinen jeweils spätestens am Monatsschluß zu überweisen.

II. Hinsichtlich der übrigen staatlichen Prüfungsbeamten bewendet es bei den bestehenden Vorschriften darüber, inwieweit sie einen Anspruch auf die von den Kesselbesitzern einzuziehenden Gebühren haben.

---

[1]) Bei feuerlosen Lokomotiven gilt als Heizfläche in qm der anderthalbfache Wert des Dienstgewichtes in t (20. 4. 98, Z. 1898, S. 226).

[2]) Die Jahresgebühren für die regelmäßigen Untersuchungen werden mit der Inbetriebnahme des Kessels fällig, auch wenn schon in demselben Etatsjahre Gebühren für die Abnahmeuntersuchung erhoben sind (19. 10. 97, B 9330, Z. 1897, S. 523).

[3]) Solche Untersuchungen sind nur Abnahmen an Kesseln, deren Besitzer nach § 5 K.A. selbst die Überwachung durchführen.

[4]) Vgl. Anm. 1c zu § 39 K.A. S. 192.

VII. Sonstige Bestimmungen.

§ 41.

I. Der Übergang von Kesseln aus der staatlichen Überwachung (§ 2 Abs. I Ziff. 1) oder der Überwachung im staatlichen Auftrag (§ 2 Abs. I Ziff. 5 und 9) in die Vereinsüberwachung[1]) (§ 3) kann, abgesehen von den durch Übergang von Kesseln in den Besitz von Vereinsmitgliedern (§ 3) bedingten Veränderungen, nur am 1. April jedes Jahres nach rechtzeitiger, spätestens bis zum Ablaufe des vorhergehenden Kalenderjahrs eingegangener schriftlicher Kündigung des Kesselbesitzers erfolgen. Diese ist, sofern der Kessel von einem staatlichen Beamten überwacht wird, bei diesem, im übrigen bei dem örtlich zuständigen Regierungspräsidenten — im Landespolizeibezirk Berlin bei dem Polizeipräsidenten in Berlin — oder bei dem Oberbergamt anzubringen.

II. Wer bei Anlegung von Dampfkesseln nicht bereits einem Überwachungsverein angehört[2]), untersteht der staatlichen oder der nach § 2 Abs. I Ziff. 9 geregelten Überwachung so lange, bis die vorgedachte Kündigung ausgesprochen und wirksam geworden ist.

§ 42.

I. *Die Kesselbesitzer sind verpflichtet, dem zuständigen Kesselprüfer und der Ortspolizeibehörde von jeder in ihrem Kesselbesitzstand eintretenden Änderung[3])* — insbesondere von der zeitweisen oder gänzlichen Außerbetriebstellung von Kesseln, der etwaigen Wiedereröffnung des Betriebs, dem Abgange von Schiffsdampfkesseln wegen dauernden Aufenthalts der zugehörigen Schiffe im Auslande, von deren Rückkehr, der Beseitigung, dem Ver-

---

[1]) Das Ausscheiden aus der Vereinsüberwachung und der Übertritt in die staatliche oder im staatlichen Auftrage durchgeführte Überwachung kann unter Berücksichtigung der Verpflichtungen des Kesselbesitzers gegen den Verein jederzeit erfolgen.

[2]) Die Vereine sind berechtigt, jederzeit solche Personen als Mitglieder aufzunehmen, die eine neue Anlage errichten wollen, jedoch nicht, wenn diese neue Anlage an die Stelle einer alten tritt, die der staatlichen Überwachung oder der Überwachung im staatlichen Auftrage unterstand (13. 10. 97, B 9527, Z. 1897, S. 499; 2. 11. 98, Z. 1898, S. 565).

[3]) Änderung durch Bekanntmachung vom 10. 7. 19, III 2135, Z. 1919, S. 254.

kauf oder der Neubeschaffung von Kesseln — alsbald Anzeige zu
machen[1]).

II. Veränderungen, welche nicht bis zum 1. April des Jahres
angezeigt worden sind, werden bei Ausschreibung der Jahresbeiträge
nicht berücksichtigt. Eine Rückerstattung hiernach etwa zu viel
erhobener Jahresbeiträge findet nicht statt[2]).

§ 43.

I. Die Kesselbesitzer oder deren Stellvertreter sind verpflichtet,
von jeder vorkommenden Explosion eines Dampfkessels in erster
Linie dem für den Bezirk zuständigen Staatsbeamten (Gewerbe-
inspektor, Bergrevierbeamten), auch wenn der Kessel unter Über-
wachung eines Vereins steht, unverzüglich Anzeige zu erstatten[3]).
Die gleiche Anzeige ist, wenn der Kessel der Überwachung durch
Vereinsingenieure unterliegt, an den zuständigen Dampfkessel-
Überwachungsverein zu richten.

II. Eine Dampfkesselexplosion liegt vor, wenn die Wandung
eines Kessels durch den Dampfkesselbetrieb eine Trennung in solchem Umfang erleidet, daß durch Ausströmen von Wasser und
Dampf ein plötzlicher Ausgleich der Spannungen innerhalb und
außerhalb des Kessels stattfindet.

---

[1]) Für Kesselhändler besteht eine Verpflichtung zu solchen Mel-
dungen nicht, weil die Kesselanweisung eine Ausführungsanweisung zum
Gesetz vom 3. Mai 1872 ist, das sich nur auf den Betrieb der Dampfkessel bezieht (26. 8. 03, III 6740).

[2]) Hierdurch soll die Führung der Kessellisten erleichtert werden.
Bei der Anwendung dieser Bestimmungen sollen jedoch Härten möglichst vermieden werden (2. 1. 01, III a 8539, Z. 1901, S. 71).

[3]) a) Wenn, wie es häufig geschieht, nur der zuständige Überwachungsverein von der Explosion unterrichtet wird, so hat dieser den
Kesselbesitzer zur Meldung an den zuständigen Staatsbeamten zu veranlassen. Die Untersuchung soll möglichst gemeinschaftlich von dem
zuständigen Kesselprüfer und dem Staatsbeamten vorgenommen und
ein gemeinsamer Bericht erstattet werden (9. 3. 00, B 1655, I 1718,
Z. 1900, S. 191). Das gleiche gilt für Rauchgasexplosionen (6. 4. 03,
Z. 1903, S. 335).

b) Über Explosionen ist ein statistischer Fragebogen an die Regierung oder das Oberbergamt einzusenden (Bundesratsverordnung vom
14. 12. 76).

III. Für die amtliche Untersuchung explodierter Kessel sind
Gebühren nicht zu entrichten.

§ 44.

Diese Anweisung nebst dem Abschnitt I der zugehörigen Gebührenordnung tritt unter Aufhebung der Anweisung, betreffend
die Genehmigung und Untersuchung der Dampfkessel, vom
9. März 1900 (Min.Bl. f. d. i. V. 1900 S. 139 ff.) am 10. Januar 1910,
Abschnitt II und III der Gebührenordnung am 1. April 1910 in
Kraft.

Berlin, den 16. Dezember 1909.

Der Minister für Handel und Gewerbe.

Sydow.

9. Gebührenordnung für Dampfkessel-Untersuchungen. [1]

I. Untersuchung neuer und neu genehmigter Dampfkessel.

Für jede nachbezeichnete Prüfung betragen die Gebühren in Mark:

	Für Kessel mit einer Heizfläche in qm					
	0—5	über 5—20	über 20—50	über 50—100	über 100—200	für jede 100 qm mehr
1. für die Bauprüfung von Kesseln aller Art	7	11	13	15	18	
2. für die Wasserdruckprobe von Kesseln aller Art[2]	7	11	13	15	18	
3.[3] für jede Abnahmeprüfung gemäß § 24 der G. O. sowie für die Abnahmeprüfung einzelner Kessel gemäß § 25 a. a. O.	7	11	13	15	18	2

4. für die Abnahme von Kesselgruppen nach erneuter Genehmigung gemäß § 25 der G. O.

a) wenn die Abnahme durch eine Amtshandlung summarisch bewirkt wird . . . . } die nach Ziff. 3 vorstehend zutreffende Gebühr für einen oder den größten der Kessel,

b) wenn die Abnahme eine besondere Amtshandlung an jedem einzelnen oder mehreren Kesseln erfordert . . . . } die nach der Summe der in Betracht kommenden Kesselheizflächen gemäß Ziff. 3 zu berechnende Gebühr.

---

[1] Auf alle Gebühren wird z. Z. ein Teuerungszuschlag von 100 v. H. erhoben. (15. 4. 19.)

[2] Diese Gebühren sind auch für die Druckproben an Überhitzern von Seeschiffskesseln zu erheben (23. 12. 12, III 8930, Z. 1913, S. 54).

[3] Ergänzung durch Erlaß vom 30. 6. 11, III 3783, I 4100, Z. 1911, S. 321.

II. Regelmäßig wiederkehrende technische Untersuchungen.

Neben den etwaigen nach Abschnitt I fälligen Gebühren werden für die Ausführung der im § 31 vorgeschriebenen regelmäßig wiederkehrenden Untersuchungen von den Kesselbesitzern im Laufe des Etatsjahres Jahresgebühren[1]) nach folgenden Sätzen in Mark erhoben:

	Für Kessel mit einer Heizfläche in qm					
	0—2	über 2—20	über 20—50	über 50—100	über 100—200	für jede 100 qm mehr
1. für jeden feststehenden Kessel . .	8	12	15	18	21	
2. für jeden beweglichen Kessel . .	10	15	18	21	24	2
3. für jeden Schiffsdampfkessel . .	12	18	21	24	27	

Für die Erhebung der Gebühren kommen die nachstehenden Grundsätze zur Anwendung:

a) Die Jahresgebühren sind für jeden zum Besitzstand eines Kesselbesitzers zu zählenden Kessel (§ 42) zu erheben, derselbe mag während des ganzen Etatsjahrs oder nur während eines Teiles desselben oder endlich unter gewissen Voraussetzungen (z. B. als Reservekessel) betrieben werden.

Für außer Betrieb gestellte Kessel (§ 31 Abs. VII), deren Nichtbenutzung sich über das ganze Etatsjahr erstreckt, oder für Schiffsdampfkessel, die wegen dauernden Aufenthalts der zugehörigen Schiffe im Auslande den regelmäßig wiederkehrenden Untersuchungen nicht unterworfen werden können, werden die Gebühren nur unter den im § 42 Abs. II bezeichneten Voraussetzungen[2]) nicht erhoben.

b) Für Kessel, deren Außerbetriebstellung, gänzliche Beseitigung (Verkauf) oder deren Abgang ins Ausland, wie bei Schiffsdampfkesseln, im Laufe des Etatsjahres erfolgt,

---

[1]) a) Die Jahresgebühren sind auch dann fällig, wenn in dem betreffenden Jahre keine Untersuchungen vorzunehmen sind. Als Tag der Fälligkeit gilt der 1. April jedes Jahres (2. 1. 01, III a 8539, Z. 1901, S. 71).

b) Für Saftkocher mit Dampfheizung und Dampferzeuger mehrstufiger Verdampfanlagen sind die für Dampffässer festgesetzten Gebühren zu erheben (22. 10. 10, III 8766, Z. 1910, S. 473; 11. 5. 11, III 1828, Z. 1911, S. 249).

[2]) Diese betreffen die rechtzeitige Abmeldung des Kessels.

werden die Jahresgebühren nicht zurückerstattet, auch wenn
eine etwa fällige Untersuchung noch nicht stattgefunden hat.

c) Die Berechnung der Jahresbeiträge und sonstiger Gebühren
hat bei feststehenden Kesseln seitens desjenigen Kesselprüfers zu erfolgen, in dessen Bezirke die Kessel liegen, bei
beweglichen oder Schiffsdampfkesseln entsprechend der
durch § 30 Abs. II geregelten örtlichen Zuständigkeit dieser
Kessel, auch wenn die Untersuchungen in einem anderen
Bezirke stattgefunden haben (§ 30 Abs. III).

Beim Übergang eines beweglichen oder Schiffsdampfkessels aus dem Bezirke des einen Kesselprüfers in denjenigen
eines anderen oder beim Wechsel des Besitzers einer Kesselanlage im Laufe des Etatsjahres werden erneute Jahresbeiträge nicht erhoben, wenn sie nachweislich in dem früheren
Bezirk oder von dem Vorbesitzer bereits gezahlt worden sind.

d) Eine Verrechnung von Gebühren, die aus der Kesselüber-
wachung durch staatliche Beamte der Staatskasse zufließen,
findet zwischen einzelnen Staatskassen nicht statt; des-
gleichen ist eine solche Verrechnung oder nochmalige Erhebung von Jahresgebühren ausgeschlossen, wenn bewegliche Kessel infolge Änderung ihres Standorts im Laufe
des Etatsjahrs vorübergehend aus der staatlichen Aufsicht
in diejenige eines staatlichen Beauftragten (§ 2 Abs. I Ziff. 9)
oder eines Dampfkessel-Überwachungsvereins und umgekehrt übergehen und die Gebühren nachweislich bereits
bezahlt worden sind[1]). Die Art der Verrechnung der Gebühren zwischen Dampfkessel-Überwachungsvereinen in den
Fällen des § 30 Abs. III bleibt ihrer Vereinbarung überlassen.

Bei Kesseln, welche im Laufe des Etatsjahrs aus der Vereinsaufsicht zur Aufsicht im staatlichen Auftrage oder Staats-
aufsicht übergehen, sind erneute Jahresgebühren zu erheben.

e) Für Kessel, für die durch denselben Besitzer im Laufe des
Etatsjahrs eine erneute Genehmigung (§ 8) erwirkt wird,
sind erneute Beiträge, abgesehen von den mit der Genehmigung verbundenen Abgaben, nicht zu erheben, wenn für
den Kessel bereits der Jahresbeitrag, wenn auch nach einem

---

[1]) Wenn aber der Kessel nach Ablauf des betreffenden Etatsjahres
weiter der neuen Überwachungsstelle unterstellt bleibt, so hat diese die neue
Gebührenrechnung aufzustellen (18. 4. 00, B 2755, I 2777, Z. 1900, S. 251).

anderen Gebührensatze, nachweislich gezahlt worden ist. Das gleiche trifft zu für Kessel, die im Laufe des Etatsjahrs durch neue gleicher Heizfläche und Bauart ersetzt werden.

Für Kessel, für deren Untersuchung gemäß § 31 Abs. VII nach längerem als zweijährigem Nichtgebrauche Gebühren nach Abschnitt III zu erheben sind, werden weitere Jahresbeiträge für das laufende Etatsjahr nicht berechnet.

f) Für Kessel, denen gemäß § 28 Abs. III Erleichterungen hinsichtlich der Prüfungsfristen gewährt worden sind, erfolgt die Gebührenfestsetzung nach besonderer Verfügung des Ministers für Handel und Gewerbe[1]).

g) Für die Untersuchung von Kesseln preußischer Staatsbetriebe werden, soweit solche von Staatsbeamten ausgeführt werden, Jahresbeiträge und sonstige Gebühren nicht[2]) erhoben.

III. Sonstige Untersuchungen.

1. Für die durch § 31 Abs. VII[3]) vorgeschriebene innere Untersuchung und Druckprobe ist der anderthalbfache Jahresbeitrag nach Abschnitt II, für Bauprüfungen und Druckproben gemäß § 12 Abs. II[4]) sowie für solche nach Hauptausbesserungen (§ 27) sind die entsprechenden Sätze nach Abschnitt I der Gebührenordnung zu entrichten.

Druckproben nach Hauptausbesserungen, welche an die Stelle einer in demselben Etatsjahre fälligen regelmäßigen Druckprobe treten (§ 31 Abs. VI), werden nicht besonders berechnet, sofern sie bei staatlicher Überwachung des Kessels von einem staatlichen Kesselprüfer, bei der durch § 2 Abs. I Ziff. 9 gedachten Überwachung im staatlichen Auftrage von einem solchen Beauftragten ausgeführt werden.

2. Bei außerordentlichen Untersuchungen, welche auf Grund des § 35[5]) dieser Anweisung stattfinden, sowie bei Untersuchungen auf Antrag der Kesselbesitzer (soweit es sich in letzterem Falle nicht um die durch § 12 Abs. II vorgeschriebenen Untersuchungen handelt) ist der anderthalbfache Betrag des nach Abschnitt II der Gebührenordnung zutreffenden Jahresbeitrags zu erheben.

---

[1]) Vgl. Anm. 2, S. 38.

[2]) Dies sind Gebühren nach Abs. I und III.

[3]) Nach Betriebsunterbrechungen von mehr als 2 Jahren.

[4]) Untersuchungen zur Genehmigung alter Kessel.

[5]) Untersuchungen zur Beobachtung eines zurzeit noch unbedenklichen Schadens.

3. Für Druckproben von Kesseln, welche für das Ausland bestimmt sind oder in einem anderen Bundesstaate zur Aufstellung gelangen, sind die Sätze unter Abschnitt I der Gebührenordnung maßgebend.

Bei inneren Untersuchungen, Wasserdruckproben und vereinbarten äußeren Untersuchungen[1]), soweit letztere vereinbart werden dürfen, ist für jede zu wiederholende Untersuchung der anderthalbfache Betrag des nach Abschnitt II der Gebührenordnung zutreffenden Jahresbetrags zu erheben, sofern die Untersuchung am festgesetzten Tage nicht oder nur zum Teil ausgeführt werden konnte und dem Kesselbesitzer oder dessen Stellvertreter hierfür ein Verschulden[2]) beizumessen ist. Ein Verschulden ist nicht anzunehmen[3]), wenn das Füllen des Kessels bei einer nach der inneren Untersuchung in Aussicht genommenen Druckprobe von dem Kesselprüfer bei ordnungsmäßiger Vorbereitung an demselben Tage nicht abgewartet werden kann, oder wenn sich nach dem Befunde der inneren Untersuchung die Notwendigkeit herausstellt, den Kessel erst einer Reparatur zu unterziehen.

Für erste Wasserdruckproben und Kesselabnahmen, welche infolge Verschuldens des Kesselbesitzers wiederholt werden müssen, werden die Gebührensätze unter Abschnitt I für jede vergebliche Untersuchung erhoben mit der Maßgabe, daß bei Abnahmen, verbunden mit der Prüfung der Bauart und Druckprobe, für die Wiederholung nur eines Teiles der Untersuchung die entsprechenden Einzelsätze mehrfach in Anrechnung kommen[4]).

4. Anspruch auf die Gebühren für außerordentliche Untersuchungen hat derjenige Verein, durch dessen Beauftragte die Untersuchungen ausgeführt werden, auch wenn die regelmäßige Überwachung des Kessels durch einen anderen Verein oder den Staat bewirkt wird. Den gleichen Anspruch hat die Staatskasse bei Ausführung außerordentlicher Untersuchungen durch Staatsbeamte.

---

[1]) Diese Bestimmung gilt für die regelmäßigen Untersuchungen.

[2]) Das Verschulden muß dem Kesselbesitzer nachgewiesen werden können.

[3]) Aus diesem hier angegebenen Beispiel soll nicht gefolgert werden, daß in allen anderen Fällen ein Verschulden des Kesselbesitzers anzunehmen ist (9. 4. 02, Z. 1902, S. 301).

[4]) Falls die Beendigung oder Wiederholung solcher Prüfungen am selben Tage möglich war und ausgeführt wurde, können mehrfache Gebühren nicht erhoben werden. Ob der Kesselprüfer so lange warten kann, muß seinem pflichtgemäßen Ermessen überlassen werden (5. 12. 1900, III a 8909).

10. Vordrucke.[1])

Vordruck A zur Kesselanweisung.
Anlage VI zu den allgemeinen
polizeilichen Bestimmungen.

Urkunde über die Genehmigung

zur

Anlegung .... Dampfkessel.

Auf Grund des § 24 der Gewerbeordnung und der allgemeinen polizeilichen Bestimmungen[2]) über die Anlegung von .... Dampfkesseln vom 17. Dezember 1908 wird de......

....

....

die Genehmigung zur Anlegung .... Dampfkessel ....

....

nach Maßgabe der mit dieser Urkunde verbundenen Zeichnung ....
und Beschreibung unter den nachstehenden besonderen Bedingungen erteilt.

    1. D.......... Kessel .... mit einem Fabrikschilde
       zu versehen, welches nachstehende Angaben enthält:

          festgesetzte höchste Dampfspannung: ▬▬▬▬▬▬ Atmosphären
          Überdruck,

          Name und Wohnort des Fabrikanten: ....

       ....

          laufende Fabriknummer: ▬▬▬▬▬▬

          Jahr der Anfertigung: ▬▬▬▬▬▬

          Mindestabstand des festgesetzten niedrigsten Wasserstandes von der
          höchsten Stelle der Feuerzüge in Millimeter: ▬▬▬▬▬▬ [3])

    2. Die Inbetriebnahme de.. Kessel... darf erst nach der Abnahme (§ 24
       Abs. 3 der Gewerbeordnung) und Verbindung der darüber ausgestellten
       Bescheinigung mit dieser Urkunde oder Empfang der Zwischenbeschei-
       nigung[4]) (§ 12 Abs. 6 der allgemeinen polizeilichen Bestimmungen über
       die Anlegung von Dampfkesseln) erfolgen.
    3[4]). Die Wartung des Kessels darf nur zuverlässigen, gut ausgebildeten
       oder gut unterwiesenen männlichen Personen über 18 Jahre übertragen
       werden, die mit der bestimmungsmäßigen Benutzung der allgemein vor-
       geschriebenen Sicherheitsvorrichtungen am Kessel vertraut und ver-
       pflichtet sind, bei der Bedienung des Feuers Rauch, Ruß oder Flug-
       asche möglichst einzuschränken.

---

    [1]) Eine bestimmte Blattgröße für die Vordrucke ist nicht vorgeschrieben; üb-
lich ist das Reichsformat 21 × 33 cm.
    [2]) Durch diesen Hinweis auf die A. p. B. in der Genehmigungsurkunde werden
diese zu wesentlichen Bedingungen für die Genehmigung der Anlage.
    [3]) Diese Angabe ist nur für Schiffskessel vorgeschrieben; sie ist zur Vermin-
derung der Zahl der Vordrucke allgemein vorgesehen und bei Verwendung des
Vordruckes für Landkessel zu streichen.
    [4]) Der Hinweis auf die Zwischenbescheinigung und die Bedingung Ziffer 3 sind
in den den A. p. B. beigefügten Vordrucken nicht vorgesehen, sondern nur für
Preußen in den Vordrucken zur Kesselanweisung enthalten.

Vordruck B zur Kesselanweisung.
Anlage IV zu den allgemeinen polizeilichen Bestimmungen.

Bescheinigung

über

die Wasserdruck-Probe eines .... Dampfkessels[1]).

Der mit nachstehenden Angaben auf dem Fabrikschilde bezeichnete Dampfkessel:

festgesetzte höchste Dampfspannung: .... Atmosphären Überdruck,

Name und Wohnort des Fabrikanten: ....

....

laufende Fabriknummer: ....

Jahr der Anfertigung: ....

Mindestabstand des festgesetzten niedrigsten Wasserstandes von der höchsten Stelle der Feuerzüge in Millimeter: .... [2])

ist nach § 12 der allgemeinen polizeilichen Bestimmungen über die Anlegung von .... Dampfkesseln vom 17. Dezember 1908 mit einem Wasserdrucke von .... Atmosphären Überdruck geprüft worden. Dabei hat der Kessel dem Probedrucke mit befriedigendem Erfolge (§ 12 Abs. 3) widerstanden.

Die Niete, mit denen das Fabrikschild am Kessel befestigt ist (§ 11), sind mit dem Stempel versehen worden.

....

(Ort und Datum.)

....

(Unterschrift.)

---

[1]) Wenn bei der Wasserdruckprobe noch nicht bekannt ist, ob der Kessel als feststehend, beweglich oder als Schiffskessel genehmigt werden soll, so kann eine entsprechende nähere Bezeichnung des Kessels in der Überschrift fortfallen.

[2]) Vgl. Anm. 3, S. 202.

Vordruck C zur Kesselanweisung.
Anlage V zu den allgemeinen
polizeilichen Bestimmungen.

Bescheinigung
über

die Abnahmeuntersuchung eines .... Dampfkessels.

Der mit nachstehenden Angaben auf dem Fabrikschilde bezeichnete Dampfkessel:

festgesetzte höchste Dampfspannung: ▆▆▆▆▆▆ Atmosphären Überdruck,

Name und Wohnort des Fabrikanten:

laufende Fabriknummer: ▆▆▆▆▆

Jahr der Anfertigung: ▆▆▆▆

Mindestabstand des festgesetzten niedrigsten Wasserstandes von der höchsten Stelle der Feuerzüge in Millimeter: ▆▆▆▆ [1]

ist einschließlich seiner Ausrüstungsstücke heute der Abnahmeprüfung gemäß § 24 Abs. 3 der Gewerbeordnung unter Dampf unterzogen worden.

Der Kessel ist nach den vorgelegten Prüfungszeugnissen am .... der Bauprüfung und am .... der Wasserdruckprobe unterzogen und seine Anlegung durch Urkunde des .... zu .... vom .... genehmigt worden.

Der Kessel ist aufgestellt:

....

Bei der Abnahme ist folgendes festgestellt worden:

1. Die Feuerzüge liegen an ihrer höchsten Stelle .... Millimeter unter dem festgesetzten niedrigsten Wasserstande, der am Kessel durch eine Strichmarke erkennbar gemacht ist, die sich .... Millimeter befindet.

2. Der Kessel besitzt .... Speiseventil ......, welche .... durch den Druck des Kesselwassers geschlossen .... und ein .... Absperr..... zwischen dem Speiseventil und dem Kessel.

3. Die Speisevorrichtungen bestehen in

4. Der Kessel ist mit einer .... versehen, mittels de.. en er von der Dampfleitung abgesperrt werden kann. Er ist ferner mit eine .... versehen, mittels d en er entleert werden kann.

5. Außer................. Wasserstandsglase ......, welche...... mit der vorgeschriebenen Marke für den festgesetzten niedrigsten Wasserstand versehen .... , befinde sich am Kessel ....

[1] Vgl. Anm. 3. S. 202.

6. Der Kessel hat .... Sicherheitsventil .... de ....en Belastung einer Dampfspannung von ...._ Atmosphären Überdruck entspr ....
    Die Bauart, Abmessung und Belastung de ...... Sicherheitsventil ... sind aus nachstehendem ersichtlich:

7. Der Kessel ist mit .... Manometer versehen, an welch............. die festgesetzte höchste Dampfspannung durch eine Marke bezeichnet ist.

8. Der Kessel ist mit einer Einrichtung zur Anbringung des Kontroll- manometers versehen.
    Die Anlage entspricht den allgemeinen polizeilichen Bestimmungen über die Anlegung von .... Dampfkesseln vom 17. Dezember 1908 und der Genehmigungsurkunde mit Zubehör.
    Ihrer Inbetriebsetzung steht ein Bedenken nicht entgegen.

....   (Ort und Datum.)

(Unterschrift.)

Revisionsbuch

für

einen .... Dampfkessel.

———

Der Dampfkessel, zu welchem dieses Revisionsbuch gehört, ist mit dem vorgeschriebenen Fabrikschilde versehen, welches nachstehende Angaben enthält:

1. festgesetzte Dampfspannung: ▨▨▨▨ Atmosphären Überdruck,

2. Name und Wohnort des Fabrikanten: ....

   ....

3. laufende Fabriknummer: ▨▨▨▨

4. Jahr der Anfertigung: ▨▨▨▨

5. Mindestabstand des festgesetzten niedrigsten Wasserstandes von der höchsten Stelle der Feuerzüge in Millimeter: ▨▨▨▨ [1]

Die Niete, mit denen das Fabrikschild befestigt ist, tragen den Stempel de....

....

....

Das Revisionsbuch sowie die Genehmigungsurkunde nebst den zugehörigen Anlagen oder beglaubigte Abschriften dieser Papiere sind an der Betriebsstätte des Kessels aufzubewahren und jedem zur Aufsicht zuständigen Beamten oder Sachverständigen auf Verlangen vorzulegen.

.... (Ort und Datum.)

(Unterschrift.)

———

[1] Vgl. Anm. 3, S. 202.

Vordruck E zur Kesselanweisung.

Bescheinigung
über

regelmäßige — außerordentliche ....

....

———

Der Kessel befand sich ....   im Betriebe.

Äußere Untersuchung.

Die Besichtigung und Prüfung der zur Sicherheit des Betriebes dienenden Vorrichtungen, insbesondere von Speise- und Wasserstandsvorrichtungen, Manometer und Sicherheitsventilen, gab zu .... Erinnerungen Veranlassung:

...

Die Beobachtung der Feuerung gab zu .... Bemerkungen Anlaß:

Im übrigen war die Unterhaltung der Kesselanlage .... gut, ...

Innere Untersuchung.

Der Kessel wurde befahren und .... im Innern sowie an den erforderlichen Stellen auch äußerlich genau untersucht, wobei sich seine Wandungen, Niete und Anker gut erhalten zeigten. Die Feuerung, die Kesseleinmauerung und die Reinigung des Kessels gaben zu keinen Erinnerungen Veranlassung.

....

Wasserdruck-Probe.

Der Kessel wurde einer Wasserdruckprobe mit ▓▓▓▓▓▓▓▓ Atmosphären Überdruck unterzogen, wobei die Kesselwandungen weder eine bleibende Veränderung ihrer Form noch wesentliche Undichtigkeiten zeigten.

....

Der Kesselwärter ....   zeigte sich

mit der Wartung der Anlage, insbesondere mit der Handhabung der Sicherheits-

vorrichtungen ....

mit der Bedienung des Feuers (§ 32 Abs. II) ....**vertraut.**

....

....   **(Ort und Datum.)**

....

(Unterschrift.)

Die Beseitigung der vorstehend bezeichneten Mängel ist heute festgestellt — gemeldet — worden.

....

Vordruck F zur Kesselanweisung.
Anlage III zu den allgemeinen
polizeilichen Bestimmungen.

Bescheinigung
über

die Bauprüfung eines .... Dampfkessels[1]).

___

Der mit nachstehenden Angaben auf dem Fabrikschilde bezeichnete Dampf-kessel:

festgesetzte höchste Dampfspannung: ▬▬▬▬▬ Atmosphären Überdruck,

Name und Wohnort des Fabrikanten: ....

....

laufende Fabriknummer: ▬▬▬▬

Jahr der Anfertigung: ▬▬▬▬

Mindestabstand des festgesetzten niedrigsten Wasserstandes von der höchsten Stelle der Feuerzüge in Millimeter: ▬▬▬▬ [2])

ist nach § 12 der allgemeinen polizeilichen Bestimmungen über die Anlegung von
.... Dampfkesseln vom 17. Dezember 1908 der Bauprüfung unter-zogen worden.

Dabei ist folgendes festgestellt:

1. Die Ausführung des Kesselkörpers stimmt mit der — zur Genehmi-gungsurkunde, vom .... gehörigen — beigehefteten Zeichnung überein, ausgenommen ....

....

2. die Prüfung der Beschaffenheit des Kesselkörpers ergab ....

....

3. das zu den Wandungen des Kessels verarbeitete Material ist laut bei-folgende .... Zeugnisse .... geprüft worden.

4. der festgesetzte niedrigste Wasserstand ist nach § 8 an der Kesselwan-dung durch eine feste Strichmarke von etwa 30 mm Länge, die von den Buchstaben N. W. begrenzt wird, dauernd kenntlich gemacht[3]).

(Zusatz für erneut zu genehmigende Dampfkessel.)

Der Kessel erscheint hiernach und gemäß § 12 Abs. 2 der allgemeinen polizei-lichen Bestimmungen über die Anlegung von .... Kesseln vom 17. Dezember 1908, sofern er der Wasserdruckprobe mit befriedigendem Erfolge widersteht, zur erneuten Genehmigung mit ▬▬▬▬ Atmosphären Über-druck geeignet.

.... (Ort und Datum.)

....

(Unterschrift.)

___

[1]) Wenn bei der Bauprüfung noch nicht bekannt ist, ob der Kessel als fest-stehend, beweglich oder als Schiffskessel genehmigt werden soll, so kann eine ent-sprechende nähere Bezeichnung des Kessels in der Überschrift fortfallen.

[2]) Vgl. Anm. 3, S. 202.

[3]) Diese Ziff. 4 ist in dem den A. p. B. beigefügten Vordruck nicht enthalten, sondern nur für Preußen durch die der Kesselanweisung beigefügten Vordrucke vorgesehen.

Bescheinigung

über

die Bauprüfung und Wasserdruckprobe eines .... Dampfkessels.

Der mit nachstehenden Angaben auf dem Fabrikschilde bezeichnete Dampfkessel:

festgesetzte höchste Dampfspannung: ▓▓▓▓▓▓▓ Atmosphären Überdruck,

Name und Wohnort des Fabrikanten: ....

....

laufende Fabriknummer: ▓▓▓▓▓▓

Jahr der Anfertigung: ▓▓▓▓▓

Mindestabstand des festgesetzten niedrigsten Wasserstandes von der höchsten Stelle der Feuerzüge in Millimeter: ▓▓▓▓▓▓ [1]

ist nach § 12 der allgemeinen polizeilichen Bestimmungen über die Anlegung von .... Dampfkesseln vom 17. Dezember 1908 der Bauprüfung und der Wasserdruckprobe mit einem Wasserdrucke von ▓▓▓▓▓▓ Atmosphären Überdruck unterzogen worden.

Dabei ist folgendes festgestellt:

1. die Ausführung des Kesselkörpers stimmt mit der — zur Genehmigungsurkunde vom .... gehörigen — beigehefteten Zeichnung überein, ausgenommen ....

2. die Prüfung der Beschaffenheit des Kesselkörpers ergab

....

3. das zu den Wandungen des Kessels verarbeitete Material ist laut beifolgende .... Zeugnisse .... geprüft worden.

4. Der festgesetzte niedrigste Wasserstand ist nach § 8 an der Kesselwandung durch eine feste Strichmarke von etwa 30 mm Länge, die von den Buchstaben N. W. begrenzt wird, dauernd kenntlich gemacht.

Der Kessel hat dem Probedrucke mit befriedigendem Erfolge (§ 12 Abs. 3) widerstanden.

Die Niete, mit denen das Fabrikschild am Kessel befestigt ist (§ 11), sind mit dem .... Stempel versehen worden.

(Zusatz für erneut zu genehmigende Dampfkessel.)

Der Kessel erscheint hiernach zur erneuten Genehmigung mit ▓▓▓▓▓▓ Atmosphären Überdruck geeignet.

.... (Ort und Datum.)

....

.... (Unterschrift.)

---

[1] Vgl. Anm. 3. S. 202.

Vordruck H (K.P.S) zur Kesselanweisung.

Lfde. Nr. .... Akt.-Nr. ....

Regierungsbezirk: .... Kreis: .... Feststehender — beweglicher — Schiffs — Dampfkessel.

Name des Kesselbesitzers: ....

Ort des Betriebs: ....

Betriebszweck: ....

Kesselschild				Tag Monat Jahr	Tag Monat Jahr	Tag Monat Jahr	Tag Monat Jahr	Tag Monat Jahr	Tag Monat Jahr	Tag Monat Jahr	Tag Monat Jahr
Bauart des Kessels, nicht brb. oder auss. brb.	Heizfläche in qm	Rostfläche in qm	Genehmigung								
			Bauprüfung								
			erste Wasserdruckprobe								
			Abnahme								

			Tag Monat Jahr
Äußere Untersuchungen	regelmäßige		
	außerordentliche		
Innere Untersuchungen	regelmäßige		
	außerordentliche		
	nach	§ 12 Abs. II	
		§ 31 Abs. VII	
Druckproben	regelmäßige		
	außerordentliche		
	nach Haupt-ausbesserungen		

Befund und etwaige Ausstellungen

Datum der Erledigung

Bemerkungen

Vordruck J zur Kesselanweisung.

Vorbemerkung. In dem folgenden Vordruck ist Nichtzutreffendes zu durchstreichen.

Beschreibung

zur

Genehmigung einer Dampfkesselanlage.*)

Der Antrag betrifft die Genehmigung zur — Anlegung — Veränderung eines — neuen — bereits im Betriebe gewesenen — feststehenden **Dampfkessels**
de ....
zu .... (Straße, Lage)
zum Betriebe ....
beweglichen, zum Betrieb an wechselnden Betriebsstätten bestimmten **Dampfkessels,**
mit einem .... dauernd
verbundenen **Schiffsdampfkessel** zum Betriebe ....

....

....

Den allgemeinen polizeilichen Bestimmungen über die Anlegung von .... **Dampfkesseln** vom 17. Dezember 1908 wird wie folgt entsprochen:

Zu § 2. Bau des Kessels.

a) Angabe der Bauart des Kessels.
(Für die Angaben sind möglichst die Bezeichnungen der Dampfkesselstatistik in Preußen zu wählen.)

Der Kessel ist ein ....

....

....

---

*) Jedem Genehmigungsgesuche müssen — abgesehen von den im § 10 Absatz III der Anweisung bezeichneten Fällen, in denen je 2 Ausfertigungen genügen — beigefügt sein:

    3 Beschreibungen nach diesem Vordruck,
    3 maßstäbliche Zeichnungen des Kessels,
außerdem
    bei feststehenden Kesseln   3 Lagepläne,
        3 Bauzeichnungen des Kesselhauses (Aufstellungsraums) mit Schornstein,
    bei Schiffskesseln   3 Lagepläne des Kessels im Schiffe.

Sämtliche Zeichnungen und die Beschreibungen sind unter Angabe des Datums vom Besitzer und von dem Verfertiger des Kessels, bei alten Kesseln mindestens vom Besitzer zu unterschreiben.

Zeichnungen, welche nicht auf Pausleinwand hergestellt sind, sind stets auf Leinwand aufzuziehen. Im Blauverfahren hergestellte Zeichnungen dürfen nicht verwandt werden.

Das Gesuch ist bei dem zuständigen Kesselprüfer anzubringen, nicht bei der die Genehmigung erteilenden Behörde.

14*

b) **Angabe der Hauptab-messungen des Kessels in mm.**

Der Kessel besteht aus ....

....

c) **Angabe der Wandstär-ken in mm.**

Die Wandstärken betragen ....

d) **Angaben über Art, Güte und Verarbeitung des Baustoffs zum Kessel. (Bei alten Kesseln ist die mutmaßliche Art des Baustoffs anzu-geben.)**

Der Kessel besteht in den nebenbezeichneten Teilen aus Schweißeisen Feuerblech: ....

....

aus desgl. Bördelblech: ....

aus Flußeisen von .... kg/qmm Festigkeit: ....

aus   desgl.   von .... kg/qmm Festigkeit: ....

....

aus   desgl.   von .... kg/qmm Festigkeit: ....

....

aus Kupfer: ....

....

aus Gußeisen: ....

....

Über die Blechprüfungen werden Werks- — amt-liche — Bescheinigungen vorgelegt.

Abschnitt III Ziff. 4 der Bauvorschriften für Land-dampfkessel wird Beachtung finden.

e) **Angaben über die Her-stellung der Verbin-dungen. (Durch Maßskizzen hierunter zu erläutern.)**

Die Kesselwandungen sind durch maschinell her-gestellte — Hand — Nietung miteinander verbunden, mit Ausnahme ....

....

welche durch Schweißung hergestellt und ....

...., welche durch

Verschraubung verbunden sind. Die Nietlöcher sind gebohrt — gelocht — gelocht und aufgebohrt.

Wasserrohre — Heizrohre — sind — geschweißt — nahtlos und durch Einwalzen (mit — ohne — Bör-

f) **Angaben über Veran-kerungen.**

delung) in den ....,

.... befestigt

Zu § 3. Feuerzüge.

Die durch oder um den Dampfkessel gehenden Feuerzüge liegen an ihrer höchsten Stelle in einem Abstande von .... mm unter dem niedrigsten Wasserstande des Kessels.

Die Heizfläche des Kes-sels berechnet sich wie nebenstehend:

....

....

Gesamte Heizfläche .... qm

Die Größe der Rostfläche beträgt .... = ... qm.
Verhältnis der Rostfläche zur Heizfläche = 1 : ....

Der Luftzug wird auf natürliche — künstliche —
Weise hergestellt. Die Gefahr des Erglühens der mit
dem Dampfraum in Berührung stehenden Kesselwandungen ist also nach § 3 Abs. 2 der allgemeinen polizeilichen Bestimmungen über die Anlegung von Land- und
Schiffsdampfkesseln vom 17. Dezember 1908 ausgeschlossen.

Zu § 4. **Speisevorrichtungen.**

Der Kessel wird mit zwei zuverlässigen Speisevorrichtungen ausgerüstet, welche nicht von derselben
Betriebsvorrichtung abhängen.

Als Speisevorrichtun-
gen dienen:

a) eine ....

b) ein ....

Abmessungen d. Speise-
vorrichtungen:
(Durchmesser, Hub,
Zahl der $\frac{\text{einfachen}}{\text{Doppel-}}$ Hübe
in der Min.; bei Strahl-
pumpen: Leistungsfähig-
keit in der Min.)

zu a) ....

.....

.....

zu b) ....

....

....

Zu § 5. **Speiseventil.**

Der Kessel erhält .... Speiseventil..........
von .... mm lichtem Durchmesser, welche ....
bei Absperrung der Speisevorrichtungen durch den Druck
des Kesselwassers geschlossen w..........

Zu § 6. **Absperr- und Entleerungsvorrichtungen.**

Der Kessel ist mit den vorgeschriebenen Absperr-
und Entleerungsvorrichtungen versehen.

Zu § 7. **Wasserstandsvorrichtungen.**

Der Kessel ist mit .... Wasserstandsglase .... versehen.

(Angabe f. Schiffskessel.) { Dieselben sind in einer zur Längsrichtung des
Schiffes rechtwinkligen Ebene, in gleicher Höhe und
Entfernung von der Kesselmitte, möglichst weit entfernt von ihr, in einem Abstande von .... mm
von einander angebracht.

Außerdem befinde...... sich am Kessel ....
.... als .... Wasserstandsvorrichtung.
Die Wasserstandsvorrichtungen sind gesondert —
an einem gemeinschaftlichen Körper — unmittelbar —
durch Verbindungsrohre — mit dem Innern des Kessels verbunden. Die gemeinschaftlichen Verbindungsrohre haben .... mm, die gesonderten Verbindungsrohre .... mm lichten Durchmesser.

Die Hähne und Ventile der Wasserstandsvorrichtungen sind so eingerichtet, daß man während des Betriebes in gerader Richtung durch die Vorrichtungen hindurchstoßen kann. Der unterste Probierhahn wird in der Ebene des niedrigsten Wasserstandes angebracht.

Der niedrigste Wasserstand liegt .... mm oberhalb, der höchste Punkt der Feuerzüge .... mm unterhalb der unteren sichtbaren Begrenzung des Wasserstandsglases.

Im übrigen werden die Wasserstandsvorrichtungen vorschriftsmäßig ausgeführt.

Zu § 8. **Wasserstandsmarke.**

Der Kessel wird mit .... mm Gefälle angelegt.

Der |festgesetzte niedrigste Wasserstand liegt .... mm über .... Derselbe wird an de.................... durch ein Schild mit der Bezeichnung .... sowie an der Kesselwandung durch eine feste Strichmarke, die von den Buchstaben N. W. begrenzt wird, bezeichnet.

(Angabe f. Schiffskessel.) An .... |des Kessels ist die höchste Lage der Feuerzüge nach der Richtung der Schiffsbreite in leicht erkennbarer dauerhafter Weise durch ein Schild mit der Bezeichnung .... kenntlich gemacht.

Zu § 9. **Sicherheitsventile.**

Der Kessel erhält...... gewöhnliche — Vollhub — Sicherheitsventil...... von .... mm lichter Weite. Die Belastung erfolgt durch — Gewichte — Federn — unmittelbar — mittels Hebel.

D...... Ventil.................... so eingerichtet, |daß .... jederzeit gelüftet und auf| .... em Sitz gedreht werden k.......... . Die Belastung de...... Ventil .... soll bei der technisch polizeilichen Abnahme festgestellt werden.

(Angabe für Schiffskessel, Seeschiffe ausgenommen.) Mindestens eins der Ventile hat eine solche Stellung, daß die vorgeschriebene Belastung von Deck aus mit Leichtigkeit untersucht werden kann.

Zu § 10. **Manometer.**

An dem Kessel .... |zuverlässige...... Manometer angebracht, an welchen...... die |festgesetzte höchste Dampfspannung durch eine unveränderliche, in die Augen fallende Marke bezeichnet ist. Ein — Das — Manometer befindet sich im Gesichtskreise des Kesselwärters.

Anga be für Schiffskessel, Seeschiffe ausgenommen.) Eins der Manometer ist auf dem Verdeck an einer für die Beobachtung bequemen Stelle angebracht.

Zu § 11. **Fabrikschild.**

An dem Kessel wird mit Kupfernieten ein nach der Ummantelung oder Einmauerung sichtbar bleibendes, metallenes Schild mit folgenden Angaben angebracht:

Festgesetzte höchste Dampfspannung in Atm. Überdruck......
Name und Wohnort des Fabrikanten :..........................

Laufende Fabriknummer: .....
Jahr der Anfertigung :............ ....
Mindestabstand des festgesetzten niedrigsten Wasserstandes von der höchsten Stelle der Feuerzüge
in mm : ▬▬▬▬▬▬

Zu § 12. **Bauprüfung und Druckprobe.**

Der Kessel wird nach seiner letzten Zusammen-
setzung vor der Einmauerung oder Ummantelung einer
Bauprüfung und einer amtlichen Wasserdruckprobe auf
.... Atm. Überdruck unterworfen.

Zu § 14. **Kontrollstutzen.**

Der Kessel erhält eine Einrichtung zur Anbringung
des amtlichen Prüfungsmanometers.

Zu § 15 und 16. **Aufstellung des Kessels.**

Die Aufstellung des Kessels entspricht den gesetzlichen Vorschriften. — Zwischen dem Kesselmauerwerk
und den dasselbe umschließenden Wänden verbleibt ein
Zwischenraum von 8 cm. Zur Regelung des Feuers ist
ein ......vom Heizerstande aus bewegliche ....
.... . angebracht.

Der Schornstein hat .....m Gesamthöhe, ... m
untere Weite und ... m obere Weite.

Die Größe der Fensterflächen des Aufstellungsraumes beträgt insgesamt ....qm (davon offenbar
qm); die Größe der Grundfläche des Aufstellungsraumes beträgt insgesamt ..... qm.

Zur Lüftung dienen

....

von insgesamt ......qm Fläche.

den _ten_ ...., den . ten

Der Antragsteller.   Der Verfertiger.

Bemerkung. Bei alt angekauften Kesseln ist außerdem ein Nachweis über
die frühere Betriebsstätte, Dauer der Außerbetriebstellung und die Gründe, welche
zur Außerbetriebstellung geführt haben, bei umzubauenden oder abzuändernden
Anlagen die Art und der Umfang der Veränderung anzugeben.

———————

Königliche Gewerbeinspektion zu ....

Der staatlich beauftragte Dampfkesselüberwachungsverein

zu..

Kreiskasse zu..

Gebühren-Nachweis.

Auf Grund der umstehenden Nachweisung sind aus Dampfkessel-
Untersuchungen an Gebühren .... M. ....Pf., an Nebenkosten
............M.............Pf., zusammen .... M....... Pf., zu beanspruchen.
Die einzelnen Berechnungen liegen bei.

...., den.....ten....................... 19......

Der staatliche Kesselprüfer.

Der staatlich beauftragte Kesselprüfer.

....

(Name, Stand.)

Nachweisung

der von de .... zu ....
im Etatsjahre 19....... auszuführenden regelmäßig wiederkehrenden
im Monat ....19...... ausgeführten   Dampfkessel-
Untersuchungen, für welche die nachstehend bezeichneten Kesselbesitzer Gebühren und Nebenkosten zu entrichten haben.

1.	2.	3.	4.	5.	6.	7.	8.	9.	10.
Lfde. Nr. der Ge-bühren-berechnung	Tage der Untersuchung	Name des Kesselbesitzers	Wohnort des Kessel-besitzers	Unter-suchungs-ort	Fabriknummer des Kessels	Heizfläche des Kessels qm	Nummer der Ge-bühren-Ordnung	Gebühren ℳ | ₰	Neben-kosten (Stem-pel, Re-visions-buch) für den Kessel-prüfer ℳ | ₰	Bemerkungen

Anmerkung. Vergebliche Prüfungen nach I 1 bis 3 und III 3 sind in
Spalte 10 unter Angabe der Gründe für die Notwendigkeit der Wiederholung der
Untersuchung, zu bezeichnen; Druckproben für Kessel, die in einen anderen
Bundesstaat oder ins Ausland gehen, sind kenntlich zu machen. Bei Prüfungen
nach I 3 ist anzugeben, welcher Kesselprüfer die Druckprobe ausgeführt hat und
eventuell wann dafür liquidiert worden ist.

Vordruck K. P. 4 zur Kesselanweisung.

Königliche Gewerbe-Inspektion zu ....
Der staatlich beauftragte Dampfkesselüberwachungsverein
    zu ....   Lfde. Nr. ....
                                                                Kreiskasse ....

<h2 style="text-align:center">Jahresgebühren</h2>

für die regelmäßig wiederkehrenden Untersuchungen de..... Dampfkessel......
de.. zu ....

Nr. II der Gebühren-Ordnung	Bezeichnung der Kessel, für welche der Jahresbeitrag zu erheben ist	Heizfläche in qm					Betrag	
		0—2	über 2—20	über 20—50	über 50—100	über 100	ℳ	₰
1.	**Jahresbeitrag für d...... feststehenden Dampfkessel:**							
	Heizfläche in qm Heizfläche in qm							
	No......... ›........ No......... ›........							
	No......... ›........ No......... ›........							
	No......... ›........ No......... ›........							
	No......... ›........ No......... ›........							
	No......... ›........ No......... ›........							
	No......... ›........ No......... ›........							
	No......... ›........ No......... ›........							
	No......... ›........ No......... ›........							
	No......... ›........ No......... ›........							
	No......... ›........ No......... ›........							
	No......... ›........ No......... ›........							
	No......... ›........ No......... ›........							
	No......... ›........ No......... ›........							
	No......... ›........ No......... ›........							
	No......... ›........ No......... ›........							
	No......... ›........ No......... ›........							
	No......... ›........ No......... ›........							
	Insgesamt...... Kessel von 0— 2 qm ..	8						
	.... › › über 2— 20 › ..		...12					
	.... › › 20— 50 › ..			...15				
	.... › › 50—100 › ..				...18			
	.... › › 100—200 › ..					...21		
	.... › › 200 › ..							
2.	**Jahresbeitrag für d... bewegliche Kessel:** **Jahresbeitrag für d... Schiffsdampfkessel:**							
	Heizfläche in qm Heizfläche in qm							
	No......... ›........ No......... ›........							
	No......... ›........ No......... ›........							
	No......... ›........ No......... ›........							
	No......... ›........ No......... ›........							
	No......... ›........ No......... ›........							
	No......... ›........ No......... ›........							
	No......... ›........ No......... ›........							
	No......... ›........ No......... ›........							
	Insgesamt...... Kessel von 0— 2 qm ..	$\frac{10}{12}$						
	.... › › über 2— 20 › ..		$\frac{15}{18}$					
	.... › › 20— 50 › ..			$\frac{18}{21}$				
	.... › › 50—100 › ..				$\frac{21}{24}$			
	.... › › 100—200 › ..					$\frac{24}{27}$		
	.... › › 200 › ..							

.............., den .....ten .... 19...   Überhaupt . . .

Der staatliche Kesselprüfer.
Der staatlich beauftragte Kesselprüfer.

(Name, Stand) ....

Königliche Gewerbe-Inspektion zu ....

Der staatlich beauftragte Dampfkesselüberwachungsverein

zu ....   Lfde. Nr. des Gebühren-Nachweises ....
Kreiskasse ....

Gebühren-Berechnung

für nachstehend bezeichnete, nicht zu den regelmäßig wiederkehrenden Untersuchungen gehörige Prüfungen de. Dampfkessel... de ....
zu

| Datum der Unter- | | Nummer d. Gebühren- | Bezeichnung der ausgeführten Untersuchung (Die zutreffenden Paragraphen sind zu unterstreichen) | Heizfläche in qm | | | | | Be-trag |
| suchg. | | ordnung | | 0—5 | über 5—20 | über 20—50 | über 50—100 | über 100 | |
Tag	Mt.								ℳ | ₰
		I. 1.	**Für die Bauprüfung von Kesseln aller Art:**						
			No............ Heizfläche in qm	7					
			No............ » » »		...11				
			No............ » » »			...13			
			No............ » » »				...15		
			No............ » » »					...18	
		I. 2.	**Für die Wasserdruckprobe von Kesseln aller Art:**						
			No...... Heizfläche in qm	... 7					
			No...... » » »		...11				
			No...... » » »			...13			
			No...... » » »				...15		
			No...... » » »					...18	
		I. 3.	**Für jede Abnahmeprüfung:**						
			No..... Heizfläche in qm	7					
			No..... » » »		...11				
			No..... » » »			...13			
			No..... » » »				...15		
			No..... » » »					...18	

Sonstige Untersuchungen.

				0—5	über 5—20	über 20—50	über 50—100	über 100	
		III.1.2.	Untersuchungen nach § 31 Abs. VII, § 35 und auf Antrag:						
			a) feststeh. No. Heizfl. in qm	...12	...18	22,5	...27	31,5	
			Kessel: No. » » »						
			b) bewegliche No. » » »	...15	22,5	...27	31,5	...36	
			Kessel: No. » » »						
			c) Schiffs- No. » » »	...18	...27	31,5	...36	40,5	
			dampfkessel: No.... » » »						
		III. 3	Wiederholung äußerer, innerer Unter-suchungen oder Druckproben, wel-che durch Verschulden des Kessel-besitzers an dem festgesetzten Tage nicht oder nur teilweise ausgeführt werden konnten:						
			a) feststeh. No. Heizfl. in qm	...12	...18	22,5	...27	31,5	
			Kessel: No. » » »						
			b) bewegliche No. » » »	...15	22,5	...27	31,5	...36	
			Kessel: No. » » »						
			c) Schiffs- No. » » »	...18	...27	31,5	...36	40,5	
			dampfkessel: No.						
			Nebengebühren: Stempel: ℳ ;						
			Revisionsbücher: ℳ ;						
			Dienstvorschrift: ℳ ;						

Insgesamt ...

......................, den ....ten.........................., 19....
Der staatliche Kesselprüfer.

Der staatlich beauftragte Kesselprüfer.

(Name, Stand)

Hochrand.

11. Vereinbarung der verbündeten Regierungen vom 17. Dezember 1908, betreffend Bestimmungen über die Genehmigung, Untersuchung und Revision der Dampfkessel.[1]

I. Dampfkessel im allgemeinen.

Zuständig für die Erteilung von Bescheiden in diesem Verfahren ist diejenige Behörde, in deren Bezirke der Kessel nach Angabe des Bestellers beheimatet oder betrieben werden soll, bei Vorratskesseln die für den Erbauungsort zuständige Behörde. Die für die Prüfungen erforderlichen Angaben müssen aus den vorzulegenden Zeichnungen hervorgehen.

1. Dampfkessel, die in einem Bundesstaat am Verfertigungsorte von einem hiermit beauftragten Beamten oder staatlich ermächtigten Sachverständigen nach § 12 Abs. 2 und 3 und § 14 der allgemeinen polizeilichen Bestimmungen über die Anlegung von Land- oder von Schiffsdampfkesseln, oder nach Vornahme einer Ausbesserung gemäß § 13 a. a. O. geprüft und den Vorschriften unter § 12 Abs. 5 a. a. O. entsprechend abgestempelt worden sind, unterliegen, sobald sie im ganzen nach ihrem Aufstellungsorte verschickt werden, auch wenn dieser in einem andern Bundesstaate belegen ist, einer weiteren Bauprüfung oder Wasserdruckprobe vor ihrer Einmauerung oder Wiederinbetriebsetzung nur dann, wenn sie durch den Versand oder aus anderer Veranlassung Beschädigungen erlitten haben, welche die Wiederholung der Prüfung geboten erscheinen lassen[2].

2. Die Bescheinigungen der in den einzelnen Bundesstaaten nach § 2 Abs. 1 der allgemeinen polizeilichen Bestimmungen über die Anlegung von Land- oder von Schiffsdampfkesseln zur Prüfung des Baustoffes der Dampfkessel ermächtigten Sachverständigen werden in allen Bundesstaaten anerkannt[3].

3. Dampfkessel aus dem Auslande müssen nach den Vorschriften im § 12 der allgemeinen polizeilichen Bestimmungen über die Anlegung

---

[1] Diese Vereinbarung, die als Anlage III zur Kesselanweisung bekanntgegeben wurde, ist durch einzelstaatliche Verordnungen in Geltung gesetzt. Für Preußen sind die Bestimmungen über die Freizügigkeit der beweglichen und der Schiffskessel sowie über die Anerkennung der Bescheinigungen der Sachverständigen in die Kesselanweisung übernommen worden. Die Bestimmungen über die Anerkennung der Materialprüfungsbescheinigungen der Sachverständigen (s. Ziff. 2) sind durch Erlaß vom 10. 12. 09 (III 9669, I 10230, Z. 1910, S. 8; s. auch Anm. 3, S. 42), die in Ziff. 6 vorgesehene Bestimmung über den Querschnitt der Sicherheitsventile durch den Einführungserlaß zur Kesselanweisung vom 16. 12. 09 (III 10693, Z. 1910, S. 18, s. auch Anm. 2 a, S. 25) und die in Ziff. 10 vorgeschriebenen Anmeldungen der Inbetriebnahme eines beweglichen Kessels durch die Polizeiverordnung betr. bewegliche Kraftmaschinen (vgl. Anm. 1 S. 174.) verordnet.
[2] § 6 Abs. II K.A.
[3] Erlaß vom 10. 12. 09, III 9669, I 10230, Z. 1910, S. 8.

von Land- oder von Schiffsdampfkesseln durch einen in Deutschland zuständigen Sachverständigen geprüft werden. Dabei muß die Ummantelung der Kessel entfernt werden. Der Nachweis, daß der Baustoff solcher Dampfkessel nach den anerkannten Regeln der Technik (siehe § 2 a. a. O.) geprüft worden ist, muß durch Vorlegung der Zeugnisse von Sachverständigen erfolgen, die in den Bundesstaaten als solche anerkannt werden[1]).

'4. Zur Ausführung der fälligen regelmäßigen Prüfungen von beweglichen und von Schiffsdampfkesseln werden in allen Bundesstaaten die zuständigen Sachverständigen des Heimatsorts ohne besonderen Antrag zugelassen. Dem Besitzer solcher Dampfkessel steht es jedoch frei, sich an den Sachverständigen desjenigen Ortes zu wenden, an welchem sich der Dampfkessel zur Zeit der Fälligkeit der Untersuchung befindet. Letzterer Sachverständige ist verpflichtet, die Untersuchungen auf Antrag auszuführen und Abschrift der darüber in das Revisionsbuch einzutragenden Bescheinigung der für die regelmäßige Prüfung zuständigen Stelle zu übersenden. Die in solchen Fällen von Sachverständigen zu erhebenden Untersuchungsgebühren dürfen den Betrag nicht überschreiten, der ihnen bei der regelmäßigen Beaufsichtigung von Dampfkesseln zusteht. Untersuchungen dieser Art werden in den anderen Bundesstaaten anerkannt)[2]. — Die Sachverständigen sind bei beweglichen und bei Schiffsdampfkesseln ermächtigt, von der Entfernung der Bekleidung an Kesseln bei regelmäßigen Untersuchungen abzusehen, falls nicht besondere Gründe für die Prüfung der durch die Bekleidung verdeckten Kesselteile vorliegen[3]).

Bewegliche und Schiffsdampfkessel, die sich vorübergehend in anderen Bundesstaaten aufhalten, sollen vorbehaltlich der Bestimmungen unter Ziff. 8 Abs. 1 und Ziff. 14, Abs. 2 nicht früher zu regelmäßigen Untersuchungen herangezogen werden, als solche in dem Heimatstaate fällig werden[4]).

5. Erleichterungen, die von den Zentralbehörden der Bundesstaaten auf Grund des § 20 Abs. 2 der allgemeinen polizeilichen Bestimmungen über die Anlegung von Landdampfkesseln oder auf Grund des § 17 Abs. 4 der allgemeinen polizeilichen Bestimmungen über die Anlegung von Schiffsdampfkesseln gewährt werden, sind, soweit sie über den Rahmen des einzelnen Falles hinausgehen, zu veröffentlichen und gegenseitig zur Kenntnis zu bringen.

Erschwerende Bestimmungen für den Bau und die Ausrüstung von Dampfkesseln mit Anforderungen, die weiter gehen als diejenigen der allgemeinen polizeilichen Bestimmungen über die Anlegung von Land- oder von Schiffsdampfkesseln, werden die verbündeten Regierungen ohne vorhergehende Verständigung nicht erlassen.

---

[1]) § 6 Abs. VI K.A.
[2]) § 6 Abs. III und IV K.A.
[3]) § 34 Abs. III K.A.
[4]) § 6 Abs. I K.A.

6. Sicherheitsventile sollen als der Vorschrift des § 9 Abs. 2 der allgemeinen polizeilichen Bestimmungen über die Anlegung von Land- und von Schiffsdampfkesseln entsprechend angesehen werden, wenn ihr Querschnitt folgender Formel[1]) entspricht:

$$F = 15\,H \cdot \sqrt{\frac{1000}{p \cdot \gamma}},$$

worin F = Querschnitt des Ventils in qmm,

H = Heizfläche des Kessels in qm,

p = Überdruck des Dampfes in kg/qcm,

γ = Gewicht von 1 cbm Dampf in kg von dem Überdruck p bedeuten.

7. Als Sachverständigenkommission im Sinne des § 2 Abs. 1 der allgemeinen polizeilichen Bestimmungen wird die Deutsche Dampfkessel-Normen-Kommission[2]) anerkannt, in welche die nachstehend bezeichneten industriellen und wissenschaftlichen Vereine und Institute die gleichfalls angegebene Zahl von Vertretern zu entsenden satzungsgemäß berechtigt sind:

Zentralverband der preußischen Dampfkessel-Überwachungsvereine . . . . 7 Vertreter,

Verein deutscher Ingenieure . . . . 4 »

Verein deutscher Eisenhüttenleute . . . . 4 »

Verein deutscher Maschinenbauanstalten . . . . . 3 »

Verband deutscher Dampfkessel-Überwachungsvereine . . . . 2 »

Schiffsbautechnische Gesellschaft . . . . 1 »

Technische Hochschulen . . . . 1 »

Versuchs- und Materialprüfungsanstalten . . . . 2 »

Verein deutscher Schiffswerften:

    a) Seeschiffswerften . . . . 1 »

    b) Flußschiffswerften . . . . 1 »

Verein Hamburger Reeder . . . . 1 »

Flußschiffreedereien . . . . 1 »

Zentralverband deutscher Industrieller . . . . . . 2 »

Germanischer Lloyd . . . . 1 »

Verein der Fabrikanten landwirtschaftlicher Maschinen und Geräte . . . . 1 »

Verein deutscher Eisen- und Stahlindustrieller . . 1 »

zusammen . . 33 Vertreter.

---

[1]) a) Erlaß vom 16. 12. 09, III 10 693, Z. 1910, S. 18.

b) Für Vollhubventile, deren Hub mindestens ein Viertel des Durchmessers ist, kann, wenn der Fabrikant diesen Hub in der Beschreibung der Kesselanlage gewährleistet, falls der Kesseldruck $^1/_{10}$ der genehmigten Spannung überschreitet, für die Zahl 15 in der Formel die Zahl 5 gesetzt werden (vgl. Anm. 2, S. 25).

c) Über die Ableitung der Formel s. Z. 1908, S. 107 u. f.

[2]) Die Satzung der Kommission ist in Z. 1908, S. 53 abgedruckt. Die Anerkennung der Kommission durch den Bundesrat ist durch Erlaß des Reichskanzlers vom 15. 1. 09, Z. 1909, S. 89 erfolgt.

II. Bewegliche Dampfkessel.

8. Bewegliche Dampfkessel, deren Inbetriebnahme in einem Bundesstaat auf Grund des § 24 der Gewerbeordnung und der allgemeinen polizeilichen Bestimmungen genehmigt worden ist, können in allen anderen Bundesstaaten ohne nochmalige vorgängige Untersuchung betrieben werden, sofern seit ihrer letzten Untersuchung nicht mehr als ein Jahr verflossen ist[1]).

Hinsichtlich der örtlichen Aufstellung und des Betriebes kommen die polizeilichen Vorschriften[2]) desjenigen Bundesstaates zur Anwendung, in welchem der Dampfkessel benutzt wird.

9. Die Genehmigung kann für mehrere bewegliche Dampfkessel von übereinstimmender Bauart, Ausrüstung und Größe, welche in einer Fabrik im Laufe eines Kalenderjahres hergestellt werden, gemeinsam im voraus beantragt und durch eine Urkunde erteilt werden.

Für jeden auf Grund dieser Genehmigungsurkunde hergestellten beweglichen Dampfkessel ist eine mit der Fabriknummer zu versehende beglaubigte Abschrift der Genehmigungsurkunde und ihrer Zubehörungen anzufertigen. Diese gilt als Genehmigungsurkunde für den Dampfkessel, dessen Fabriknummer sie trägt.

Die Beglaubigung der Abschrift kann durch den Beamten oder staatlich ermächtigten Sachverständigen, welcher die im § 12 Abs. 2 und 3 der allgemeinen polizeilichen Bestimmungen über die Anlegung von Landdampfkesseln vorgesehene Untersuchung vornimmt, geschehen[3]).

10. Bevor ein beweglicher Dampfkessel in dem Bezirk einer Ortspolizeibehörde in Betrieb genommen wird, ist der letzteren von dem Betriebsunternehmer oder dessen Stellvertreter unter Angabe der Stelle, an welcher der Betrieb stattfinden soll, Anzeige zu erstatten[4]).

11. Jeder bewegliche Dampfkessel ist mindestens alljährlich einer äußeren Revision und alle drei Jahre einer inneren Revision zu unterwerfen. Die äußere Revision soll in der Regel im Betriebe stattfinden. Die innere Revision kann der Sachverständige nach seinem Ermessen durch eine Wasserdruckprobe ergänzen. Spätestens nach sechs Jahren muß jeder bewegliche Dampfkessel einer Wasserdruckprobe unterworfen

---

[1]) a) § 6 Abs. I K.A.
 b) Diese Bestimmung ist durch schriftliche Verständigung der Bundesregierungen folgendermaßen erweitert (5. 4. 13, III 2772, I 2571, Z. 1913, S. 219):
 »Beim Übergang von beweglichen oder Schiffskesseln in die Überwachung der Aufsichtsstelle eines anderen Bundesstaates sind der neuen Überwachungsstelle auf Antrag die zweiten Ausfertigungen der Genehmigungsurkunden (soweit sie vorhanden sind) und diejenigen Akten zu überweisen, welche zur Beurteilung des Zustandes der Kessel Wert haben.«
 [2]) In Preußen: Polizeiverordnung betr. Aufstellung, Beschaffenheit und Betrieb von beweglichen Kraftmaschinen (25. 3. 09, Z. 1908, S. 191), s. S. 174, Anm. 1.
 [3]) § 17 K.A.
 [4]) § 25 Abs. III K.A. und § 2 der Pol. Verordnung betr. bewegliche Kraftmaschinen. Diese Bestimmung gilt nicht für Kraftfahrzeuge und Feuerspritzen.

werden. Die äußere Revision kommt als selbständige Untersuchung in denjenigen Jahren in Fortfall, in welchen eine innere Revision vorgenommen wird[1]).

Die regelmäßige Wasserdruckprobe erfolgt in Übereinstimmung mit § 12 Abs. 3 der allgemeinen polizeilichen Bestimmungen über die Anlegung von Landdampfkesseln.

12. Der Betriebsunternehmer oder dessen Vertreter hat dem zuständigen Revisor zu der Zeit, zu welcher die innere Revision oder Wasserdruckprobe auszuführen ist, davon Anzeige zu erstatten, wann und wo der Kessel zur Untersuchung bereitsteht[2]).

13. Die nach Maßgabe des § 24 Abs. 3 der Gewerbeordnung von einem hierzu ermächtigten Beamten oder Sachverständigen eines Bundesstaates ausgestellten Bescheinigungen, die Bescheinigungen über die in Gemäßheit des § 13 der allgemeinen polizeilichen Bestimmungen über die Anlegung von Landdampfkesseln vorgenommenen Wasserdruckproben und die Bescheinigungen über die Vornahme periodischer Untersuchungen werden in allen anderen Bundesstaaten anerkannt[3]).

III. Schiffsdampfkessel.

14. Die in Gemäßheit des § 24 der Gewerbeordnung erforderliche Genehmigung zur Anlegung eines Schiffsdampfkessels hat die nach den Landesgesetzen zuständige Behörde desjenigen Bundesstaates zu erteilen, in welchem sich nach der Erklärung des Unternehmers der Heimatshafen des Schiffes befinden soll. Liegt eine solche Erklärung nicht vor, so ist der Wohnsitz des Schiffseigners oder in Ermangelung eines solchen des Unternehmers maßgebend[4]).

Schiffsdampfkessel, deren Inbetriebnahme in einem Bundesstaat auf Grund des § 24 der Gewerbeordnung und der allgemeinen polizeilichen Bestimmungen genehmigt worden ist, können in allen anderen Bundesstaaten ohne nochmalige vorgängige Untersuchung betrieben werden, sofern seit ihrer letzten Untersuchung nicht mehr als ein Jahr verflossen ist[5]).

15. Die technische Untersuchung einer Schiffsdampfkesselanlage, die nach Maßgabe des § 24 Abs. 3 der Gewerbeordnung vor der Inbetriebnahme des Kessels auszuführen ist, soll in der Regel[6]) am Erbauungsorte des Schiffes durch den daselbst zuständigen Sachverständigen

---

[1]) § 31 K.A. Über die Ergänzung der inneren Untersuchungen durch Wasserdruckproben vgl. Anm. 5, S. 181.
[2]) § 36, Abs. III K.A.
[3]) § 6, Abs. II und IV K.A.
[4]) § 9, Abs. I 3 K.A.,
[5]) § 6, Abs. I K.A.
[6]) Zwischen Preußen einerseits und Hamburg und Bremen anderseits ist vereinbart, daß der Beamte des Heimathafens die Abnahme am Erbauungsorte vornehmen kann, wenn ein besonderes Interesse daran besteht (3. 2. 03, Z. 1903, S. 137; 27. 4. 03, Z. 1904, S. 397).

erfolgen. Liegt dieser Ort in einem anderen Bundesstaat als der Heimats-hafen des Schiffes, so ist bei der Abnahme gleichzeitig festzustellen, ob denjenigen Konzessionsbedingungen, welche nach Maßgabe der im Staate des Heimatshafens etwa geltenden besonderen polizeilichen Bestimmungen vorgeschrieben wurden, entsprochen worden ist.

Bei Schiffsdampfkesseln aus dem Auslande kann die Abnahme in dem Heimatshafen des Schiffes oder in dem ersten deutschen Anlaufs-hafen vorgenommen werden[1].

16. Jeder Schiffsdampfkessel ist mindestens alljährlich einer äußeren Revision im Betrieb und alle zwei Jahre einer inneren Revision zu unter-werfen. Die innere Revision kann der Sachverständige nach seinem Ermessen durch eine Wasserdruckprobe ergänzen. Spätestens nach sechs Jahren muß jeder Schiffsdampfkessel einer Wasserdruckprobe unterworfen werden[2].

Die regelmäßige Wasserdruckprobe erfolgt in Übereinstimmung mit § 12 Abs. 3 der allgemeinen polizeilichen Bestimmungen über die An-legung von Schiffsdampfkesseln.

17. Die Bestimmungen der Ziff. 12 und 13 finden auf Schiffsdampf-kessel entsprechende Anwendung.

---

[1] § 24 Abs. IV K. A.
[2] § 31 K. A.

12. Vorbereitungen zur Abnahme von Dampfkesseln.

(20. 6. 10, III. 5067, Z. 1910, S. 297.)
(Vgl. dazu auch Abschnitt 8, S. 172.)

Anweisung zur Herrichtung der Dampfkessel zur Abnahme
unter Dampf.

(§ 24 Abs. 3 der Gewerbe-Ordnung.)

1. Die Anlage muß sich in vollständig betriebsfertigem Zustande befinden und der Genehmigungsurkunde nebst Zubehör einschließlich der besonderen Bedingungen entsprechen.

2. Die Genehmigungsurkunde nebst Zubehör sowie die Bescheinigungen über die stattgefundene Bauprüfung und Wasserdruckprobt müssen bei der Abnahme vorliegen und dem Kesselprüfer ausgehändige werden. Außerdem muß eine Bescheinigung der zuständigen Baupolizeibehörde vorliegen, welche nachweist, daß die baupolizeiliche Abnahme stattgefunden und zu Bedenken keinen Anlaß gegeben hat.

3. Der Kessel ist rechtzeitig anzuheizen und mit unbelastetem Sicherheitsventil unter Dampf zu halten.

4. Bei Sicherheitsventilen mit Gewichtsbelastung ist eine gute Wage nebst Gewichten bereit zu halten.

Anweisung zur Herrichtung der Dampfkessel für die Abnahme im kalten Zustande sowie für die gleichzeitige Abnahme unter Dampf, wenn beide Abnahmen vereint werden können.

1. Das Kesselmauerwerk ist mit Öffnungen zu versehen, so daß das Nachmessen der Höhenlage der Zugkanäle erfolgen kann. Hierzu sind Wasserwage und Richtscheit bereit zu halten.

2. Alle Ausrüstungsteile müssen betriebsfertig angebracht sein.

3. Zur Bestimmung der Sicherheitsventil-Belastung ist eine gute Wage nebst Gewichten bereit zu halten.

4. Die Genehmigungsurkunde nebst Zubehör sowie die Bescheinigungen über die stattgefundene Bauprüfung und Wasserdruckprobe müssen vorliegen und dem Kesselprüfer ausgehändigt werden.

5. Wenn nach Ansicht des Kesselprüfers ein Aufheizen bis zum Genehmigungsdruck am gleichen Tage möglich ist, kann im Anscbluß an die Feststellungen unter 1, 2 und 3 die Abnahme unter Dampf erfolgen. — Die Anlage muß sich für diesen Fall in vollständig betriebsfertigem Zustande befinden; die besonderen Bedingungen der Genehmigungsurkunde müssen erfüllt sein, und es muß eine Bescheinigung der zuständigen Baupolizeibehörde vorliegen, welche nachweist, daß die baupolizeiliche Abnahme stattgefunden und zu Bedenken keinen Anlaß gegeben hat.

13. Vorbereitungen zur inneren Untersuchung und !Wasserdruckprobe der Dampfkessel.

(8. 9. 03, Z. 1903, S. 809; vgl. auch 20. 6. 10, III 5067, Z. 1910, S. 297.)
(Vgl. dazu auch Abschnitt 8, S. 186 und 187.)

a) Herrichtung zur inneren Untersuchung.

1. Der Kesselbetrieb ist so frühzeitig einzustellen, daß der Kessel und die Züge genügend abgekühlt sind, um gründlich gereinigt und untersucht werden zu können.

Das Füllen des eben entleerten heißen Kessels mit kaltem Wasser ist den Wandungen nachteilig und zu untersagen.

2. Dampf-, Speise- und Ablaßleitungen, die mit anderen im Betrieb befindlichen Kesseln in Verbindung stehen, sind durch genügend starke Blindflanschen oder durch Abnehmen von Zwischenstücken sichtbar abzutrennen.

3. Alle Mannlöcher, Schlamm- und Auswaschluken sind zu öffnen; nicht befahrbare, ausziehbare Kessel sind auszuziehen. Der Kessel ist im Innern an allen Stellen gründlich von Schlamm und Kesselstein zu reinigen und auszutrocknen.

4. Alle Reinigungslöcher für die Feuerzüge müssen geöffnet werden. Ruß und Flugasche ist aus den Feuerzügen einschließlich des Aschenfalls und etwa vorhandener Flugaschenfänger gründlich zu entfernen. Die von den Feuergasen bestrichenen Kesselwandungen sind durch Stahlbürsten oder andere geeignete Werkzeuge vom Ruß zu reinigen.

5. Wenn die Feuerzüge nicht befahrbar sind oder schadhafte Stellen am Kessel vermutet werden, ist das Mauerwerk bzw. die Ummantelung soweit zu entfernen, als es der Kesselprüfer für erforderlich erachtet.

6. Die Roststäbe sind herauszunehmen. Bei Kesseln mit Innenfeuerung ist das Feuergeschränk und die Feuerbrücke ebenfalls herauszuziehen, bei Lokomobilen der Aschkasten abzuschrauben.

7. Die Armaturteile sind auseinander zu nehmen und instandzusetzen. Ihre Zusammensetzung darf nicht vor der Besichtigung durch den Kesselprüfer erfolgen.

8. Für die Untersuchung sind ein Handhammer, ein Flach- und Kreuzmeißel sowie zwei starke Kerzen bereit zu halten. Für Gelegen-

heit zum Umkleiden und Waschen ist in angemessener Weise zu sorgen. Der Umkleideraum ist bei kalter Witterung leicht zu erwärmen.

9. Die Genehmigungsurkunde nebst Zubehör und das Revisionsbuch sind am Orte der Untersuchung bereit zu halten.

10. Von dieser Anweisung ist dem Kesselwärter Kenntnis zu geben; derselbe muß bei der Untersuchung anwesend sein.

b) Herrichtung zur Wasserdruckprobe.

1. Der Kesselbetrieb ist so frühzeitig einzustellen, daß die nachstehenden Vorbereitungen ordnungsgemäß erfolgen können.

Der Druckprobe muß in der Regel eine Reinigung des Kesselinneren vorhergehen.

2. Der mit Wasserdruck zu prüfende Kessel ist von den im Betrieb befindlichen abzusperren. In gemeinsamen Dampfleitungen hat dies durch Blindflansche oder durch Abnehmen von Zwischenstücken zu geschehen.

3. Alle Hähne, Ventile und Verschlüsse sind vor dem Füllen des Kessels instandzusetzen und gut zu dichten. Alle nicht mehr zuverlässigen Verpackungen sind zu erneuern.

Hohlschwimmer sind aus dem Kessel zu entfernen.

4. Sicherheitsventile sind so einzuschleifen, daß sie auch bei erhöhtem Druck dicht bleiben; erforderlichenfalls sind sie nachzudrehen; sie dürfen vom Kessel nicht abgesperrt sein.

5. Dem Kesselbesitzer wird in der Regel vorher angegeben, welche Teile des Mauerwerks oder der Ummantelung zu beseitigen sind; geschieht dies nicht, so sind diese Teile soweit zu entfernen, als es von dem Kesselprüfer an Ort und Stelle für erforderlich erachtet wird.

Alle Reinigungslöcher für die Feuerzüge müssen geöffnet werden. Ruß und Flugasche ist aus den Feuerzügen einschließlich des Aschenfalles und etwa vorhandener Flugaschenfänger gründlich zu entfernen. Die von den Feuergasen bestrichenen Kesselwandungen sind durch Stahlbürsten oder andere geeignete Werkzeuge von Ruß zu reinigen.

6. Die Roststäbe sind herauszunehmen. Bei Kesseln mit Innenfeuerung ist das Feuergeschränk und die Feuerbrücke ebenfalls herauszuziehen, bei Lokomobilen der Aschkasten abzuschrauben.

7. Der Kessel ist vor Ankunft des Kesselprüfers völlig mit Wasser zu füllen; auch muß die zur Druckerzeugung bestimmte Pumpe in gebrauchsfähigem Zustande und mit dem Kessel verbunden sein.

Der Kessel ist bis zur Höhe des Betriebsdruckes vorzudrücken; dabei sich ergebende Undichtigkeiten sind zu beseitigen.

8. Für die Druckprobe müssen Arbeiter zur Bedienung der Pumpe zur Stelle sein, auch sind ein Handhammer, ein Flach- und ein Kreuzmeißel sowie zwei starke Kerzen bereit zu halten. Für Gelegenheit zum Umkleiden und Waschen ist in angemessener Weise zu sorgen; der Umkleideraum ist bei kalter Witterung leicht zu erwärmen.

9. Die Genehmigungsurkunde nebst Zubehör und das Revisionsbuch sind am Orte der Untersuchung bereit zu halten.

10. Von dieser Anweisung ist dem Kesselwärter Kenntnis zu geben; derselbe muß bei der Untersuchung anwesend sein.

c) Herrichtung nicht eingemauerter und nicht befahrbarer Dampfkessel zur Wasserdruckprobe und inneren Untersuchung.

1. Der Kesselbetrieb ist so frühzeitig einzustellen, daß die nachstehenden Vorbereitungen ordnungsgemäß erfolgen können.

Der Druckprobe muß eine Reinigung des Kesselinneren vorangehen.

2. Alle Hähne, Ventile und Verschlüsse sind vor dem Füllen des Kessels instandzusetzen und gut zu dichten. Alle nicht mehr zuverlässigen Verpackungen sind zu erneuern.

3. Sicherheitsventile sind so einzuschleifen, daß sie bei erhöhtem Druck dicht bleiben; erforderlichenfalls sind sie nachzudrehen; sie dürfen nicht vom Kessel abgesperrt werden.

4. Die Ummantelung ist soweit zu entfernen, als es von dem Kesselprüfer an Ort und Stelle für erforderlich erachtet wird.

Die von den Feuergasen bestrichenen Kesselwandungen sind durch Stahlbürsten oder andere geeignete Werkzeuge von Ruß zu reinigen.

5. Die Roststäbe sind herauszunehmen, der Aschkasten ist abzuschrauben.

6. Der Kessel muß vor Ankunft des Kesselprüfers völlig mit Wasser gefüllt und die zur Druckerzeugung bestimmte Pumpe in gebrauchsfähigem Zustande mit dem Kessel verbunden sein.

Der Kessel ist bis zur Höhe des Betriebsdruckes vorzudrücken. Dabei sich ergebende Undichtigkeiten sind zu beseitigen.

7. Für die Druckprobe müssen Arbeiter zur Bedienung der Pumpe zur Stelle sein, auch sind ein Handhammer und ein Meißel sowie zwei starke Kerzen bereit zu halten.

8. Zwecks Besichtigung des Kesselinneren nach erfolgter Druckprobe ist der Kessel so aufzustellen oder mit solchen Einrichtungen zu versehen, daß das Wasser rasch abfließen kann.

9. Die Genehmigungsurkunde nebst Zubehör und das Revisionsbuch sind am Orte der Untersuchung bereit zu halten.

10. Von dieser Anweisung ist dem Kesselwärter Kenntnis zu geben: derselbe muß bei der Untersuchung anwesend sein.

14. Dienstvorschriften für Kesselwärter.

(12. 5.14, III 1559, Z. 1914, S. 295) (vgl. dazu auch Abschnitt 8, S. 166).

a) Dienstvorschriften für Kesselwärter von Landdampfkesseln.

Allgemeines.

1. Der Kesselwärter ist für die Wartung des Kessels verantwortlich. Der Kessel muß unter Aufsicht bleiben, solange sich Feuer auf dem Rost befindet.

2. Unbefugten darf der Zutritt zur Kesselanlage nicht gestattet werden.

3. Die Kesselanlage ist stets rein, gut beleuchtet und frei von allen nicht dahingehörigen Gegenständen zu halten. Die Ausgänge des Kesselraumes müssen während des Betriebes stets unverschlossen und frei bleiben.

Inbetriebsetzung des Kessels.

4. Vor dem Füllen des Kessels ist festzustellen, ob er im Innern rein ist, fremde Gegenstände aus ihm entfernt und die Entleerungsvorrichtungen (Abblasevorrichtungen) geschlossen sind.

Alle zum Kessel gehörigen Vorrichtungen müssen gangbar, ihre Verbindungen mit dem Kessel frei sein.

5. Das Anheizen soll langsam und erst erfolgen, nachdem der Kessel mindestens bis zur Höhe des festgesetzten niedrigsten Wasserstandes gefüllt ist.

6. Während des Anheizens ist der Dampfraum des Kessels durch Öffnen der Sicherheitsventile oder anderer vorhandener Entlüftungsvorrichtungen mit der äußeren Luft zu verbinden.

Dichtungen sind nachzusehen und erforderlichenfalls vorsichtig nachzuziehen.

7. Vor Beginn und während des Anheizens sind die Wasserstandsvorrichtungen unter Benutzung aller Hähne oder Ventile zu prüfen, das Manometer ist zu beobachten.

Betrieb des Kessels.

8. Hähne und Ventile sind vorsichtig zu öffnen und zu schließen. Besondere Sorgfalt ist bei der Benutzung von Abblasevorrichtungen anzuwenden.

Dampfleitungen und Überhitzer sind beim Anwärmen zu entwässern. Dampfleitungen dürfen nur langsam angewärmt werden.

9. Der Wasserstand im Kessel soll möglichst gleichmäßig gehalten werden. Er darf nicht unter die Marke des festgesetzten niedrigsten Wasserstandes sinken. Geschieht dies trotz Benutzung aller Speisevorrichtungen in gefahrdrohender Weise, oder werden starke Undichtheiten, erglühte Kesselteile oder Einbeulungen bemerkt, so ist das Feuer tunlichst durch Sand, feuchte Asche od. dgl. zu decken und der Kessel abzukühlen.

Zu diesem Zweck sind beispielsweise bei Planrosten die Feuertüren zu öffnen, bei Schräg- und Treppenrosten Öffnungen im Rost herzustellen, bei Wanderrosten die Schauluken zu öffnen. In allen Fällen ist sodann der Rauchschieber zu öffnen. Sind Einrichtungen zur fortlaufenden Zuführung des Brennstoffes vorhanden, so ist die Zufuhr abzustellen.

Alsdann ist dem Vorgesetzten unverzüglich Anzeige zu erstatten.

10. Die Wasserstandsvorrichtungen sind sämtlich zu benutzen. Alle Hähne oder Ventile sind täglich recht oft zu prüfen. Mängel, insbesondere Verstopfungen, sind sofort zu beseitigen. Die Wasserstandsgläser sind gut zu beleuchten. Schutzvorrichtungen an ihnen sind stets in Ordnung zu halten.

11. Alle Speisevorrichtungen sind täglich zu benutzen und stets in brauchbarem Zustand zu erhalten.

12. Das Manometer ist zeitweise vorsichtig auf seine Gangbarkeit zu prüfen.

13. Der Dampfdruck soll die festgesetzte höchste Spannung nicht überschreiten. Steigt der Druck zu hoch, so ist der Kessel aufzuspeisen und der Zug zu vermindern. Blasen dabei die Sicherheitsventile nicht ab, so sind sie sofort nachzusehen.

14. Die Sicherheitsventile sind täglich durch vorsichtiges Anheben zu lüften.

Sicherheitsventile unwirksam zu machen oder ihre Belastung zu erhöhen, ist streng verboten. Zuwiderhandelnde setzen sich strafrechtlicher Verfolgung aus.

15. Beim Abschlacken ist der Zug zu vermindern.

16. In Betriebspausen ist der Kessel aufzuspeisen und der Zug zu vermindern.

17. Gegen Ende des Kesselbetriebes ist der Dampf soweit wie möglich wegzuarbeiten, die Zufuhr von Brennstoff einzustellen, der Kessel aufzuspeisen und der Rauchschieber zu schließen.

18. Der Kesselwärter hat den Zustand der Kesseleinmauerung und der Zugführung, besonders auch der Gewölbe, zum Schutz einzelner Kesselteile gegen die Einwirkung heißer Feuergase (z. B. Schutzgewölbe in Flammrohren, unterhalb der ersten Rundnaht bei Unter-

feuerungskesseln und unterhalb der Wasserkammern von Wasserrohrkesseln) zu beobachten. Beschädigungen sind zu melden. Insbesondere
ist beim Einsturz von Schutzgewölben dem Vorgesetzten unverzüglich
Anzeige zu erstatten, um gebotenenfalls den Kesselbetrieb einzustellen.

19. Bei der Ablösung darf der abtretende Kesselwärter sich erst
dann entfernen, wenn der antretende Wärter alles in ordnungsmäßigem
Zustand übernommen hat.

20. Das Decken (Bänken) des Feuers nach Beendigung der Ar-
beitszeit ist nur gestattet, wenn der Kessel unter sachkundiger Aufsicht bleibt. Außerdem darf der Rauchschieber nicht ganz geschlossen
und der Rost nicht ganz bedeckt werden.

Entleeren und Reinigen des Kessels.

21. Mit dem Entleeren des Kessels darf erst begonnen werden,
wenn das Feuer und glimmende Flugasche entfernt sind und das Mauerwerk genügend abgekühlt ist. Muß der Kessel unter Dampfdruck entleert werden, so darf dies höchstens mit 2 at Überdruck geschehen.

22. Das Einlassen von kaltem Wasser in den eben entleerten heißen
Kessel ist streng untersagt.

23. Bei Frostgefahr sind außer Betrieb zu setzende Kessel und Rohrleitungen gegen Einfrieren zu schützen.

24. Der zu befahrende Kessel muß von den mit ihm verbundenen
und im Betrieb befindlichen Kesseln in allen Rohrverbindungen durch
genügend starke Blindflansche oder durch Abnehmen von Zwischenstücken sicher und sichtbar abgetrennt werden.

Gemeinschaftliche Feuerungseinrichtungen sind sicher abzusperren.
Der Kessel und die Züge sind gut zu lüften.

25. Kesselstein und Schlamm sind aus dem Kessel gründlich
zu entfernen. Der Kesselstein darf nicht mit zu scharfen Werkzeugen
abgeklopft werden.

26. Die Züge und äußeren Kesselwandungen sind gründlich von
Flugasche und Ruß zu reinigen.

27. Beim Befahren des Kessels und der Feuerzüge ist die Benutzung
von Lampen, die mit leicht entzündlichen Beleuchtungsstoffen gespeist
werden, verboten. Bei Benutzung von elektrischen Lampen ist auf eine
sorgfältige Instandhaltung des Kabels und der Lampen zu achten.

28. Nach der Reinigung sind die Kesselwandungen, die Züge,
das Kesselmauerwerk sowie die Öffnungen zu den Wasserstandsvorrichtungen, die Speise- und Abblaserohre genau zu besichtigen.

Mängel sind dem Vorgesetzten anzuzeigen.

29. Das Anstreichen des Kesselinneren mit Stoffen, die betäubende oder leicht entzündliche Gase entwickeln, ist verboten.

Bemerkung: Empfohlen wird, auf den Plakaten die §§ 1 bis 3 des einschlägigen Gesetzes, den Betrieb der Dampfkessel betreffend (in Preußen vom 3. Mai 1872), wie die §§ 222, 230 und 231 des Strafgesetzbuches für das Deutsche Reich abzudrucken.

b) Dienstvorschriften
für Kesselwärter auf Fahrzeugen der Binnenschiffahrt.

Allgemeines.

1. Der Kesselwärter ist neben dem etwa vorhandenen Maschinisten für die Wartung des Kessels verantwortlich. Der Kessel muß unter Aufsicht bleiben, solange das Feuer nicht entfernt oder aufgebänkt ist.

2. Unbefugten darf der Zutritt zur Kesselanlage nicht gestattet werden.

3. Die Kesselanlage ist stets rein, gut beleuchtet und frei von allen nicht dahingehörigen Gegenständen zu halten. Die Ausgänge des Kesselraumes müssen während des Betriebes stets unverschlossen und frei bleiben.

Inbetriebsetzung des Kessels.

4. Vor dem Füllen des Kessels ist festzustellen, ob er im Innern rein ist, fremde Gegenstände aus ihm entfernt und die Entleerungsvorrichtungen (Abblasevorrichtungen) geschlossen sind.

Alle zum Kessel gehörigen Vorrichtungen müssen gangbar, ihre Verbindungen mit dem Kessel frei sein.

5. Das Anheizen soll langsam und erst erfolgen, nachdem der Kessel mindestens bis zur Höhe des festgesetzten niedrigsten Wasserstandes gefüllt ist.

6. Während des Anheizens ist der Dampfraum des Kessels mit der äußeren Luft oder mit der Betriebsmaschine zu verbinden (Anwärmen der Maschine). Beginnt der Dampfdruck zu steigen, so sind die Absperrvorrichtungen zu schließen.

Dichtungen sind nachzusehen und erforderlichenfalls vorsichtig nachzuziehen.

7. Vor Beginn und während des Anheizens sind die Wasserstandsvorrichtungen unter Benutzung aller Hähne oder Ventile zu prüfen, die Manometer zu beobachten.

Betrieb des Kessels.

8. Hähne und Ventile sind vorsichtig zu öffnen und zu schließen. Besondere Sorgfalt ist bei der Benutzung von Abblasevorrichtungen anzuwenden.

Beim Abblasen oder Abschäumen ist zuerst der Bordhahn und dann der Hahn am Kessel zu öffnen. Beim Schließen ist umgekehrt zu verfahren.

Dampfleitungen und Überhitzer sind beim Anwärmen zu entwässern. Dampfleitungen dürfen nur langsam angewärmt werden.

9. Der Wasserstand im Kessel soll möglichst gleichmäßig
gehalten werden. Er darf nicht unter die Marke des festgesetzten niedrigsten Wasserstandes sinken. Geschieht dies
trotz Benutzung aller Speisevorrichtungen in gefahrdrohender Weise, oder werden starke Undichtheiten, erglühte Kesselteile oder Einbeulungen bemerkt, so ist das Feuer tunlichst durch Sand, feuchte Asche od. dgl. zu decken und der
Kessel durch Öffnen der Feuer- und Rauchkammertüren abzukühlen.

Alsdann ist dem Vorgesetzten unverzüglich Anzeige zu erstatten.

10. Die Wasserstandsvorrichtungen sind sämtlich zu benutzen. Alle Hähne oder Ventile sind täglich recht oft zu prüfen,
Mängel, insbesondere Verstopfungen, sind sofort zu beseitigen. Die
Wasserstandsgläser sind gut zu beleuchten. Schutzvorrichtungen
an ihnen sind stets in Ordnung zu halten.

11. Alle Speisevorrichtungen sind täglich zu benutzen und stets
in brauchbarem Zustand zu erhalten.

12. Die Zuverlässigkeit der Manometer ist täglich durch Vergleich
ihrer Angaben zu prüfen.

13. Der Dampfdruck soll die festgesetzte höchste Spannung nicht
überschreiten. Steigt der Druck zu hoch, so ist der Kessel aufzuspeisen
und der Zug zu vermindern. Blasen dabei die Sicherheitsventile nicht
ab, so sind sie sofort nachzusehen.

14. Die Sicherheitsventile sind täglich durch vorsichtiges Anheben zu lüften.

Sicherheitsventile unwirksam zu machen oder ihre Belastung zu erhöhen, ist streng verboten. Zuwiderhandelnde
setzen sich strafrechtlicher Verfolgung aus.

15. Zeigen sich in den Wasserstandsgläsern starke Verunreinigungen des Kesselwassers, so ist abzuschäumen.

Tritt Überkochen ein, so ist das Feuer zu dämpfen, der Kessel
bis zum niedrigsten Wasserstand abzuschäumen (abzublasen) und aufzuspeisen. — Unter Umständen muß mit Zustimmung des Schiffsführers
die Fahrt verlangsamt werden.

In Betriebspausen (Haltepausen, Ruhepausen) ist der Kessel
aufzuspeisen; die Feuer sind zu dämpfen oder aufzubänken.

16. Bei Außerbetriebsetzung des Kessels ist der Dampf soweit
wie möglich wegzuarbeiten, der Kessel aufzuspeisen und der Dämpfer
zu schließen.

17. Bei der Ablösung darf der abtretende Kesselwärter sich erst
dann entfernen, wenn der antretende Wärter alles in ordnungsmäßigem
Zustand übernommen hat.

Entleeren und Reinigen des Kessels.

18. Mit dem Entleeren des Kessels darf erst begonnen werden, wenn das Feuer vom Rost entfernt ist.

Das Wasser ist möglichst auszupumpen. Muß der Kessel unter Dampfdruck entleert werden, so darf dies höchstens mit 2 at Überdruck geschehen.

19. Das Einlassen von kaltem Wasser in den eben entleerten, noch heißen Kessel ist streng untersagt.

20. Bei Frostgefahr sind außer Betrieb zu setzende Kessel und Rohrleitungen gegen Einfrieren zu schützen.

21. Der zu befahrende Kessel muß von den mit ihm verbundenen und im Betrieb befindlichen Kesseln in allen Rohrverbindungen durch Blindflansche, durch Abnehmen von Zwischenstücken oder durch andere als zuverlässig anerkannte Mittel sicher und sichtbar abgetrennt werden.

22. Kesselstein und Schlamm sind aus dem Kessel gründlich zu entfernen. Der Kesselstein darf nicht mit zu scharfem Werkzeug abgeklopft werden.

23. Beim Befahren des Kessels und der Feuerzüge ist die Benutzung von Lampen, die mit leicht entzündlichen Beleuchtungsstoffen gespeist werden, verboten. Bei Benutzung von elektrischen Lampen ist auf eine sorgfältige Instandhaltung des Kabels und der Lampen zu achten.

24. Nach der Reinigung sind die Kesselwandungen, die Züge, das Kesselmauerwerk (Feuerbrücken, Feuerzungen) sowie die Öffnungen zu den Wasserstandsvorrichtungen, die Speise- und Abblaserohre genau zu besichtigen.

Mängel sind dem Vorgesetzten anzuzeigen.

25. Das Anstreichen des Kesselinneren mit Stoffen, die betäubende oder leicht entzündliche Gase entwickeln, ist verboten.

Zusätzliche Vorschriften, falls salzhaltiges Speisewasser verwendet wird.

26. Der Salzgehalt des Kesselwassers ist mindestens alle vier Stunden mit Hilfe des Salinometers und Thermometers festzustellen. Er darf nur ausnahmsweise die Höchstgrenze von 12% erreichen. Steigt der Salzgehalt höher, so ist abzuschäumen.

Bemerkung: Empfohlen wird, auf den Plakaten die §§ 1 bis 3 des einschlägigen Gesetzes, den Betrieb der Dampfkessel betreffend (in Preußen vom 3. Mai 1872), sowie die §§ 222, 230 und 231 des Strafgesetzbuchs für das Deutsche Reich abzudrucken.

15. Sachregister.

Die großen Ziffern bezeichnen die Seitenzahlen, die in Klammern beigefügten Zahlen die Paragraphen und Abschnitte, die kleinen Ziffern die Nummern der Anmerkungen.

L vor der Seitenzahl bedeutet: die Stelle bezieht sich nur auf Landkessel.

S vor der Seitenzahl bedeutet: die Stelle [bezieht sich nur auf Schiffskessel.

16*

Rohrwände: Berechnung L 78 (V, 1), S 135 (V, 6) — Forderung von Verstärkungen 78¹, 188¹ — bei ausziehbaren Röhrenkesseln 78².
Rollgewichtsbremse für Hochhubventile 25²ᵇ.
Rostbeschickungseinrichtungen über Kesseln 34 (15, 1).
Rostfläche: Verhältnis zur Heizfläche L 18 (3, 2), S 96 (3, 2).
Rückspeisevorrichtungen 19⁴.
Rückschlagventil in der Speiseleitung L 20 (5, 1), S 97 (5, 1) — in der Dampfleitung L 21 (6, 1), S 98 (6, 1), 21⁴.
Rundnähte für Schüsse aus dicken Blechen 130 (III, 9).

Sachverständige für Materialprüfungen L 42 (I), 45 (III, 1), S 110 (I), 111 (III, 1), 42³, 45¹ — für Kesseluntersuchungen 143 (2, I).
Sachverständigenbescheinigung über Materialprüfungen: Erfordernis L 30, (12, 2), S 104 (12, 2) — Vordruck und Stempelpflicht 42², 43¹ᵇ.
Sachverständigenstempel für Materialprüfungen 45¹ — vgl. auch 44².
Sachverständigenkommission s. Normenkommission.
Saftkocher: Erleichterungen 39²ⁱ, — Untersuchungen 178¹ — Gebühren 198¹ᵇ.
Saisonbetriebe: Verlegung der Termine für die Kesseluntersuchungen 190 (36, IV).
Salinen vgl. Bergbehörde, Bergrevierbeamte.
Sammelleitungen für Kessel verschiedener Dampfspannung L 21 (6, 1), S 98 (6, 1), 21⁴.
Satzung der Überwachungsvereine 10.
Schäden an Dampfkesseln 187 (35).
Scherenschnitt: Beseitigung der Wirkungen des Scherenschnittes

bei Probestreifen L 44 (II, 5), S 110 (II, 5) — bei Blechen L 47 (III, 16), S 113 (III, 16), 47².
Scherfestigkeit des Materials L 62 (I, 5), S 127 (I, 5) — der Nietnaht L 62 (II, 1), S 127 (II, 1).
Schiffskessel: Begriff 93 (1, 2), 142¹. 152 (7) — Freizügigkeit 149 (6, I), 223 (III, 14) — — Zuständigkeit für die Genehmigung 155 (9, II, 3), 223 (III, 14) — Genehmigung alter Schiffskessel als Landkessel 39²ᵈ — für die Abnahme 173 (24, IV), 223 (III, 15), 223⁶ — für die regelmäßigen Prüfungen 150 (6, III), 179 (30, II), 180 (30, IV) — Fälligkeit der regelmäßigen Untersuchungen 149 (6, I,) 180 (31, II bis IV), 220 (I, 4), 224 (III, 16) — Zugehörigkeit zu einem Überwachungsbezirk 179 (30, II) — — Hauptausbesserungen auf Auslandsfahrten 177 (27, III) — Regelmäßige Prüfungen auf Auslandsfahrten 183 (31, IX) — — Anzeige der Inbetriebnahme 174 (25, II) — — Dienstvorschriften für Schiffskesselwärter 233 (b) — — Schiffskessel auf Baggern, Schuten usw. 108 (17, 3) — — Ausnahmen von den A. p. B. für Schiffskessel der Kriegsmarine 93 (1, 3a) — für Schiffskessel für das Ausland 94 (1, 3b) — für Schiffskessel fremder Staaten 94 (1, 3)c — — Aus dem Auslande eingeführte Schiffskessel 151 (6, VI), 173 (24, IV) — — vgl. auch Flußschiffskessel und Seeschiffskessel.
Schlammsammler bei Röhrenkessel 35 (15, 2).
Schlackenstellen in Blechen L 47 (III, 15), S 113 (III, 15).
Schlußbestimmungen zu den A. p. B. L 41 (22), S 109 (18).